自動車整備士最新試験問題解説
〈２級ガソリン自動車〉

◎試験問題は最近６か年に施行された登録試験の学科問題を年次順に収録
　してあります。

◎解説は解答を得るヒントを出来るだけ簡潔にまとめてあります。学習に
　際して詳細な部分については教科書を,また用語に関しては小社「最新
　版自動車用語辞典」との併用をお勧めします。

◎巻末に実践対策として練習問題を付しました。

目　　　　次

「付録」練習問題集（四択問題40題）

JN101919

30・10　試験問題（登録）

問題

【No.1】　エンジンの性能に関する記述として，**適切なもの**は次のうちどれか。

(1) 熱損失は，ピストン，ピストン・リング，各ベアリングなどの摩擦損失と，ウォータ・ポンプ，オイル・ポンプ，オルタネータなどの補機駆動の損失からなっている。

(2) 図示仕事率とは，実際にエンジンのクランクシャフトから得られる動力である。

(3) 熱効率のうち理論熱効率とは，理論サイクルにおいて仕事に変えることのできる熱量と，供給する熱量との割合をいう。

(4) 平均有効圧力は，行程容積を1サイクルの仕事量で除したもので，排気量や作動方式の異なるエンジンの性能を比較する場合などに用いられる。

【解説】

答え　(3)

熱機関において，仕事に変化した熱量と供給した熱量の割合を，熱効率という。熱効率には，その求め方によって，理論熱効率，図示熱効率，正味熱効率があり，理論熱効率は(3)の記述のように，

$$理論熱効率 = \frac{理論サイクルにおいて仕事に変えることのできる熱量}{供給する熱量} \times 100(\%)$$

で表される。

他の問題文を訂正すると以下のようになる。

(1) <u>機械損失</u>は，ピストン，ピストン・リング，各ベアリングなどの摩擦損失と，ウォータ・ポンプ，オイル・ポンプ，オルタネータなどの補機駆動の損失からなっている。問題文中の"熱損失"とは，燃焼ガスの熱量が冷却水や冷却空気などによって失われることをいい，冷却損失，排気損失，ふく射損失からなっている。

(2) <u>正味仕事率</u>とは，実際にエンジンのクランクシャフトから得られる

動力である。問題文中の"図示仕事率"とは，作動ガスがピストンに
与えた仕事量を熱量に換算したものと，供給した熱量との割合をいう。

(4) 平均有効圧力は，1サイクルの仕事を行程容積で除したもので，排
気量や作動方式の異なるエンジンの性能を比較する場合などに用いら
れる。

問題

【No.2】 シリンダ・ヘッドとピストンで形成されるスキッシュ・エリアに
関する記述として，**不適切なもの**は次のうちどれか。

(1) 斜めスキッシュ・エリアは，斜め形状であることで吸入通路からの
吸気がスムーズになり，渦流の発生を防いでいる。

(2) 吸入混合気に渦流を与えることで，燃焼行程における火炎伝播の速
度を高めている。

(3) スキッシュ・エリアの厚み（クリアランス）が小さくなるほど，発生
する混合気の渦流の流速は高くなる。

(4) 吸入混合気に渦流を与えて，燃焼時間を短縮することで最高燃焼ガ
ス温度の上昇を抑制する。

【解説】

答え（1）

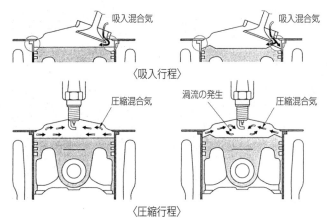

スキッシュ・エリア

　斜めスキッシュ・エリアは，一般的なスキッシュ・エリアをさらに発展させたもので，斜め形状により吸入通路からの吸気がスムーズになり，<u>強い渦流の発生が得られる。</u>

[問題]

【No.3】　オフセット・ピストンのピストン・ピンがオフセットされている目的として，**適切なもの**は次のうちどれか。

(1) 熱膨張を抑える。

(2) 軽量化を図る。

(3) 燃焼室の混合気に渦流を与える。

(4) ピストンの打音（スラップ音）を防ぐ。

【解説】

　答え（4）

　オフセット・ピストンとは，参考図のようにピストン・ピンの中心位置をピストンに対して僅かにオフセットしたものをいい，ピストンの打音（スラップ音）防止に効果がある。

ピストンの中心線

ピストン・ピンの中心線

オフセット・ピストン

[問題]

【No.4】　点火順序が1－5－3－6－2－4の4サイクル直列6シリンダ・エンジンの第3シリンダが圧縮上死点にあり，この位置からクランクシャフトを回転方向に回転させ，第6シリンダのバルブをオーバラップの上死点状態にするために必要な回転角度として，**適切なもの**は次のうちどれか。

(1) 120°

(2) 240°

(3) 360°

(4) 480°

【解説】

答え（4）

点火順序が 1 － 5 － 3 － 6 － 2 － 4 の 4 サイクル直列 6 気筒シリンダ・エンジンの第 3 シリンダが圧縮上死点にあるとき，オーバラップの上死点（以後，オーバラップとする。）は第 4 シリンダである。この位置からクランクシャフトを回転方向に 120° 回転させると，点火順序にしたがって第 1 シリンダがオーバラップとなる。第 6 シリンダがオーバラップとなるのは，クランクシャフトを更に 360° 回転させた位置で，最初の状態から 480°（120°＋360°）回転させた場合である。

問題

【No.5】　図に示す 4 サイクル直列 4 シリンダ・エンジンのバランサ機構に関する次の文章の（　）に当てはまるものとして，**適切なもの**はどれか。

バランス・シャフトの回転速度は，クランクシャフトの（　）である。

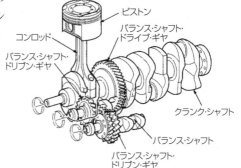

（1）　4 倍の回転速度

（2）　2 倍の回転速度

（3）　同じ回転速度

（4）　1 ／ 2 の回転速度

【解説】

答え（2）

バランス・シャフトの回転速度は，クランクシャフトの（**2 倍の回転速度**）である。

直列 4 シリンダ・エンジンから発生する二次慣性力（クランクシャフト 1 回転につき 2 サイクル発生する慣性力）を低減するため，クランクシャフトの 2 倍で回転するバランス・シャフトを設け，二次慣性力に対して逆位相の慣性力を発生させることで打ち消している。

問題

【No.6】 コンロッド・ベアリングに関する記述として, **不適切なもの**は次のうちどれか。

(1) コンロッド・ベアリングの張りは, ベアリングを組み付ける際, 圧縮されるに連れてベアリングが内側に曲がり込むのを防止するためのものである。

(2) クラッシュ・ハイトが小さ過ぎると, ベアリングにたわみが生じて局部的に荷重が掛かるので, ベアリングの早期疲労や破損の原因となる。

(3) トリメタル(三層メタル)は, 銅に20～30％の鉛を加えた合金(ケルメット・メタル)を鋼製裏金に焼結し, その上に鉛とすずの合金又は鉛とインジウムの合金をめっきしたものである。

(4) アルミニウム合金メタルのうち, すずの含有率が高いものは低いものに比べてオイル・クリアランスを大きくしている。

【解説】

答え (2)

クラッシュ・ハイトとは, 参考図に示す寸法であり, ベアリングの締め代となるものである。

クラッシュ・ハイトが大き過ぎると, ベアリングにたわみが生じて局部的に荷重が掛かるため, ベアリングの早期疲労や破損の原因となる。

逆に小さ過ぎると, ベアリング・ハウジングとベアリングの裏金との密着が悪くなり, 熱伝導が不良となるので, 焼き付きを起こす原因となる。

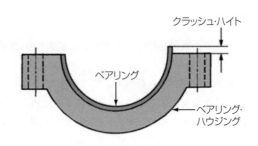

クラッシュ・ハイト

問題

【No.7】　吸排気装置における過給機に関する記述として，**適切なもの**は次のうちどれか。

(1)　2葉ルーツ式のスーパ・チャージャでは，過給圧が高くなって規定値以上になると，過給圧の一部を排気側へ逃がし，過給圧を規定値に制御するエア・バイパス・バルブが設けられている。

(2)　一般に，ターボ・チャージャに用いられているフル・フローティング・ベアリングの周速は，シャフトの周速と同じである。

(3)　ターボ・チャージャは，小型軽量で取り付け位置の自由度は高いが，排気エネルギの小さい低速回転域からの立ち上がりに遅れが生じ易い。

(4)　2葉ルーツ式のスーパ・チャージャでは，ロータ1回転につき2回の吸入・吐出が行われる。

【解説】

答え（3）

　ターボ・チャージャは，スーパ・チャージャに比べて小型軽重で取り付け位置の自由度が高い。また，スーパ・チャージャは，駆動機構が機械的なため作動遅れは小さいが，ターボ・チャージャは，排気エネルギを利用するため，排気エネルギの小さい低速回転域からの立ち上がりに遅れが生じ易い。

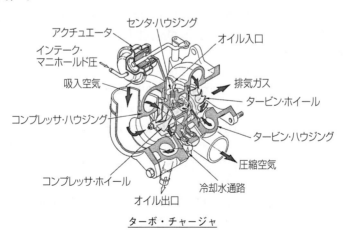

ターボ・チャージャ

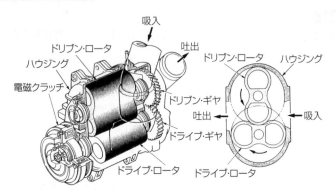

ルーツ式スーパ・チャージャ

他の問題文を訂正すると以下のようになる。

(1) 2葉ルーツ式のスーパ・チャージャでは，過給圧が高くなって規定値以上になると，過給圧の一部を吸気側へ逃がし，過給圧を規定値に制御するエア・バイパス・バルブが設けられている。

(2) 一般に，ターボ・チャージャに用いられているフル・フローティング・ベアリングの周速は，シャフトの周速の約半分となる。

(4) 2葉ルーツ式のスーパ・チャージャは，ドライブ・ロータとドリブン・ロータのそれぞれが吸入，吐出作用をおこなっており，各ロータが1回転すると2回転の吸入，吐出が行われるので，全体としてロータ1回転につき4回の吸入，吐出が行われる。

問題

【No.8】 インテーク側に用いられる油圧式の可変バルブ・タイミング機構に関する記述として，**適切なもの**は次のうちどれか。

(1) 進角時は，インテーク・バルブの開く時期が遅くなるので，オーバラップ量が多くなり中速回転時の体積効率が高くなる。

(2) 保持時は，バルブ・タイミング・コントローラの遅角側及び進角側の油圧室の油圧が保持されるため，カムシャフトはそのときの可変位置で保持される。

(3) カムの位相は一定のまま，油圧制御によりバルブの作動角を変えてインテーク・バルブの開閉時期を変化させている。

（4）エンジン停止時には，ロック装置により最大の進角状態で固定される。

【解説】

答え（2）

　油圧式可変バルブ・タイミング機構における"保持時"とは，遅角又は進角の位置を維持するために設けられた状態である。

　参考図のように，コントロール・バルブのスプール・バルブが中立位置に移動することで，遅角側及び進角側の油圧室への通路が閉じ，オイル・ポンプからの油圧も遮断されるため各室の油圧は保持される。このためカムシャフトはそのときの可変位置で保持される。

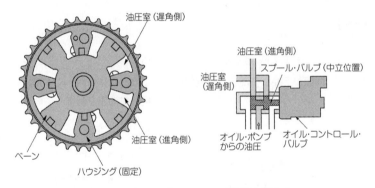

油圧式可変バルブ・タイミング機構の保持時

他の問題文を訂正すると以下のようになる。

（1）進角時は，インテーク・バルブの開く時期が早くなるので，オーバラップ量が多くなり中速回転時の体積効率が高くなる。

（3）可変バルブ・タイミング機構は，油圧制御によりバルブの作動角（バルブが開いている時間）は一定のまま，カムの位相を変えてインテーク・バルブの開閉時期を変化させている。

（4）エンジン停止時には，ロック装置により最大の遅角状態で固定される。

【問題】

【No.9】 全流ろ過圧送式の潤滑装置に関する記述として，**適切なものは次**のうちどれか。

(1) トロコイド式オイル・ポンプに設けられたリリーフ・バルブは，一般にエンジン回転速度が上昇して油圧が規定値に達すると，バルブが開く。

(2) ガソリン・エンジンに装着されているオイル・クーラは，一般に空冷式のものが用いられている。

(3) オイル・フィルタは，オイル・ストレーナとオイル・ポンプの間に設けられている。

(4) エンジン・オイルは，一般に油温が200℃を超えても潤滑性は維持される。

【解説】

答え（1）

トロコイド式オイル・ポンプに設けられたリリーフ・バルブ（逃し弁）は，エンジン回転が上昇して油圧が規定値に達するとバルブが開き，オイルの一部をオイル・パンやオイル・ポンプ吸入側に戻して油圧を制御している。

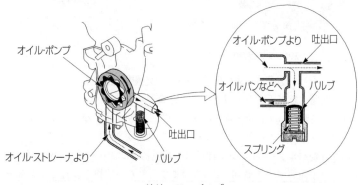

リリーフ・バルブ

他の問題文を訂正すると以下のようになる。

(2) オイル・クーラは，水冷式と空冷式とがあるが，一般に水冷式が用いられている。構造は参考図のようにオイルが流れる通路と冷却水が流れる通路を交互に数段積み重ねて一体化したものとなっている。

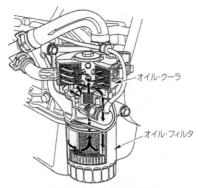

オイル・クーラ

オイル・フィルタ

⇨：冷却水の流れ　➡：オイルの流れ

水冷式オイル・クーラ

(3) オイル・フィルタは，オイル・ポンプとオイル・ギャラリの間に設けられている。よってオイルは，オイル・パン→オイル・ストレーナ→オイル・ポンプ→オイル・フィルタ→オイル・ギャラリの順に送られる。

(4) オイルは，一般的に90℃を超えないことが望ましく，その温度が125〜130℃以上になると，急激に潤滑性を失うようになる。

問題

【No.10】 電気装置に関する記述として，**適切なもの**は次のうちどれか。

(1) 可変抵抗は，一方向にしか電流を流さない特性をもっているため，交流を直流に変換する整流回路などに用いられている。

(2) NOR回路は，OR回路にNOT回路を接続した回路である。

(3) NAND回路とは，二つの入力がともに"1"のときのみ出力が"1"となる回路をいう。

(4) CR発振器は，コイルとコンデンサの共振回路を利用し，発振周期を決めている。

【解説】

答え（2）

NOR回路は，参考図の電気図記号に示すようにOR回路にNOT回路を接続した回路である。

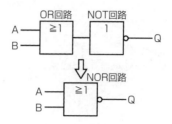

NOR回路電気用図記号

他の問題文を訂正すると以下のようになる。

(1) ダイオードは一方向にしか
電流を流さない特性をもって
いるため，交流を直流に変換
する整流回路などに用いられ
ている。

(3) NAND回路とは，二つの
入力のAとBが共に"1"の
時のみ出力が"0"となる。

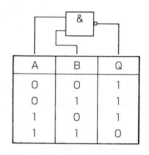

NAND回路真理値表

(4) CR発振器は，抵抗（R）とコンデンサ（C）を使い，コンデンサの放
電時間で発振周波数を決めている。

問題

【No.11】 電子制御式燃料噴射装置に関する記述として，**不適切なものは**次
のうちどれか。

(1) インジェクタの噴射信号がONになり，電流が流れ始めてインジェ
クタが完全に駆動されるまでの燃料が噴射されていない時間を無効噴
射時間（無効駆動時間）という。

(2) インジェクタの応答性をよくする方法には，ソレノイド・コイルの
巻数を多くして線径を小さくする方法がある。

(3) Lジェトロニック方式の基本噴射時間は，エア・フロー・メータで
検出した吸入空気量と，クランク角センサにより検出したエンジン回
転速度によって決定される。

(4) 吸気温度補正とは，吸入空気温度の違いによる吸入空気密度の差から空燃比のずれが生じるため，吸気温センサからの信号により噴射量を補正することをいう。

【解説】

答え（2）

インジェクタの応答性をよくする方法には，ソレノイド・コイルの巻数を少なくして線径を大きくする方法がある。

しかし，この方法では，インジェクタの抵抗値が小さくなり，電流が流れすぎて発熱量が多くなるため寿命が短くなる欠点がある。したがって，実際のインジェクタには，抵抗の大きい導線をソレノイド・コイルに使用したものや，外部に抵抗を設けたものが使用されている。

問題

【No.12】 オルタネータのステータ・コイルの結線方法において，スター結線（Y結線）とデルタ結線（三角結線）を比較したときの記述として，**不適切なもの**は次のうちどれか。

(1) スター結線の方が低速時の出力電流特性に優れている。

(2) スター結線の方がステータ・コイルの結線は簡単である。

(3) スター結線には中性点がある。

(4) スター結線の方が最大出力電流の値が大きい。

【解説】

答え（4）

スター結線は，デルタ結線に比べると最大出力電流の値が劣る。

結線方法のみが異なる2つのオルタネータを同じ回転速度で駆動した場合，オルタネータからの出力（W）は理論上同じである。しかし，その時の出力電流と電圧の値に違いが見いだせる。

スター結線では，出力電流 I ℓ（線電流）とコイルに流れる電流 I p（相電流）との間には以下の関係がある。

$$I\ell = Ip$$

また，端子間の電圧相 V ℓ（線電圧）と各コイルの電圧 Vp（相電圧）の間には，以下の関係がある。

$$V\ell = \sqrt{3}\,Vp$$

それに対して，デルタ結線の場合は，

$$I\ell = \sqrt{3}\,Ip \quad V\ell = Vp$$

の関係があり，線電流は，相電流の$\sqrt{3}$倍(1.732倍)となることが分かる。

このことから，同じ回転数での最大出力電流値はデルタ結線の方が大きく，電圧値はスター結線の方が大きいことが分かる。

ちなみに，スター結線の出力電圧は，低い回転速度でバッテリ電圧を超え，充電電流が流れることから，低速特性に優れていると言える。

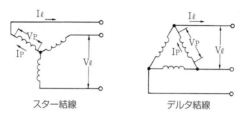

スター結線   デルタ結線

スター結線とデルタ結線

【問題】

【No.13】 スタータの出力を表す式として，**適切なもの**は次のうちどれか。ただし単位等は下表を用いること。

(1) $P = 2\pi / T \times N$

(2) $P = 2\pi T / N$

(3) $P = 2\pi T \times N$

(4) $P = T \times N / 2\pi$

| P：出力W |
| T：トルクN・m |
| N：スタータの回転速度 s^{-1} |

【解説】

答え (3)

出力P[W]は仕事率のことで，物体に力F[N]を加えv[m/s]の速度で移動させた場合，力と速度の積で求められるので

$$P = F \times v \cdots\cdots ①$$

となる。

モータの場合，回転力の発生は回転子に作用する磁力F[N]によって得られるため，軸中心

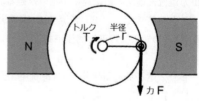

モータの回転力

から作用点までの距離を r [m]とすると，トルク T [N・m]との関係は，

$$F = \frac{T}{r} \quad \cdots \cdots ②$$

となる。

また，磁力が作用した点の移動速度 v [m/s]は，円周長[m]と回転速度 N [s⁻¹]の積によって求められるので

$$v = 2\pi \times r \times N \quad \cdots \cdots ③$$

となる。

ここで，式①に式②と式③を代入して変形させると

$$P = F \times v$$

$$= \frac{T}{r} \times (2\pi \times r \times N)$$

$$= 2\pi \times T \times N$$

が導き出される。

単純には，トルクが大きく回転速度が高ければ，スタータ・モータの出力が大きいということである。

問題

【No.14】　低熱価型スパーク・プラグに関する記述として，**適切なもの**は次のうちどれか。

(1) 高熱価型に比べて中心電極の温度が上昇しにくい。

(2) 高熱価型に比べてガス・ポケットの容積が小さい。

(3) 冷え型と呼ばれる。

(4) 高熱価型に比べて碍子脚部が長い。

【解説】

答え　(4)

低熱価型スパーク・プラグは，高熱価型に比べて碍子脚部が長い。

熱価とはスパーク・プラグが受ける熱を放熱する度合いをいい，低熱価型スパーク・プラグとは，放熱する度合いの小さなプラグのことをいう。

参考図に示す低熱価型は，碍子脚部（T）が長く火炎にさらされる部分の表面積及びガス・ポケットの容積が大きく，碍子脚部からハウジングに至る放熱経路が長いので，放熱する度合いが小さい。

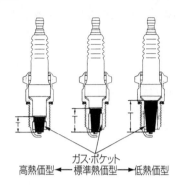

ガス・ポケット
高熱価型 ◀━━ 標準熱価型 ━━▶ 低熱価型

高熱価型、標準熱価型及び低熱価型の相違点

他の問題文を訂正すると以下のようになる。

(1) 高熱価型に比べて中心電極の温度が<u>上昇し</u>やすい。

(2) 高熱価型に比べてガス・ポケットの容積が<u>大きい</u>。

(3) <u>焼け型</u>と呼ばれる。冷え型と呼ばれるのは高熱価型スパーク・プラグである。

【問題】

【No.15】 鉛バッテリに関する記述として, **適切なもの**は次のうちどれか。

(1) バッテリの容量では, 電解液温度20℃を標準としている。

(2) コールド・クランキング・アンペアの電流値が大きいほど始動性が良いとされている。

(3) 電解液は, 比重約1.320のものが一番凍結しにくく, その凍結温度は-60℃付近である。

(4) バッテリの容量は, 放電電流が大きいほど大きくなる。

【解説】

答え (2)

コールド・クランキング・アンペアは電解液温度-18℃で放電し, 30秒後の端子電圧が7.2V以上となるように定められた放電電流のことで, この電流値が大きいほど始動性が良いとされる。

他の問題文を訂正すると以下のようになる。

(1) バッテリの容量では, <u>電解液温度25℃</u>を標準としている。20℃は電

解液比重の標準温度である。

(3) バッテリの電解液は，比重約1.290のときが一番凍結しにくく，その凍結温度は−73℃付近であるが，それより高くても低くても凍結しやすくなる。

(4)バッテリの容量は，放電電流が大きいほど小さくなる。バッテリは，放電電流が大きくなるほど電解液の拡散（放電の進行に伴う化学変化）が追い付かなくなり，極板活物質細孔内での硫酸の量が減少して，早く放電終止電圧に達してしまう。したがって，バッテリの容量は，放電電流が大きく（放電率を小さく）するほど小さくなる。

問題

【No.16】　マニュアル・トランスミッションのクラッチの伝達トルク容量に関する記述として，**不適切なもの**は次のうちどれか。

(1) 一般にクラッチの伝達トルク容量は，エンジンの最大トルクの1.2～2.5倍に設定されており，ジーゼル車よりもガソリン車の方が余裕係数は大きい。

(2) クラッチの伝達トルク容量が，エンジンのトルクに比べて過小であると，クラッチ・フェーシングの摩耗量が急増しやすい。

(3) クラッチの伝達トルク容量は，クラッチ・スプリングによる圧着力，クラッチ・フェーシングの摩擦係数，摩擦面の有効半径，摩擦面の面積に関係する。

(4) クラッチの伝達トルク容量が，エンジンのトルクに比べて過大であると，クラッチの操作が難しく，接続が急になりがちでエンストしやすい。

【解説】

答え　(1)

クラッチの伝達トルク容量は，エンジンの最大トルク，自動車の種類などを考慮して，一般にエンジンの最大トルクの1.2～2.5倍（これを余裕係数という。）に設定している。自動車質量が大きいほど，エンジンの慣性モーメントが大きいほどクラッチへの負荷は大きくなるため，乗用車よりもトラックやバスの方が，ガソリン自動車よりもジーゼル自動車の方が余裕係数を大きくしてある。

問題

【No.17】 トルク・コンバータに関する記述として，**適切なもの**は次のうちどれか。

(1) 速度比がゼロのときの伝達効率は100%である。

(2) コンバータ・レンジでは，全ての範囲において速度比に比例して伝達効率が上昇する。

(3) カップリング・レンジにおけるトルク比は，2.0～2.5である。

(4) 速度比は，タービン軸の回転速度をポンプ軸の回転速度で除して求める。

【解説】

答え（4）

トルク・コンバータにおける速度比は，入力軸（ポンプ軸）の回転速度に対する出力軸（タービン軸）の回転速度の割合で表され，タービン軸の回転速度をポンプ軸の回転速度で除して求めることができる。

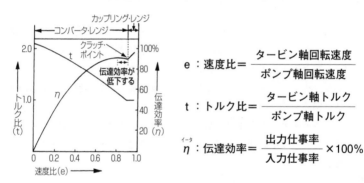

トルク・コンバータの性能曲線

参考図としてトルク・コンバータの性能曲線を示す。 図を参考に，他の問題文を訂正すると以下のようになる。

(1) 速度比がゼロのときの伝達効率は<u>0 %</u>である。

(2) コンバータ・レンジでは，全ての範囲において<u>速度比に比例して伝達効率が上昇する</u>とは言えない。速度比が大きくなるに伴い伝達効率が上昇するが，タービン・ランナから流出するATFがステータの羽

根の裏側に当たるようになると伝達効率が下がってくるため，比例しているとは言えない。

(3) カップリング・レンジにおけるトルク比は，1.0である。

問題

【No.18】 図に示す前進4段のロックアップ機構付き電子制御式ＡＴのプラネタリ・ギヤ・ユニットにおいて，各段における「クラッチ」と「ブレーキ」の締結の仕方に関する記述として，**適切なもの**は次のうちどれか。

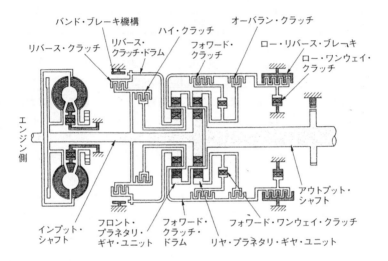

バンド・ブレーキ機構　ハイ・クラッチ　オーバラン・クラッチ
リバース・クラッチ　リバース・クラッチ・ドラム　フォワード・クラッチ　ロー・リバース・ブレーキ
ロー・ワンウェイ・クラッチ
エンジン側
アウトプット・シャフト
インプット・シャフト　フロント・プラネタリ・ギヤ・ユニット　フォワード・クラッチ・ドラム　フォワード・ワンウェイ・クラッチ　リヤ・プラネタリ・ギヤ・ユニット

(1) 1速時は，リバース・クラッチ，ロー・リバース・ブレーキが締結される。

(2) 2速時は，フォワード・クラッチ，バンド・ブレーキが締結される。

(3) 3速時は，ハイ・クラッチ，ロー・リバース・ブレーキが締結される。

(4) 4速時は，オーバラン・クラッチ，バンド・ブレーキが締結される。

【解説】

答え (2)

2速時は，フォワード・クラッチ，バンド・ブレーキが締結される。

	リバース・クラッチ	ロー・リバース・ブレーキ	フォワード・クラッチ	バンド・ブレーキ	ハイ・クラッチ	オーバラン・クラッチ
R	○	○				
1－1速		○	○			○
D－1速			○			※◎
D－2速			○	○		◎
D－3速			○		○	◎
D－4速			※○	○	○	

○：締結　　◎：減速時締結

※：締結はしているが動力伝達に直接関与しない。

前進4段、後退1段ATの締結表

　参考として，前進4段，後退1段ATの締結表を示す。各変速段における締結状態は以下のようになる。

(1) Dレンジ1速時は，フォワード・クラッチが，1レンジ1速では，フォワード・クラッチ，ロー・リバース・ブレーキ，オーバラン・クラッチが締結される。

(3) 3速時は，フォワード・クラッチ，ハイ・クラッチが締結される。

(4) 4速時は，フォワード・クラッチ，ハイ・クラッチ，バンド・ブレーキが締結されるが，フォワード・クラッチは，動力伝達には直接関与しない。

となる。

問題

【No.19】 CVT(スチール・ベルトを用いたベルト式無段変速機)に関する記述として，**適切なもの**は次のうちどれか。

(1) プライマリ・プーリの油圧室に掛かる油圧が高くなると，プライマリ・プーリに掛かるスチール・ベルトの接触半径は大きくなる。

(2) スチール・ベルトは，多数のエレメントと多層のスチール・リング1本で構成されている。

(3) スチール・ベルトは，エレメントの伸張作用(エレメントの引っ張り)によって動力が伝達される。

(4) プライマリ・プーリの油圧室に掛かる油圧が低くなると，プライマ
  リ・プーリの溝幅は狭くなる。

【解説】

答え（1）

プライマリ・プーリに掛かる作動油圧が高くなると，プライマリ・プー
リに掛かるスチール・ベルトの接触半径は大きくなる。

プーリは，固定側のシャフト（固定シーブ）と可動側の可動シーブから構
成される。可動シーブ背面の油圧室に油圧が高くなると，可動シーブはプ
ライマリ・ピストンによって押し出されシャフト（固定シーブ）側に近づく，
これにより，プーリ溝幅が狭くなり，エレメントの接触位置がプーリ傾斜
面の外周側に移動する。これにより，スチール・ベルトの接触半径は大き
くなる。

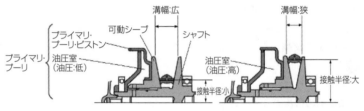

プライマリ・プーリの作動

他の問題文を訂正すると以下のようになる。

(2) スチール・ベルトは，多数のエレメントと多層のスチール・リング
  （バンド）2本で構成されている。

(3) スチール・ベルトは，エレメントの圧縮作用（エレメントの押し出し）
  によって動力が伝達される。

(4) プライマリ・プーリの油圧室に掛かる油圧が低くなると，プライマ
  リ・プーリの溝幅は広くなる。

問題

【No.20】 CAN通信システムに関する記述として，**不適切なもの**は次のう
ちどれか。

(1) CAN通信は，一つのECUが複数のデータ・フレームを送信したり，
  バス・ライン上のデータを必要とする複数のECUが同時にデータ・

　フレームを受信することができる。

(2) 複数のECUが同時に送信を始めてしまった場合には，データ・フレーム同士が衝突してしまうため，各ECUは，アイデンティファイア・フィールドにより優先度が高いデータ・フレームを優先して送信する。

(3) 一端の終端抵抗が断線していても通信はそのまま継続され，耐ノイズ性にも影響はないが，ダイアグノーシス・コードが出力されることがある。

(4) バス・オフ状態とは，エラーを検知し，リカバリしてもエラーが解消しない場合に通信を停止している状態をいう。

【解説】

答え（3）

　一端の終端抵抗が損傷していても通信は継続されるが，耐ノイズ性が低下する。このとき，ダイアグノーシス・コードが出力されることがある。

　点検の結果，終端抵抗の破損が発見された場合は，終端抵抗を内蔵しているECUを交換することとなる。

問題

【No.21】 トラクション・コントロール・システムに関する記述として，**適切なもの**は次のうちどれか。

(1) 駆動輪がスリップしそうになると，駆動輪に掛かる駆動力を小さくしてスリップを回避する。

(2) エンジンの出力制御をするときは，燃料噴射制御のみで行い，インジェクタ作動を一時的に停止させることで出力を低下させている。

(3) ぬれたアスファルト路面，雪路などの滑りやすい路面での制動時に車輪がスリップすることを防止する。

(4) エンジンの出力制御のみで，駆動輪が適切な駆動力になるように制御する。

【解説】

答え（1）

　トラクション・コントロール・システムは，アクセル・ペダルの踏み込み操作により，駆動輪がスリップしそうになると，駆動輪に掛かる駆動力を小さくしてスリップを回避するものである。

他の問題文を訂正すると以下のようになる。

(2) エンジンの出力制御をするときは,<u>電子制御スロットル装置で行い,</u> <u>スロットル・バルブの開度を一時的に閉じる</u>ことで出力を低下させている。

(3) ぬれたアスファルト路面,雪路などの滑りやすい路面での<u>発進又は</u> <u>加速時</u>に車輪がスリップすることを防止する。

(4) <u>駆動輪のブレーキ制御およびエンジンの出力制御を併用して,</u>駆動 輪が適切な駆動力になるように制御する。

問題

【No.22】 タイヤの用語に関する記述として,**不適切なもの**は次のうちどれか。

(1) 静荷重半径とは,タイヤを適用リム幅のホイールに装着して規定のエア圧を充填し,静止した状態で平板に対して垂直に置き,規定の荷重を加えたときのタイヤの軸中心から接地面までの最短距離をいう。

(2) タイヤに1mmの縦たわみを与えるために必要な静的縦荷重を静的縦ばね定数という。

(3) 静的縦ばね定数が小さいほど路面から受ける衝撃を吸収しやすく,乗り心地がよい。

(4) 動荷重半径は,静荷重半径より小さい。

【解説】

答え（4）

タイヤの動荷重半径は,静荷重半径より大きい。

タイヤの静荷重半径,動荷重半径ともに,タイヤを適用リムに装着し,規定空気圧,規定荷重を掛けた場合のタイヤ半径を表すが,それぞれ以下のように定義される。

静荷重半径・・・静止状態で平板に対して垂直に置いた時の,軸中心から接地面までの最短距離をいう。

動荷重半径・・・定速度(JISでは60km/h)で走行した時の,タイヤの1回転当たりの走行距離を2πで除した値をいう。

つまり,動荷重半径は,走行中のタイヤに作用する遠心力の影響により,静荷重半径よりも幾分大きくなる。

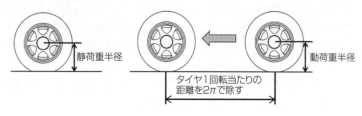

静荷重半径と動荷重半径

問題

【No.23】 図に示す電子制御式ABSの油圧回路において，保持ソレノイド・
バルブと減圧ソレノイド・バルブに関する記述として，**適切なもの**は次
のうちどれか。ただし，図の油圧回路は，通常制動時を表す。

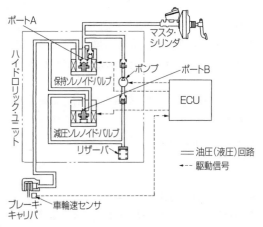

(1) 増圧作動時は，減圧ソレノイド・バルブが通電ONとなり，ポート
Bは閉じる。

(2) 保持作動時は，保持ソレノイド・バルブが通電OFFとなり，ポー
トAは開く。

(3) 保持作動時は，減圧ソレノイド・バルブが通電ONとなり，ポート
Bは開く。

(4) 減圧作動時は，保持ソレノイド・バルブが通電ONとなり，ポート
Aは閉じる。

【解説】

答え（4）

ABSのハイドリック・ユニットは，ECUからの制御信号により，各ブレーキの液圧を制御するものである。ブレーキの作動圧力の制御は "増圧作動"，"保持作動" "減圧作動" の3段階があり，ポートAの開閉を行う "保持ソレノイド"，ポートBの開閉を行う "減圧ソレノイド" とリザーバにたまったブレーキ液をマスタ・シリンダ側に戻す "ポンプ・モータ" に対し各作動に応じた通電が行われる。

解答をするにあたっては，保持ソレノイド・バルブのポートAは常開，減圧ソレノイド・バルブのポートBは常閉であることに注意が必要である。各作動時のソレノイド・バルブの作動とポート開閉の状態を下表にまとめる。

	保持ソレノイド・バルブ		減圧ソレノイド・バルブ	
	通電状態	ポートA	通電状態	ポートB
増圧作動時	OFF	開く	OFF	閉じる
保持作動時	ON	閉じる	OFF	閉じる
減圧作動時	ON	閉じる	ON	開く

問題文の中で，表の状態に該当するのは（4）である。

問題

【No.24】　電動式パワー・ステアリングに関する記述として，**不適切なもの**は次のうちどれか。

(1) スリーブ式のトルク・センサは，検出コイルとインプット・シャフトの突起部間の磁力線密度の変化により，操舵力と操舵方向を検出している。

(2) ホールIC式のトルク・センサを用いたものは，トーション・バーにねじれが生じると検出リングの相対位置が変位し，検出コイルに掛かる起電力が変化する。

(3) ピニオン・アシスト式では，ステアリング・ギヤのピニオン部にトルク・センサ及びモータが取り付けられ，ステアリング・ギヤのピニオンに対して補助動力を与えている。

(4) コラム・アシスト式では，モータがステアリング・コラムに取り付けられ，ステアリング・シャフトに対して補助動力を与えている。

【解説】

答え（2）

ホールIC式のトルク・センサを用いたものは，参考図のようにインプット・シャフトに多極マグネットを，アウトプット・シャフトにヨークが配置され，更にヨークの外側に集磁リングおよびホールICが配置されている。

ステアリング操舵によってトーション・バーにねじれが生じると，多極マグネットとヨーク歯部の相対位置が変化するため，ホールICを通過する磁束の方向ならびに磁束密度が変化する。ホールICはこの磁束を検出することで，操舵方向ならびに操舵トルクに応じた電気信号を作っている。

（2）の問題文中にある「トーション・バーにねじれが生じると検出リングの相対位置が変位し，検出コイルに掛かる起電力が変化する」構造のものは，リング式トルク・センサの記述である。

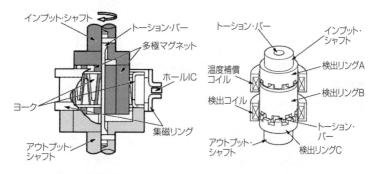

ホールIC式トルク・センサ　　　　リング式トルク・センサ

問題

【No.25】 アクスル及びサスペンションに関する記述として，**適切なもの**は次のうちどれか。

(1) ヨーイングとは，ボデー・フロント及びリヤの縦揺れのことをいう。

(2) 一般にロール・センタは，独立懸架式のサスペンションに比べて，車軸懸架式のサスペンションの方が低い。

(3) 全浮動式の車軸懸架式リヤのアクスルは，アクスル・ハウジングだけでリヤ・ホイールに掛かる荷重を支持している。

(4) 独立懸架式サスペンションは，左右のホイールを1本のアクスルでつなぎ，ホイールに掛かる荷重をアクスルで支持している。

【解説】

答え（3）

全浮動式の車軸懸架式リヤ・アクスルでは，参考図のように，ホイールがハブとベアリングによってアクスル・ハウジングに取り付けられているため，荷重はハウジングが支え，アクスル・シャフトは動力伝達だけを行う構造となっている。

他の問題文を訂正すると以下のようになる。

(1) <u>ピッチング</u>とは，ボデー・フロント及びリヤの縦揺れのことをいう。

(2) 一般にロール・センタは，独立懸架式のサスペンションに比べて，車軸懸架式のサスペンションの方が<u>高い</u>。

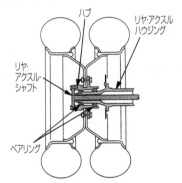

全浮動式リヤ・アクスル

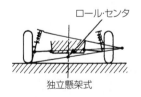

独立懸架式

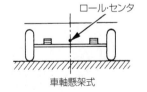

車軸懸架式

ロール・センタの位置

(4) <u>車軸懸架式</u>サスペンションは，左右のホイールを1本のアクスルでつなぎ，ホイールに掛かる荷重をアクスルで支持している。

問題

【No.26】 差動制限型ディファレンシャルに関する次の文章の（　）に当てはまるものとして，**適切なもの**はどれか。

　回転速度差感応式に用いられているビスカス・カップリング（粘性式クラッチ）は，インナ・プレートとアウタ・プレートの回転速度差が（　）ビスカス・トルク（差動制限力）が発生する。

(1) 大きいほど小さな

(2) 小さいほど大きな

(3) 大きいほど大きな

(4) なくなったときに大きな

【解説】

　答え　(3)

　回転速度差感応式に用いられているビスカス・カップリング（粘性式クラッチ）は，インナ・プレートとアウタ・プレートの回転速度差が（**大きいほど大きな**）ビスカス・トルク（差動制限力）が発生する。

　ビスカス・カップリングでの差動制限力の発生は，インナ・プレートとアウタ・プレート間に介在する高粘度シリコン・オイルに抵抗が生じることを利用している。

　この抵抗力は，参考図のように回転速度差に応じて増減する特性があり，プレート間の回転速度差が大きいほど，大きな抵抗力（ビスカス・トルク）が発生する。つまり，左右輪の回転速度差が大きくなった場合にこの抵抗力が差動制限力となる。

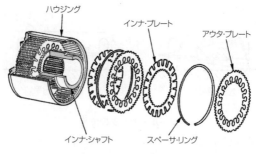

ビスカス・カップリング

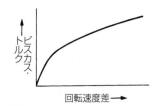

回転速度差とビスカス・トルクの関係

問題

【No.27】　ボデー及びフレームに関する記述として，**適切なもの**は次のうちどれか。

(1) トラックのフレームは，トラックの全長にわたって貫通した左右2本のクロス・メンバが配列されている。

(2) フレームのサイド・メンバを補強する場合，必ずフレームの厚さ以上の補強材を使用する。

(3) モノコック・ボデーは，サスペンションなどからの振動や騒音が伝わりにくいので，防音や防振に優れている。

(4) モノコック・ボデーは，ボデー自体がフレームの役目を担うため，質量(重量)を小さく(軽く)することができる。

【解説】

答え　(4)

モノコック・ボデーとは，参考図のように，独立したフレームをもたない一体構造のボデーで，乗用車のボデーとして多く採用されている。ボデー自体がフレームの役目を担うため，質量(重量)を小さく(軽く)することができる。

モノコック・ボデー

他の問題文を訂正すると以下のようになる。

(1) トラックのフレームは，トラックの全長にわたって貫通した左右2本のサイド・メンバが配列されている。その間に，はしごのようにクロス・メンバを置き，それぞれが溶接などで結合されている。

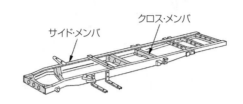

クロス・メンバ

サイド・メンバ

トラック用フレーム

(2) フレームのサイド・メンバを補強する場合，フレームの厚さ以上の補強材を使用しない。

(3) モノコック・ボデーは，サスペンションなどからの振動や騒音が伝わりやすいので，防音，防振のための工夫が必要となる。

【問題】

【No.28】 SRSエアバッグに関する記述として，**不適切なもの**は次のうちどれか。

(1) 脱着作業は，バッテリのマイナス・ターミナルを外したあと，規定時間放置してから行う。

(2) ECUは，衝突時の衝撃を検出する「Gセンサ」と「判断／セーフィング・センサ」を内蔵している。

(3) エアバッグ・アセンブリは，必ず，平坦なものの上にパッド面を上に向けて保管しておくこと。

(4) インフレータは，電気点火装置(スクイブ)，着火剤，ガス発生剤，ケーブル・リール，フィルタなどを金属の容器に収納している。

【解説】

答え (4)

インフレータは，電気点火装置(スクイブ)，着火剤，窒素ガス発生剤，フィルタなどを金属容器に収納している。

問題中の"ケーブル・リール"は，このインフレータとSRSユニットを

接続するケーブルのことで，運転席側のエアバッグに用いられ，内部に渦巻状のケーブルを納めることで，ステアリングを回した際もケーブルが引っ張られないようにする構造となっている。これは，インフレータ容器とは別に装着されている。

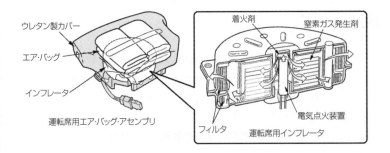

ウレタン製カバー
エア・バッグ
インフレータ
運転席用エア・バッグ・アセンブリ
着火剤
窒素ガス発生剤
フィルタ
電気点火装置
運転席用インフレータ

インフレータ

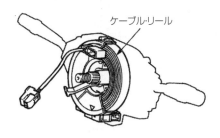

ケーブル・リール

ケーブル・リール

問題

【No.29】 外部診断器（スキャン・ツール）に関する記述として，**不適切なもの**は次のうちどれか。

(1) アクティブ・テストでは，整備作業の補助やECUの学習値を初期化することなどができ，作業の効率化が図れる。

(2) データ・モニタとは，ECUにおけるセンサからの入力値やアクチュエータへの出力値などを複数表示することができ，それらを比較・確認することで迅速な点検・整備ができる。

(3) 外部診断器でダイアグノーシス・コードの消去作業を行うと，ダイアグノーシス・コードとフリーズ・フレーム・データのみ消去することができ，時計及びラジオなどの再設定の必要がない。

(4) フリーズ・フレーム・データを確認することで，ダイアグノーシス・コードを記憶した原因の究明につながる。

【解説】

答え（1）

"アクティブ・テスト"とは，外部診断器からECUに指令を出して，アクチュエータを任意に駆動及び停止ができる効能で，本来の作動条件でなくてもアクチュエータを強制的に駆動することができるため，アクチュエータの機能点検などが容易に行える。

問題文中の「整備作業の補助やECUの学習値を初期化する」機能は"作業サポート"という。

問題

【No.30】 エア・コンディショナに関する記述として，**適切なものは**次のうちどれか。

(1) エキスパンション・バルブは，エバポレータ内における冷媒の液化状態に応じて噴射する冷媒の量を調節している。

(2) エア・ミックス方式では，ヒータ・コアに流れるエンジン冷却水の流量をウォータ・バルブによって変化させることで吹き出し温度の調整を行っている。

(3) コンデンサは，コンプレッサから圧送された高温・高圧のガス状冷媒を冷却して液状冷媒にする働きをしている。

(4) 両斜板式のコンプレッサでは，シャフトが回転すると，斜板によってピストンが円運動を行う。

【解説】

答え（3）

コンデンサは，冷凍サイクル中において，コンプレッサから圧送された高温・高圧のガス状冷媒を冷却して液状冷媒にする働きをしている。

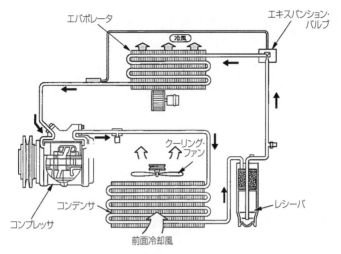

エバポレータ
エキスパンション・バルブ

冷風

クーリング・ファン

コンプレッサ
コンデンサ
前面冷却風
レシーバ

冷凍サイクル

他の問題文を訂正すると以下のようになる。

(1) エキスパンション・バルブは，エバボレータ内における冷媒の<u>気化</u>状態に応じて噴射する冷媒の量を調節している。

(2) <u>リヒート方式</u>では，ヒータ・コアに流れるエンジン冷却水の流量をウォータ・バルブによって変化させることで吹き出し温度の調整を行っている。

　エア・ミックス方式は，エア・ミックス・ダンパを設けて，ヒータ・コアを経由する空気と経由しない空気の割合を変化させることで吹き出し温度の調整を行っている。

(4) 両斜板式のコンプレッサでは，シャフトが回転すると，斜板によってピストンが<u>往復運動</u>を行う。

問題

【No.31】 次の諸元を有するトラックの最大積載時の前軸荷重について，**適切なもの**は次のうちどれか。ただし，乗員1人当たりの荷重は550Nで，その荷重は前車軸の中心に作用し，また，積載物の荷重は荷台に等分布にかかるものとする。

ホイールベース	5,000mm	乗車定員	3人
空車時前軸荷重	31,500N	荷台内側長さ	6,200mm
空車時後軸荷重	26,500N	リア・オーバハング（荷台内側まで）	1,300mm
最大積載荷重	30,000N		

(1) 38950N

(2) 40950N

(3) 42300N

(4) 43950N

【解説】

答え（4）

諸元中の寸法を図中に表し，荷台後端から中心までの長さとリヤ・オーバハングの差より，荷台オフセットを求めると

（荷台オフセット）＝3,100mm－1,300mm

　　　　　　　　　＝1,800mm

となる。

ホイール・ベースと荷台オフセットの関係から，最大積載荷重30,000Nによる前軸重の増加分を求め，計算すると

（積載時の前軸重）＝（空車時前軸重）＋（乗員3人の重量）＋（最大積載荷重）×$\dfrac{（荷台オフセット）}{（ホイール・ベース）}$

$= 31,500N + 1,650N + 30,000N \times \dfrac{1,800mm}{5,000mm}$

$= 43,950N$

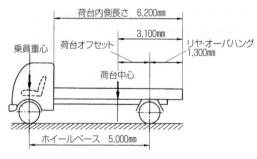

問題

【No.32】　フレミングの左手の法則について，次の文章の（イ）～（ロ）に当
てはまるものとして，下の組み合わせのうち，**適切なもの**はどれか。

　　フレミングの左手の法則とは，左手の親指，人差し指及び中指を互い
に直角に開き，人差し指を（イ）の方向に，中指を（ロ）の方向に向け
ると，電磁力は親指の方向になることをいう。

　　　　　　（イ）　　　　　　（ロ）
(1)　磁力線　　　　　誘導起電力
(2)　誘導起電力　　　電　流
(3)　電　流　　　　　磁力線
(4)　磁力線　　　　　電　流

【解説】

　答え（4）

　　フレミングの左手の法則とは，左手の親指，人差し指及び中指を互いに
直角に開き，人差し指を（**磁力線**）の方向に，中指を（**電流**）の方向に向ける
と，電磁力は親指方向になることをいう。

　　フレミングの左手の法則とは，磁場（磁力線が通る空間）内にある導線に
電流が流れると，その導線を動かそうとする力が発生する現象（ローレン
ツ力）を，覚えやすくしたもので，左手の各指先の示すものは，参考図の
ような関係にある。

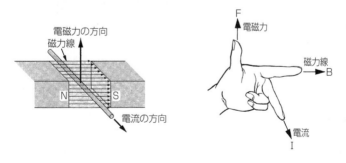

フレミングの左手の法則

問題

【No.33】 ねじとベアリングに関する記述として，**不適切なもの**は次のうちどれか。

(1) ローリング・ベアリングのうち，ラジアル・ベアリングには，ボール型，ニードル・ローラ型，テーパ・ローラ型があり，トランスミッションなどに用いられている。

(2) プレーン・ベアリングのうち，つば付き半割り形プレーン・ベアリングは，ラジアル方向(軸と直角方向)とスラスト方向(軸と同じ方向)の力を受ける構造になっている。

(3) 「M10×1.25」と表されるおねじの外径は10mmである。

(4) 戻り止めナット(セルフロッキング・ナット)は，ナットの一部に戻り止めを施し，ナットが緩まないようにしている。

【解説】

答え (1)

ローリング・ベアリングのうち，ラジアル・ベアリング(ラジアル方向の荷重を受ける)には，図のようにボール型，ニードル・ローラ型などがあり，トランスミッションなどに用いられる。問題文中の「テーパローラ・ベアリング」は，ラジアル方向とスラスト方向の両方の荷重を受けるアンギュラ・ベアリングに分類される。

ボール型　　　ニードル・ローラ型　　　テーパ・ローラ型

ラジアル・ベアリング　　　　**アンギュラ・ベアリング**

問題

【No.34】 ギヤ・オイルに用いられる添加剤に関する記述として，**適切なもの**は次のうちどれか。

(1) 粘度指数向上剤は，温度変化に対して粘度変化を大きくする作用がある。

(2) 酸化防止剤はオイルに含まれる，ろう（ワックス）分が結晶化するの
を抑えて，低温時の流動性を向上させる作用がある。

(3) 腐食防止剤は，高荷重・高速の歯車に重要な役割を果たしており，
耐圧性の向上，極圧下での油膜切れや摩耗の防止などの作用がある。

(4) ギヤ・オイルには性能を向上させるため，種々の添加剤が加えられ
ており，ギヤ・オイル特有の添加剤には，油性向上剤と極圧添加剤が
ある。

【解説】

答え（4）

ギヤ・オイル特有の添加剤には油性向上剤と極圧添加剤がある。「油性
向上剤」は，摩擦係数を減少させるもので，ウォーム・ギヤなど滑りの多
い歯車に対して重要な役割を果たすものである。また「極圧添加剤」は，
耐圧性の向上，摩擦の防止などの作用がある。

他の問題文を訂正すると以下のようになる。

(1) 粘度指数向上剤は，温度変化に対して粘度変化を小さくする作用が
ある。

(2) 酸化防止剤は高温における酸化を防止し，寿命を延長させる作用を
する。問題文の記述は「流動点降下剤」を表している。

(3) 腐食防止剤は，金属の錆（さび）と腐食を防止する。問題文の記述は「極圧
添加剤」を表している。

問題

【No.35】　図に示す電気回路において，次の文章の（　）に当てはまるもの
として，**適切なもの**はどれか。ただし，バッテリ，配線等の抵抗はない
ものとする。

12Vの用のランプを12Vの電源に接続したときの抵抗が3Ωである場合，
この状態で30分間使用したときの電力量は（　）である。

(1)　4Wh

(2)　24Wh

(3)　36Wh

(4)　48Wh

ランプ（3Ω）

バッテリ（12V）

【解説】

答え （2）

3Ωの電球に12Vの電源を接続したときの回路に流れる電流 I は，オームの法則より

$$I = \frac{V}{R}（I：電流A，\quad V：電圧V，\quad R：抵抗Ω）$$

$$= \frac{12V}{3Ω}$$

$$= 4（A）$$

この時の電力 P (W)は，電圧と電流の積に相当し，次式で表される。

$$P = V \cdot I$$

$$= 12V × 4A$$

$$= 48W$$

電力量はワット時(Wh)で表され，電力と時間の積に相当し，次式で表される。

$$Wp = P \cdot t（Wp：電力量Wh，\quad P：電力W，\quad t：時間h）$$

よって30分(0.5時間)使用した場合の電力量は

$$Wp = 48W × 0.5h$$

$$= 24Wh$$

となる。

問題

【No.36】「道路運送車両法」及び「道路運送車両法施行規則」に照らし，国土交通大臣の行う検査を受け，有効な自動車検査証の交付を受けているものでなければ，運行の用に供してはならない自動車に**該当しないものは次のうちどれか。**

(1) 検査対象軽自動車

(2) 普通自動車

(3) 四輪の小型自動車

(4) 小型特殊自動車

【解説】

答え　(4)

自動車（国土交通省令で定める軽自動車及び小型特殊自動車を除く。）は，国土交通大臣の行う検査を受け，有効な自動車検査証の交付を受けなければ，これを運行の用に供してはならない。

（道路運送車両法　第58条）

問題

【No.37】「道路運送車両の保安基準」及び「道路運送車両の保安基準の細目を定める告示」に照らし，方向指示器の点滅回数の基準に関する記述として，**適切なもの**は次のうちどれか。

(1) 毎分50回以上100回以下の一定の周期で点滅するものであること。

(2) 毎分60回以上100回以下の一定の周期で点滅するものであること。

(3) 毎分50回以上120回以下の一定の周期で点滅するものであること。

(4) 毎分60回以上120回以下の一定の周期で点滅するものであること。

【解説】

答え　(4)

方向指示器は，**毎分60回以上120回以下**の一定の周期で点滅するものであること。

（保安基準　第41条，細目告示215条4 (1)）

問題

【No.38】「道路運送車両の保安基準」及び「道路運送車両の保安基準の細目を定める告示」に照らし，最高速度が100km/hの小型四輪自動車の尾灯の基準に関する次の文章の（　）に当てはまるものとして，**適切なもの**はどれか。

尾灯は，夜間にその後方（　）の距離から点灯を確認できるものであり，かつ，その照射光線は，他の交通を妨げないものであること。

(1) 100m

(2) 200m

(3) 300m

(4) 400m

【解説】

答え（3）

尾灯は，夜間にその後方（**300m**）の距離から点灯を確認できるものであり，かつ，その照射光線は，ほかの交通を妨げないものであること。

（保安基準　第37条，細目告示206条（1））

問題

【No.39】「道路運送車両法」及び「自動車点検基準」に照らし，点検整備記録簿の保存期間に関する記述として，**適切なもの**は次のうちどれか。

(1) 自家用小型貨物自動車は，2年間である。

(2) 車両総重量8t未満で乗車定員5名の自家用自動車は，2年間である。

(3) 大型特殊自動車は，3年間である。

(4) 車両総重量8t以上の自家用自動車は，3年間である。

【解説】

答え（2）

「点検整備記録簿の保存期間」は，自動車点検基準第4条第2項に，その記載の日から，自家用乗用自動車，検査対象軽自動車（レンタカーを除く。）及び二輪自動車にあっては2年間、その他の自動車にあっては1年間と規定されているため，定期点検区分で表すと

　　事業用自動車(3，12月ごと)・・・・・1年間保存

　　自家用貨物自動車(6，12月ごと)・・・1年間保存

　　自家用乗用・二輪(12，24月ごと)・・・2年間保存

となる。

(2)「車両総重量8t未満で乗車定員5名の自家用自動車」の記述では自動車の"用途"が不明。よって，点検整備記録簿の保存期間は，乗用自動車の場合は2年間，貨物自動車の場合は1年間と判断が分かれる。しかし，他の問題文を読み「最も適切なもの」を選択するのであれば答えは(2)となる。

他の問題文を訂正すると以下のようになる。

(1)自家用小型貨物自動車は，<u>1年間</u>である。（自家用貨物自動車の区分）

(3) 大型特殊自動車は，<u>1年間</u>である。（8t以上で事業用自動車，8t未満で自家用貨物自動車の区分）

(4) 車両総重量 8 t 以上の自家用自動車は，1 年間である。(事業用自
動車の区分)

問題

【No.40】「道路運送車両の保安基準」及び「道路運送車両の保安基準の細
目を定める告示」に照らし，非常信号用具の基準に関する次の文章の
（イ）～（ロ）に当てはまるものとして，下の組み合わせのうち，**適切な
もの**はどれか。

非常信号用具は，（イ）の距離から確認できる（ロ）の灯光を発する
ものであること。

	（イ）	（ロ）
(1)	夜間100m	橙色又は黄色
(2)	昼間100m	赤　色
(3)	夜間200m	赤　色
(4)	昼間200m	橙色又は黄色

【解説】

答え（3）

非常信号用具は，(**夜間200m**)の距離から確認できる(**赤色**)の灯光を発
するものであること。

（保安基準　第43条の 2　細目告示第220条）

31・3 試験問題（登録）

問題

【No.1】 エンジンの諸損失等に関する記述として，**不適切なもの**は次のうちどれか。

(1) 機械損失は，ピストン，ピストン・リング，各ベアリングなどの摩擦損失と，ウォータ・ポンプ，オイル・ポンプ，オルタネータなど補機駆動の損失からなっている。

(2) 熱損失は，燃焼室壁を通して冷却水へ失われる冷却損失，排気ガスにもち去られる排気損失，ふく射熱として周囲に放散されるふく射損失からなっている。

(3) ポンプ損失（ポンピング・ロス）は，冷却水の温度，潤滑油の粘度のほかに回転速度による影響が大きい。

(4) 体積効率と充填効率は，平地ではほとんど同じであるが，高山など気圧の低い場所では差を生じる。

【解説】

答え (3)

エンジンの諸損失のうち，ポンプ損失（ポンピング・ロス）とは，燃焼ガスの排出及び混合気を吸入するための動力損失をいう。ちなみに，ガソリン・エンジンでは，出力の制御にスロットル・バルブを使用しているため，軽負荷運転時はポンピング・ロスが大きくなる。

冷却水の温度，潤滑油の粘度のほか，回転速度による影響が大きいものは，(1) の機械損失の説明である。

問題

【No.2】 ピストン・リングに関する記述として，**適切なもの**は次のうちどれか。

(1) スカッフ現象とは，カーボンやスラッジ（燃焼生成物）が固まってリングが動かなくなることをいう。

(2) フラッタ現象は，ピストン・リングの拡張力が小さいほど，ピストン・リング幅が厚いほど，また，ピストン速度が速いほど起こりやすい。

(3) アンダ・カット型のコンプレッション・リングは，外周下面がカットされた形状になっており，一般にトップ・リングに用いられている。

(4) テーパ・フェース型は，しゅう動面が円弧状になっており，初期なじみの際の異常摩耗が少ない。

【解説】

答え　(2)

フラッタ現象とは，ピストン・リングがリング溝と密着せずに浮き上がる現象をいう。ピストン・リングやシリンダ壁が摩耗した場合などに，シリンダ内の圧力がリングの外周面から働き気密が損なわれ，ピストン・リングが圧縮圧力，燃焼圧力，慣性力などの力を受けてリング溝から浮き上がってしまう。この現象は，ピストン・リングがシリンダ壁に接触するときの面圧の減少とピストン・リングの慣性力に影響されるため，ピストン・リングの拡張力が小さいほど，ピストン・リング幅が厚いほど，また，ピストン速度が速いほど起こりやすいと言える。

他の問題文を訂正すると以下のようになる。

(1) スティック現象とは，カーボンやスラッジ(燃焼生成物)が固まってリングが動かなくなることをいう。

　また，スカッフ現象とは，シリンダ壁面の油膜が切れてリングやシリンダの表面に引っかき傷ができる現象をいう。

(3) アンダ・カット型のコンプレッション・リングは，外周下面がカットされた形状になっており，一般にセカンド・リングに用いられている。

(4) バレル・フェース型は，しゅう動面が円弧状になっており，初期なじみの際の異常摩耗が少ない。

　また，テーパ・フェース型は，しゅう動面がテーパ状になっており，シリンダ壁と線接触する特徴がある。

問題

【No.3】　シリンダ・ヘッドとピストンで形成されるスキッシュ・エリアに関する記述として，**不適切なもの**は次のうちどれか。

(1) スキッシュ・エリアによる渦流は，燃焼行程における火炎伝播の速度を低く(遅く)し，混合気の燃焼時間を延長することで最高燃焼ガス温度の上昇を促進させる役目を担っている。

(2) スキッシュ・エリアの厚み(クリアランス)が小さくなるほど混合気の渦流の流速は高く(速く)なる。

(3) 斜めスキッシュ・エリアは，斜め形状により吸入通路からの吸気がスムーズになり，強い渦流の発生が得られる。

(4) スキッシュ・エリアの面積が大きくなるほど混合気の渦流の流速は高く(速く)なる。

【解説】

答え (1)

スキッシュ・エリアによる渦流は，燃焼行程における火炎伝播の速度を高め(早く)し，混合気の燃焼時間の短縮を図ることで最高燃焼ガス温度の上昇を抑制する役目を担っている。

問題

【No.4】 自動車の排出ガスに関する記述として，**不適切なもの**は次のうちどれか。

(1) クエンチング・ゾーン(消炎層)にある燃え残りの混合気は，排気行程中にピストンにより押し出されて未燃焼ガスとして排出される。

(2) 空気の供給不足などにより不完全燃焼したときのCOは，「$2C$(炭素) $+O_2 = 2CO$」のように発生する。

(3) NOxの発生は，理論空燃比付近で最小となり，それより空燃比が小さい(濃い)場合や大きい(薄い)場合は急激に増大する。

(4) CO_2濃度は，理論空燃比付近で最大となり，それより空燃比が大きい(薄い)領域では低下する。

【解説】

答え (3)

NOx(窒素酸化物)の発生は，理論空燃比付近で最大となり，それより空燃比が小さく(濃く)ても大きく(薄く)ても急激に低下する。

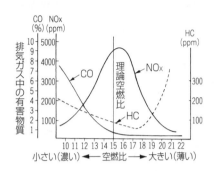

CO NOx
(%) (ppm)

HC
(ppm)

排気ガス中の有害物質

理論空燃比

NOx

CO

HC

10 11 12 13 14 15 16 17 18 19 20 21 22

小さい(濃い) ◄── 空燃比 ──► 大きい(薄い)

空燃比と有害物質濃度

（問題）

【No.5】　鉛バッテリに関する記述として，**適切なもの**は次のうちどれか。

(1)　バッテリの電解液温度が50℃未満におけるバッテリの容量は，電解液温度が高いほど減少し，低いほど増加する。

(2)　起電力は，一般に電解液の温度が高くなると小さくなり，その値は，電解液温度が1℃上昇すると0.0002～0.0003V程度低くなる。

(3)　バッテリの放電終止電圧は，一般に放電電流が大きくなるほど，高く定められている。

(4)　バッテリから取り出し得る電気量は，放電電流が大きいほど小さくなる。

【解説】

答え（4）

バッテリから取り出し得る電気量，つまり，バッテリの容量は，放電電流が大きいほど小さくなる。

バッテリを放電していくと，両極板とも硫酸鉛に変化するが，硫酸基の吸収は極板表面層から起こり，徐々に極板細孔内に浸透していく。取り出し得る電気量が小さくなるのは，放電電流が大きいと極板細孔内への拡散浸透する硫酸基の補給速度が遅れて化学反応が追い付かず，早く放電終止電圧に到達してしまうことに起因する。

他の問題文を訂正すると以下のようになる。

(1) バッテリの電解液温度が50℃未満におけるバッテリの容量は、電解液温度が<u>高いほど増加</u>し、<u>低いほど減少</u>する。

　　これは、温度が上昇すると電解液の拡散が良好となり、極板活物質内部まで浸透が容易となるため、内部抵抗が減少するからである。ただし、電解液温度が50℃以上になると、自己放電のためにかえって容量は減少し、セパレータ及び極板の損傷を早める。

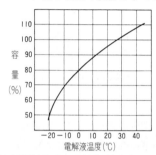

<u>容量と電解液温度の関係（5時間率容量の例）</u>

(2) 起電力は、一般に電解液温度が高くなると<u>大きくなり</u>、その値は、電解液温度が1℃上昇すると0.0002〜0.0003V程度<u>高く</u>なる。

(3) バッテリの放電終止電圧は、一般に放電電流が大きくなるほど、<u>低く</u>定められている。

問題

【No.6】 点火順序が1－5－3－6－2－4の4サイクル直列6シリンダ・エンジンに関する次の文章の（イ）と（ロ）に当てはまるものとして、**適切なもの**はどれか。

　　第3シリンダが圧縮上死点のとき、燃焼行程途中にあるのは（イ）で、この位置からクランクシャフトを回転方向に480°回転させたとき、バルブがオーバラップの上死点状態にあるのは（ロ）である。

	（イ）	（ロ）
(1)	第5シリンダ	第1シリンダ
(2)	第5シリンダ	第6シリンダ
(3)	第2シリンダ	第1シリンダ
(4)	第2シリンダ	第6シリンダ

【解説】

答え （2）

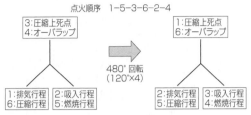

点火順序　1−5−3−6−2−4

| 3:圧縮上死点 4:オーバラップ | | 1:圧縮上死点 6:オーバラップ |

480°回転
(120°×4)

| 1:排気行程 6:圧縮行程 | 2:吸入行程 5:燃焼行程 | 2:排気行程 5:圧縮行程 | 3:吸入行程 4:燃焼行程 |

各シリンダの行程

　参考図左は，第3シリンダが圧縮上死点の場合の各シリンダの行程を示す。ここで燃焼行程途中にあるのは，**第5シリンダ**である。次に，この位置から480°（120°×4）正回転した各シリンダの行程を参考図右に示す。図より，オーバラップの上死点状態にあるのは，**第6シリンダ**となる。

問題

【No.7】 電子制御式スロットル装置の制御等に関する記述として，**適切なもの**は次のうちどれか。

(1) 通常モードのとき，スロットル・バルブ開度とアクセル・ペダルの踏み込み角度は比例する。

(2) アイドル回転速度制御は，一般にISCV（アイドル・スピード・コントロール・バルブ）で行っている。

(3) スロットル・ポジション・センサは，スロットル・バルブ・シャフトの同軸上に取り付けられ，アクセル・ペダルの踏み込み角度を検出している。

(4) スロットル・モータには，応答性がよく消費電力の少ないDCモータが使用されている。

【解説】

答え （4）

　電子制御式スロットル・システムのスロットル・モータには，応答性がよく消費電力の少ないDCモータが使用されている。参考図は，電子制御式スロットル・バルブの一例で，スロットル・モータの回転は減速ギヤを介してスロットル・バルブに伝達される。

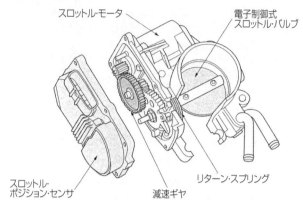

スロットル・モータ

電子制御式
スロットル・バルブ

スロットル・
ポジション・センサ

減速ギヤ

リターン・スプリング

電子制御式スロットル・バルブ

他の問題文を訂正すると以下のようになる。

(1) 通常モードのとき，スロットル・バルブ開度とアクセル・ペダルの踏み込み角度とは比例せずに，参考図の特性のように，アクセル・ペダルの踏み込み角度が小さいときには非常に小さく，踏み込み角度が60％を超えたあたりから大きくなるように制御されている。また，スノー・モードのときは，滑りやすい路面での操縦性を確保するため，スロットル・バルブ開度が抑えられる。

(2) アイドル回転速度制御は，アイドリング時に必要な吸入空気量を，スロットル・バルブをわずかに開くことで制御している。したがって，電子スロットル制御システムが装備されている場合には，ISC Vは取り付けられていない。

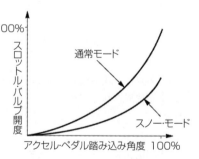

100%

スロットル・バルブ開度

通常モード

スノー・モード

アクセル・ペダル踏み込み角度 100%

スロットル・バルブ開度制御

(3) スロットル・ポジション・センサは，スロットル・バルブ・シャフトの同軸上に取り付けられ，スロットル・バルブ開度を検出している。

問題

【No.8】　吸排気装置の過給機に関する記述として，**不適切なもの**は次のうちどれか。

(1) ターボ・チャージャの特徴として，小型軽量で取り付け位置の自由度は高いが，排気エネルギの小さい低速回転域からの立ち上がりに遅れが生じ易い。

(2) ターボ・チャージャに用いられるコンプレッサ・ホイールの回転速度は，タービン・ホイールの回転速度と同回転である。

(3) 2葉ルーツ式のスーパ・チャージャでは，過給圧が規定値になると，過給圧の一部を吸入側へ逃がし，過給圧を規定値に制御するエア・バイパス・バルブが設けられている。

(4) 2葉ルーツ式のスーパ・チャージャでは，ロータ1回転につき1回の吸入・吐出が行われる。

【解説】

答え（4）

2葉ルーツ式のスーパ・チャージャは，ドライブ・ロータとドリブン・ロータのそれぞれが吸入，吐出作用をおこなっており，各ロータが1回転すると2回の吸入，吐出が行われるので，全体としては<u>ロータ1回転につき4回</u>の吸入，吐出が行われることになる。

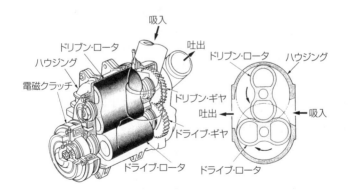

ルーツ式スーパ・チャージャ

問題

【No.9】 気筒別独立点火方式のイグナイタ（イグニション・コイル一体型）に関する記述として，**適切なもの**は次のうちどれか。

(1) 通電時間制御は，エンジン回転速度が低くなるに連れて，トランジスタがONする時期（一次電流が流れ始めるとき）を早めている。

(2) アイドル安定化補正は，アイドル回転速度が低くなると点火時期を遅角し，高い場合は進角してアイドル回転速度の安定化を図っている。

(3) エンジン始動後のアイドリング時の基本進角は，インテーク・マニホールド圧力信号又は吸入空気量信号により，あらかじめ設定された点火時期に制御されている。

(4) ECUは，クランク角センサ，カム角センサ，スロットル・ポジション・センサなどからの信号をもとに，そのときのエンジン回転速度や負荷を計算して点火すべき気筒及び点火時期を算出する。

【解説】

答え（4）

ECUは参考図のように，クランク角センサとカム角センサの信号から演算した各気筒のクランク角度位置と，その他の各センサからの信号をもとに，エンジンの運転状態に応じた最適な通電時間と点火時期になるように，各気筒のイグニション・コイルに点火信号を出力する。

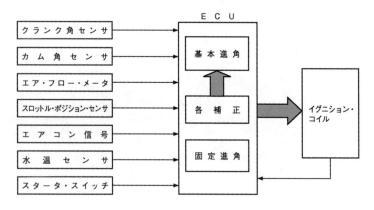

気筒別独立点火方式（ダイレクト・イグニション）

他の問題文を訂正すると以下のようになる。

(1) 通電時間制御は，エンジン回転速度が<u>高く</u>なるに連れて，トランジスタがONする時期（一次電流が流れ始めるとき）を早めている。

(2) アイドル安定化補正は，アイドル回転速度が低くなると点火時期を<u>進角</u>し，高い場合は遅角してアイドル回転速度の安定化を図っている。

(3) エンジン始動後のアイドリング時の基本進角は，<u>クランク角度信号（回転信号）</u>により，あらかじめ設定された点火時期に制御されている。

　　通常走行時の基本進角は，エンジン回転速度信号及びインテーク・マニホールド圧力信号又は吸入空気量信号により，あらかじめ設定された点火時期に制御されている。

【問題】

【No.10】　半導体に関する記述として，**不適切なもの**は次のうちどれか。

(1) NPN型トランジスタのベース電流が2 mA，コレクタ電流が200mA流れた場合の電流増幅率は100である。

(2) NAND回路とは，二つの入力が共に"1"のときのみ出力が"1"となる回路をいう。

(3) 発振とは，入力に直流の電流を流し，出力で一定周期の交流電流が流れている状態をいう。

(4) LC発振器は，コイルとコンデンサの共振回路を利用し，発振周期を決めている。

【解説】

答え（2）

　NAND回路は，二つの入力のAとBが共に"1"のときのみ出力が"0"となる。

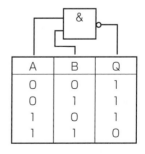

NAND回路真理値表

A	B	Q
0	0	1
0	1	1
1	0	1
1	1	0

問題

【No.11】 図に示すオルタネータ回路において，B端子が外れたときの次の文章の（イ）と（ロ）に当てはまるものとして，下の組み合わせのうち，**適切なもの**はどれか。

オルタネータが回転中にB端子が解放状態(外れ)になり，バッテリ電圧(S端子の電圧)が調整電圧以下になると，Tr₁が（イ）する。そしてS端子の電圧よりB端子の電圧が規定値より（ロ），IC内の制御回路が異常を検出し，チャージ・ランプを点灯させるとともに，B端子の電圧を調整電圧より高めになるように制御する。

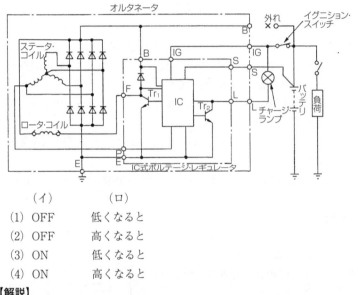

	（イ）	（ロ）
(1)	OFF	低くなると
(2)	OFF	高くなると
(3)	ON	低くなると
(4)	ON	高くなると

【解説】

答え（4）

オルタネータ回転中にB端子が解放状態(外れ)になり，バッテリ電圧(S端子の電圧)が調整電圧以下になると，Tr₁が(**ON**)する。そしてS端子の電圧よりB端子の電圧が規定値より(**高くなると**)，IC内の制御回路が異常を検出し，チャージ・ランプを点灯させると共に，B端子の電圧を調整電圧より高めになるように制御する。

異常検出機能付きのオルタネータは，充電系統に異常が生じたとき，チャージ・ランプを点灯させることで，運転者に異常を知らせる。また，問題の状態では，制御によりB端子電圧が高めに調整されるが，B端子が外れているためバッテリに充電がされるわけではない。

【問題】

【No.12】 高熱価型スパーク・プラグに関する記述として，**適切なもの**は次のうちどれか。

(1) 低熱価型に比べてガス・ポケットの容積が小さい。

(2) 低熱価型に比べて碍子脚部が長い。

(3) ホット・タイプと呼ばれる。

(4) 低熱価型に比べて中心電極の温度が上昇しやすい。

【解説】

答え (1)

高熱価型スパーク・プラグは，低熱価型に比べて (2) 碍子脚部が短く，(1) ガス・ポケットの容積が小さい。火炎にさらされる表面積が小さいことと，碍子脚部からの放熱経路が短く熱伝達が良いため，(4) 中心電極の温度が上昇しにくい特徴がある。このように放熱する度合いが大きいプラグを，(3) 冷え型（コールド・タイプ）という。

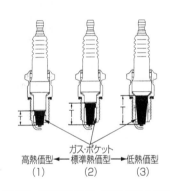

高熱価型，標準熱価型及び低熱価型の相違点

【問題】

【No.13】 直巻式スタータの出力特性に関する記述として，**不適切なもの**は次のうちどれか。

(1) 始動時のアーマチュア・コイルに流れる電流の大きさは，ピニオン・ギヤの回転速度がゼロのとき最小である。

(2) 始動時のスタータの駆動トルクは，ピニオン・ギヤの回転速度がゼロのとき最大である。

(3) スタータの回転速度が上昇すると，アーマチュア・コイルに発生する逆向きの誘導起電力が増えるので，アーマチュア・コイルに流れる電流が減少する。

(4) スタータの駆動トルクは，ピニオン・ギヤの回転速度の上昇とともに小さくなる。

【解説】

答え（1）

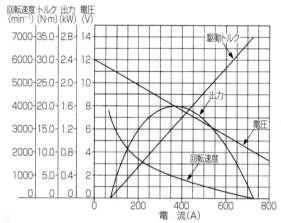

直巻式スタータの出力特性

始動時のアーマチュア・コイルに流れる電流の大きさは，ピニオン・ギヤの回転速度がゼロのとき最大となる。

アーマチュア・コイルに流れる電流が大きくなると駆動トルクも大きくなるため，始動時はアーマチュア・コイルに流れる電流，駆動トルクともに最大となる。

問題

【No.14】 NOxの低減策に関する記述として，適切なものは次のうちどれか。

(1) 燃焼室の形状を改良し，燃焼時間を長くすることにより最高燃焼ガス温度を低くする。

(2) エンジンの運転状況に対応する空燃比制御及び点火時期制御を的確に行うことで，最高燃焼ガス温度を上げる。

(3) EGR(排気ガス再循環)装置や可変バルブ機構を使って，不活性な排気ガスを一定量だけ吸気側に導入し最高燃焼ガス温度を上げる。

(4) 空燃比制御により，理論空燃比付近の狭い領域に空燃比を制御し，理論空燃比領域で有効に作用する三元触媒を使って排気ガス中のNOxを還元する。

【解説】

答え (4)

NOxの低減策における空燃比制御の説明は，問題文の通り。

他の問題文を訂正すると以下のようになる。

(1)燃焼室の形状を改良し，混合気に渦流などを与えて燃焼速度を速め，燃焼時間を<u>短くする</u>ことにより最高燃焼ガス温度を低くする。

(2) エンジンの運転状況に対応する空燃比制御及び点火時期制御を的確に行うことで，最高燃焼ガス温度を<u>下げる</u>。

(3) EGR(排気ガス再循環)装置や可変バルブ機構を使って，不活性な排気ガスを一定量だけ吸気側に導入し最高燃焼ガス温度を<u>下げる</u>。

問題

【No.15】 電子制御式燃料噴射装置のセンサに関する記述として，**不適切なもの**は次のうちどれか。

(1) バキューム・センサの出力電圧は，インテーク・マニホールド圧力が高くなるほど大きくなる(増加する)特性がある。

(2) ホール素子式のスロットル・ポジション・センサは，スロットル・バルブ開度の検出にホール効果を用いて行っている。

(3) ジルコニア式O_2センサのジルコニア素子は，高温で内外面の酸素濃度の差がないときに起電力が発生する性質がある。

(4) 空燃比センサの出力は，理論空燃比より小さい(濃い)と低くなり，大きい(薄い)と高くなる。

【解説】

答え (3)

ジルコニア式O_2センサのジルコニア素子は，高温で内外面の酸素濃度<u>の差が大きいとき</u>に起電力を発生する性質がある。

ジルコニア式O_2センサは，参考図のように，試験管状のジルコニア素

子の表面に白金をコーティングした構造で，内面に大気が導入され，外面は排気ガス中にさらされている。

　ジルコニア式O₂センサの起電力の出力特性は，参考図のように理論空燃比付近で急変する。ECUは電圧変動の中間付近に比較電圧値を設定し，空燃比の小さい(濃い)と大きい(薄い)を判定している。

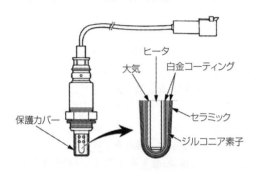

O₂センサ(ジルコニア式)

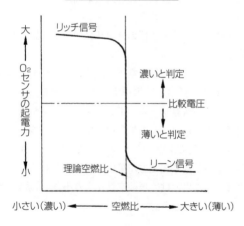

O₂センサの出力特性

問題

【No.16】 電動式パワー・ステアリングに関する記述として，**適切なもの**は次のうちどれか。

(1) ホールICを用いたトルク・センサは，インプット・シャフトに多極マグネットを配置し，アウトプット・シャフトにはヨークが配置されている。

(2) トルク・センサにより，ステアリング・ホイールの操舵力のみを検出している。

(3) コイルを用いたリング式のトルク・センサでは，インプット・シャフトは磁性体でできており，突起状になっている。

(4) ラック・アシスト式では，ステアリング・ギヤのピニオン部にトルク・センサ及びモータが取り付けられている。

【解説】

答え（1）

ホールICを用いたトルク・センサは，参考図のように，ステアリング・ホイール側となるインプット・シャフトに多極マグネットが，ステアリング・ギヤ側となるアウトプット・シャフトにはヨークが配置されている。操舵によってトーション・バーがねじれると，多極マグネットとヨーク歯部の相対位置が変化するため，ホールICを通過する磁束密度と磁束の向きが変化する。これを電圧信号に変換することで操舵力と操舵方向を検出している。

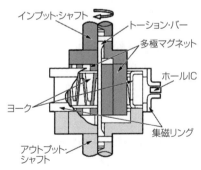

ホールIC式トルク・センサ

他の問題文を訂正すると以下のようになる。

(2) トルク・センサにより，ステアリング・ホイールの<u>操舵力と操舵方向</u>を検出している。

(3) コイルを用いた<u>スリーブ式</u>のトルク・センサでは，インプット・シャフトは磁性体でできており，突起状になっている。

(4) ラック・アシスト式では，ステアリング・ギヤのピニオン部にトルク・センサが取付けられ，<u>ラック部に補助動力を与えるモータが取り付けられている</u>。

【問題】

【No.17】 図に示す油圧式パワー・ステアリングのオイル・ポンプのフロー・コントロール・バルブの作動に関する次の文章の（イ）から（ハ）に当てはまるものとして，下の組み合わせのうち，**適切なもの**はどれか。ただし，図の状態はフロー・コントロール・バルブの非作動時を示す。

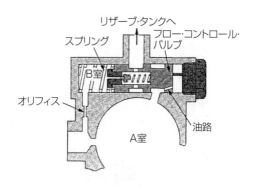

オイル・ポンプの吐出量が多くなるとオリフィスの抵抗により，A室の油圧がB室の油圧よりも高く（大きく）なり，A室の油圧はフロー・コントロール・バルブの油路を通って油圧がバルブの（イ）に掛かるようになる。吐出量が規定値以上になるとA室の油圧がB室の油圧とスプリングの力の合計より（ロ）なるため，フロー・コントロール・バルブは（ハ）に移動し，A室の余剰フルードはリザーブ・タンクへ戻される。

	（イ）	（ロ）	（ハ）
(1)	右 側	小さく	左 側
(2)	右 側	大きく	右 側
(3)	左 側	大きく	右 側
(4)	右 側	大きく	左 側

【解説】

答え（4）

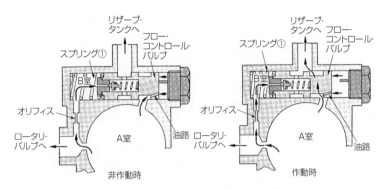

フロー・コントロール・バルブの作動

オイル・ポンプの吐出量が多くなるとオリフィスの抵抗により，A室の油圧がB室の油圧よりも高く（大きく）なり，A室の油圧はフロー・コントロール・バルブの油路を通って油圧がバルブの**（右側）**に掛かるようになる。吐出量が規定値以上になるとA室の油圧がB室の油圧とスプリングの力の合計より**（大きく）**なるため，フロー・コントロール・バルブは**（左側）**に移動し，A室の余剰フルードはリザーブ・タンクへ戻される。

参考図の非作動時は，吐出量が規定値以下の状態で，A室，B室の油圧差が小さいため，スプリング①のばね力によりフロー・コントロール・バルブは右側に押されて動きはない。吐出量が増加すると，オリフィスの抵抗があるB室よりも，A室の油圧が勝り，参考図の作動時のように，バルブが左側に動かされる。これにより，リザーブ・タンクへの通路が開き，余剰フルードが逃される。

問題

【No.18】 サスペンションのスウィッシュ音に関する記述として，**適切なもの**は次のうちどれか。

(1) 低温時に発生しやすく，ショック・アブソーバのオイル漏れやガス抜けなどにより，不正な振動が発生し，「コロコロ」，「ポコポコ」などボデー・パネル面で発生する音をいう。

(2) かなり荒れた道路を走行時に，サスペンションが大きく上下にストロークする際，ピッチ間のクリアランスが減少して，スプリング同士が接触するために起こる「ガチャン」，「ガキン」などの金属音をいう。

(3) ショック・アブソーバ内部でオイルが狭いバルブ穴(オリフィス)を高速で通過する際，オイルがスムーズに流れないときに「シュッ，シュッ」と発生する音をいう。

(4) 荒れた道路を走行時に，足回りが上下に振動して「ブーン」，「ビーン」などスプリング自体が振動して発生する音をいう。

【解説】

答え (3)

「スウィッシュ音」とは，ショック・アブソーバ内部でオイルが狭いバルブ穴(オリフィス)を高速で通過する際，内部の異常によりオイルがスムーズに流れないときに「シュッ，シュッ」と発生するオイルの流動異音である。

(1) はダンパ打音，(2) はスプリングの接触音，(4) はスプリングのサージング音の記述である。

問題

【No.19】 ホイール・アライメントに関する記述として，**不適切なもの**は次のうちどれか。

(1) キャンバ・スラストは，キャンバ角が大きくなるに伴って増大する。

(2) プラス・キャスタ・トレールは直進復元力を向上させ，ホイールの動きを不安定にする力を抑える作用がある。

(3) 旋回時に車体が傾斜した場合のキャンバ変化は，車軸懸架式ではほとんど変化しないが，独立懸架式では大きく変化する。

(4) フロント・ホイールを横方向から見て，キング・ピンの頂部が，進行方向(前進)に対して後方に傾斜しているものをマイナス・キャスタという。

【解説】

答え (4)

フロント・ホイールを横方向から見て，キング・ピンの頂部が，進行方向(前進)に対して後方に傾斜しているものをプラス・キャスタという。

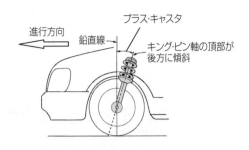

プラス・キャスタ

【問題】

【No.20】 CVT（スチール・ベルトを用いたベルト式無段変速機）に関する記述として，**不適切なもの**は次のうちどれか。

(1) スチール・ベルトは，圧縮作用により動力伝達を行うエレメントと，それに必要な摩擦力を維持するスチール・リングで構成されている。

(2) プライマリ・プーリに掛かる作動油圧が低いときは，プライマリ・プーリの溝幅が狭くなるため，プライマリ・プーリに掛かるスチール・ベルトの接触半径は大きくなる。

(3) CVTは，プラネタリ・ギヤ・ユニット式ATより更にごみを嫌うので，点検時等にごみがユニット内に入り込まないように十分注意する必要がある。

(4) 可動シーブは，油圧によりボール・スプラインの軸上をしゅう動し，プーリの溝幅を任意に可変できる仕組みになっている。

【解説】

答え（2）

プライマリ・プーリに掛かる作動油圧が低いときは，プライマリ・プーリの溝幅が<u>広く</u>なるため，プライマリ・プーリに掛かるスチール・ベルトの接触半径は<u>小さく</u>なる。

プーリは，固定側のシャフト（固定シーブ）と可動側の可動シーブから構成される。可動シーブ背面の油圧室に油圧が高くなると，可動シーブはプライマリ・ピストンによって押し出されシャフト（固定シーブ）側に近づく，これにより，プーリ溝幅が狭くなり，エレメントの接触位置がプーリ傾斜

面の外周側に移動し接触半径が大きくなる。逆に，作動油圧が低くなれば，溝幅は広くなり，接触半径は小さくなる。

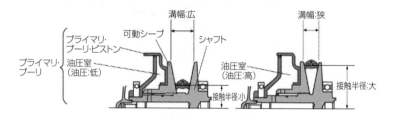

プライマリ・プーリの作動

【問題】

【No.21】 ブレーキ装置に関する記述として，**適切なもの**は次のうちどれか。

(1) ブレーキ液の沸点は，ブレーキ液に含まれる水分の量に大きく左右され，水分量が多いほど上昇する。

(2) ブレーキは，自動車の運動エネルギを熱エネルギに変えて制動する装置である。

(3) 制動距離とは，空走距離と停止距離をあわせたものをいう。

(4) ドラム・ブレーキは，ディスク・ブレーキに比べて放熱効果がよいので，フェードしにくい。

【解説】

答え (2)

ブレーキは，自動車の運動エネルギを熱エネルギに変える装置である。

走行中の自動車の運動エネルギは，減速および停止をする際に，摩擦ブレーキ，エキゾースト・ブレーキ，電磁式リターダなどの装置により，熱エネルギに変化されて放散される。

他の問題文を訂正すると以下のようになる。

(1) ブレーキ液の沸点は，ブレーキ液に含まれる水分の量に大きく左右され，水分量が多いほど<u>低下</u>する。

(3) <u>停止距離</u>とは，空走距離と<u>制動距離</u>をあわせたものをいう。

(4) <u>ディスク・ブレーキ</u>は，<u>ドラム・ブレーキ</u>に比べて放熱効果がよいので，フェードしにくい。

【問題】

【No.22】　電子制御式ABSに関する記述として，**不適切なもの**は次のうち
どれか。

(1) ECUは，各車輪速センサ，スイッチなどからの信号により，路面
の状況などに応じて，マスタ・シリンダに作動信号を出力する。

(2) 車輪速センサの車輪速度検出用ロータは，各ドライブ・シャフトな
どに取り付けられており，車輪と同じ速度で回転している。

(3) ECUは，センサの信号系統，アクチュエータの作動信号系統及び
ECU自体に異常が発生した場合に，ABSウォーニング・ランプを点
灯させ運転者に異常を知らせる。

(4) ABSは，制動力とコーナリング・フォースの両方を確保するため，
タイヤのスリップ率を20％前後に収めるように制動力を制御する装置
である。

【解説】

答え（1）

　ECUは，各車輪速センサ，スイッチなどからの信号により，路面の状
況などに応じて，ハイドロリック・ユニットに作動信号を出力する。

　ハイドロリック・ユニットは，ECUからの制御信号により各ブレーキ
の液圧を制御するもので，ポンプ・モータ，ポンプ，ソレノイド・バルブ，
リザーバなどが一体となっている。

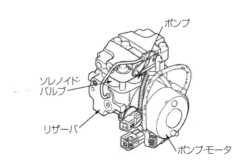

ポンプ

ソレノイド・
バルブ

リザーバ

ポンプ・モータ

ハイドロリック・ユニット

【問題】

【No.23】 CAN通信システムに関する記述として，**適切なもの**は次のうちどれか。

(1) "バス・オフ"状態とは，エラーを検知した結果，リカバリが実行され，エラーが解消されて通信を再開した状態をいう。

(2) 一端の終端抵抗が断線していても通信はそのまま継続され，耐ノイズ性にも影響はないが，ダイアグノーシス・コードが出力されることがある。

(3) CAN-H，CAN-Lともに2.5Vの状態をレセシブといい，CAN-Hが3.5V，CAN-Lが1.5Vの状態をドミナントという。

(4) CAN通信システムでは，バス・ライン上のデータを必要とする複数のECUは同時にデータ・フレームを受信することができない。

【解説】

答え（3）

CAN通信システムにおけるデータ・フレームをバス・ラインに送信するときの電圧変化を参考図に示す。

送信側ECUはバス・ラインに，CAN-H側は2.5〜3.5V，CAN-L側は1.5〜2.5Vの電圧変化として出力し，受信側ECUはCAN-HとCAN-Lの電位差から情報を読み取るようになっている。

CAN-H，CAN-Lとも2.5Vの状態をレセシブといい，CAN-Hが3.5V，CAN-Lが1.5Vの状態をドミナントという。

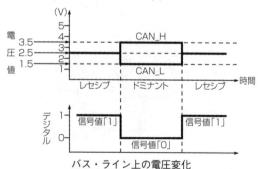

バス・ライン上の電圧変化

他の問題文を訂正すると以下のようになる。

(1) "バス・オフ状態"とは，エラーを検知しリカバリが実行されても，エラーが解消せず，通信が停止してしまう状態をいう。

(2) 一端の終端抵抗が破損すると，通信はそのまま継続されるが，耐ノイズ性が低下する。このときダイアグノーシス・コードが出力されることがある。

(4) CAN通信システムでは，バス・ライン上のデータを必要とする複数のECUが同時にデータ・フレームを受信することができる。

【問題】

【No.24】 前進4段のロックアップ機構付き電子制御式ATの構成部品に関する記述として，**適切なもの**は次のうちどれか。

(1) スプラグ式のワンウェイ・クラッチは，インナ・レースとアウタ・レースとの間に設けたローラの働きによって，一定の回転方向にだけ動力が伝えられる。

(2) バンド・ブレーキ機構は，ブレーキ・バンド，ディッシュ・プレートなどで構成されている。

(3) ハイ・クラッチは，2種類のプレート(ドライブ・プレートとドリブン・プレート)が数枚交互に組み付けられており，ピストンに油圧が作用すると両プレートが密着するようになっている。

(4) バンド・ブレーキ機構は，リバース・クラッチ・ドラムを介してフロント・インターナル・ギヤを固定する。

【解説】

答え (3)

ハイ・クラッチは，2種類のプレート(ドライブ・プレートとドリブン・プレート)が数枚交互に組み付けられており，ピストンに油圧が作用すると両プレートが密着するようになっている。

他の問題文を訂正すると以下のようになる。

(1) スプラグ式のワンウェイ・クラッチは，インナ・レースとアウタ・レースとの間に設けたスプラグの働きによって，一定の回転方向にだけ動力が伝えられる。

　　問題文の"ローラ"を用いたものは，ローラ式のワンウェイ・クラッチという。

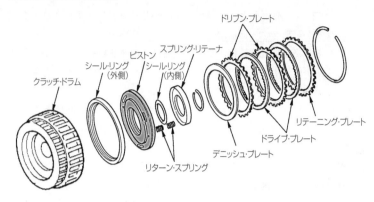

ハイ・クラッチ

(2) バンド・ブレーキ機構は，<u>ブレーキ・バンドやサーボ・ピストンなど</u>で構成されている。

(4) バンド・ブレーキ機構は，リバース・クラッチ・ドラムを介して<u>フロント・サン・ギヤ</u>を固定するものである。

【問題】

【No.25】　前進4段のロックアップ機構付き電子制御式ATのトルク・コンバータに関する次の文章の（イ）と（ロ）に当てはまるものとして，下の組み合わせのうち，**適切なもの**はどれか。

　速度比がゼロのときのトルク比は（イ）となる。また，（ロ）でのトルク比は「1」となる。

	（イ）	（ロ）
(1)	最　大	カップリング・レンジ
(2)	最　大	コンバータ・レンジ
(3)	最　小	カップリング・レンジ
(4)	最　小	コンバータ・レンジ

【解説】

　答え　(1)

　速度比がゼロのときのトルク比は(**最大**)となる。また，(**カップリング・レンジ**)でのトルク比は「1」となる。

参考図としてトルク・コンバータの性能曲線を示す。

「速度比がゼロのときのトルク比」とは，タービン・ランナ停止状態の
トルク比を指し，これをストール・トルク比という。この値は一般に2.0
〜2.5程度である。また，速度比が大きくなるに従ってトルク比は小さく
なり，クラッチ・ポイント以降のカップリング・レンジでは，トルク増大
作用が行われないため，トルク比は「1」となる。

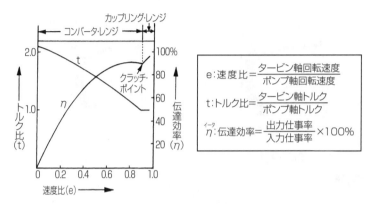

トルク・コンバータの性能曲線

問題

【No.26】 ホイール及びタイヤに関する記述として，**不適切なものは**次のう
ちどれか。

(1) タイヤの走行音のうちスキール音は，タイヤのトレッド部が路面に
対してスリップして局部的に振動を起こすことによって発生する。

(2) マグネシウム・ホイールは，アルミ・ホイールに比べて更に軽量，
かつ，寸法安定性に優れているため，軽量，高強度を要する用途に限
定して用いられる。

(3) アルミ・ホイールの2ピース構造は，絞り又はプレス加工したイン
ナ・リムとアウタ・リムに，鋳造又は鍛造されたディスクをボルト・
ナットで締め付け，更に溶接したものである。

(4) タイヤの偏平率を小さくすると，タイヤの横剛性が高くなり車両の
旋回性能が向上する。

【解説】

　答え（3）

　(3) の文は，3ピース構造の内容である。

　2ピース構造は，参考図に示すように，絞り又はプレス加工したリムに，鋳造又は鍛造されたディスクを溶接又はボルト・ナットで一体にしたものである。

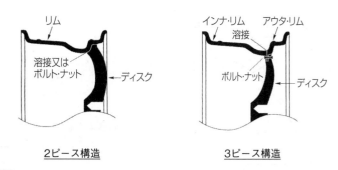

2ピース構造　　　　　　　　3ピース構造

問題

【No.27】 回転速度差感応式差動制限型ディファレンシャルに内蔵されたビスカス・カップリングについて，次の文章の（イ）と（ロ）に当てはまるものとして，下の組み合わせのうち，**適切なもの**はどれか。

　　ビスカス・カップリングは，左右の駆動輪に回転速度差が生じると，プレート間にある（イ）による抵抗が生じ，（ロ）へトルクが伝達される。

	（イ）	（ロ）
(1)	シリコン・オイル	高回転側から低回転側
(2)	ハイポイド・ギヤ・オイル	低回転側から高回転側
(3)	シリコン・オイル	低回転側から高回転側
(4)	ハイポイド・ギヤ・オイル	高回転側から低回転側

【解説】

　答え（1）

　ビスカス・カップリングは，左右の駆動輪に回転速度差が生じると，プレート間にある（**シリコン・オイル**）による抵抗が生じ，（**高回転側から低回転側**）へトルクが伝達される。

　ビスカス・カップリングは，内部に薄い円盤状のアウタ・プレートとインナ・プレートが交互に組み合わされており，その間に高粘度シリコン・オイルが充填されている。また，アウタ・プレートはハウジングを介して左側サイド・ギヤと，インナ・プレートはインナ・シャフトとドライブ・シャフトを介して右側サイド・ギヤと嵌合している。

　ディファレンシャル・ギヤの差動により，左右の駆動輪に回転速度差が生じると，インナ・プレートとアウタ・プレート間にも回転速度差が生じることになる。このとき，プレート間のシリコン・オイルに抵抗が発生し左右輪の差動が制限されるため，高回転側から低回転側にトルクが伝えら

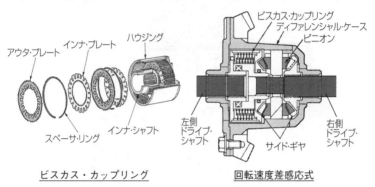

ビスカス・カップリング　　　　　回転速度差感応式

れる。

問題

【No.28】　エアコンに関する記述として，**不適切なもの**は次のうちどれか。

(1) レシーバは，液状冷媒とガス状冷媒を分離する役目をしている。

(2) 両斜板式コンプレッサは，複数のピストンが，シャフトに斜めに固定されている斜板にセットされている。

(3) エキスパンション・バルブは，レシーバを通ってきた低温・低圧の液状冷媒を，細孔から噴射させることにより，急激に膨張させて，高温・高圧の霧状の冷媒にする。

(4) コンデンサの冷却に用いられる電動ファンの回転速度は，一般的に，冷凍サイクル内の圧力，あるいは，エンジンの冷却水温度に応じてECUが2～3段階に制御している。

【解説】

答え (3)

エキスパンション・バルブは，レシーバを通ってきた<u>高温・高圧</u>の液状冷媒を，細孔から噴射させることにより，急激に膨張させて，<u>低温・低圧</u>の霧状の冷媒にする。

この霧状の冷媒は，エバポレータ内で急激に膨張して気化し，エバポレータのフィンを通して周囲の空気から熱を奪うため，冷気が得られる。

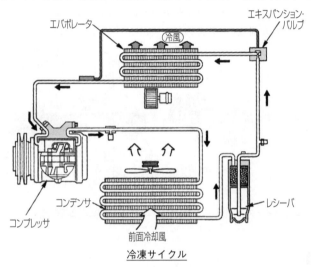

エバポレータ
エキスパンション・バルブ
冷風
コンデンサ
コンプレッサ
前面冷却風
レシーバ

冷凍サイクル

問題

【No.29】 ボデー及びフレームに関する記述として，**適切なもの**は次のうちどれか。

(1) フレームの亀裂部分に電気溶接をする場合は，フレームの板厚，溶接電流の大小などに関係なく，溶接棒はできるだけ太いものを選ぶ必要がある。

(2) モノコック・ボデーは，1箇所に力が集中すると比較的簡単にひびが入ったり，割れてしまうなどの弱点がある。

(3) ボデーの安全構造は，衝突時のエネルギを効率よく吸収し，客室を最大限に変形させることにより，衝突エネルギを軽減している。

(4) モノコック・ボデーは，フレームを用いたボデーと比較してサスペンションなどからの振動や騒音が伝わりにくいので，防音や防振に優れている。

【解説】

答え（2）

モノコック・ボデーは，ボデー自体がフレームの役目を担う構造で，薄鋼板を使用しスポット溶接を多用して組み上げられているため，1箇所に力が集中すると比較的簡単にひびが入ったり，割れてしまう弱点がある。そこで，力が掛かる部位には補強が必要となる。

他の問題文を訂正すると以下のようになる。

(1) フレームの亀裂部分に電気溶接をする場合は，フレームの板厚，溶接電流の大きさなどを十分考慮して，<u>適切な溶接棒の太さを選ぶ必要</u>がある。

(3) ボデーの安全構造は，衝突時のエネルギを効率よく吸収し，ボデー骨格全体に効果的に分散させることで，<u>客室の変形を最小限に抑える</u>ようにしている。

(4) モノコック・ボデーは，フレームを用いたボデーと比較してサスペンションなどからの振動や騒音が伝わりやすく，<u>防音や防振のための工夫が必要</u>である。

問題

【No.30】 SRSエアバッグの整備作業の注意点に関する記述として，**適切なもの**は次のうちどれか。

(1) エアバッグ・アセンブリは，必ず，平坦なものの上にパッド面を下に向けて保管しておくこと。

(2) エアバッグ・アセンブリを分解するときは，静電気による誤作動防止のため，車両の外板に素手で触れるなどして，静電気を除去する。

(3) エアバッグ・アセンブリの点検をするときは，誤作動するおそれがあるので，抵抗測定は短時間で行う。

(4) 脱着作業は，バッテリのマイナス・ターミナルを外したあと，規定時間放置してから行う。

【解説】

答え（4）

SRSエアバッグの脱着作業は，バッテリのマイナス・ターミナルを外したあと，規定時間放置してから行う。

これは，ECU内に衝突時の電源故障に備える電源供給回路があり，そこに蓄えられた電荷が放電されるのを待つためである。

他の問題文を訂正すると以下のようになる。

(1) エアバッグ・アセンブリは，必ず，平坦なものの上に<u>パッド面を上</u>に向けて保管しておくこと。パッド面を下に向けて保管すると，万一，エアバッグ・アセンブリが展開した場合に，飛び上がって危険である。

(2) エアバッグ・アセンブリの<u>分解は絶対に行わないこと</u>。

(3) エアバッグ・アセンブリの点検をするときは，誤作動する恐れがあるので，<u>抵抗測定は絶対に行わないこと</u>。

問題

【No.31】 エンジン回転速度3,000min^{-1}，ピストン・ストロークが150mmのエンジンの平均ピストン・スピードとして，**適切なもの**は次のうちどれか。

(1) 6.0m/s

(2) 7.5m/s

(3) 12.0m/s

(4) 15.0m/s

【解説】

答え（4）

問題のピストン・ストロークの単位がmmとなっているため，mに変換。

150mm＝0.15m

クランクシャフト1回転でピストンが往復するため，クランクシャフト1回転あたりのピストンの移動距離は，0.15m×2となる。

また，選択肢のピストン・スピードが秒速で表されるため，エンジン回転速度も毎分回転速度から毎秒回転速度に変換する必要がある。

よって，ピストン・ストロークL（m），エンジン回転速度N（min^{-1}）か

らピストン・スピードV（m／s）を求めると，以下の式となる。

$$V(\text{m/s}) = \frac{2\,L\,(\text{m}) \times N\,(\text{min}^{-1})}{60}$$

問題の数値を代入して求めると

$$= \frac{2 \times 0.15\,(\text{m}) \times 3000\,(\text{min}^{-1})}{60}$$

$$= 15\,(\text{m/s})$$

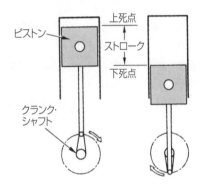

問題

【No.32】　合成樹脂と複合材に関する記述として，**不適切なもの**は次のうちどれか。

(1) FRM（繊維強化金属）は，ピストンやコンロッドなどに使用されている。

(2) 熱硬化性樹脂は，加熱すると硬くなり，再び軟化しない樹脂である。

(3) FRP（繊維強化樹脂）のうち，GFRP（ガラス繊維強化樹脂）は，不飽和ポリエステルをマット状のガラス繊維に含浸させて成形したものである。

(4) 熱可塑性樹脂は種類として，フェノール樹脂,不飽和ポリエステル,ポリウレタンなどがある。

【解説】

答え（4）

「熱可塑性樹脂」とは，加熱すると柔らかくなり，冷えると硬くなる樹脂で，種類として，ポリプロピレン，ポリ塩化ビニール，ABS樹脂，ポリアミド（ナイロン）などがある。

問題文の「フェノール樹脂，不飽和ポリエステル，ポリウレタンなど」は，熱硬化性樹脂といい，加熱すると硬くなり，再び軟化しない樹脂である。

問題

【No.33】 図に示すバルブ機構において，バルブを全開にしたときに，バルブ・スプリングのばね力（荷重）が250N（F_2）とすると，そのときのカムの頂点に掛かる力（F_1）として，**適切なもの**は次のうちどれか。

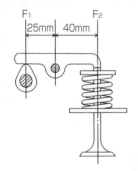

(1) 156N

(2) 250N

(3) 400N

(4) 500N

【解説】

答え（3）

バルブ・スプリングのばね力F_2，カムの頂部に掛かる力F_1は，ロッカ・アームの支点からの距離の関係で次式が成り立つ。

$F_1(N) \times 25mm = F_2(N) \times 40mm$

これに，バルブ・スプリングのばね力250Nを代入し，カムの頂部に掛かる力F_1を求めると

$F_1(N) \times 25mm = 250N \times 40mm$

$$F_1(N) = \frac{250N \times 40mm}{25mm}$$

$$= 400N$$

となる。

問題

【No.34】 エンジン・オイルの添加剤に関する記述として，**不適切なものは**次のうちどれか。

(1) 油性向上剤は，オイルの金属表面に対するなじみを良くし，強固な油膜を張らせる添加剤である。

(2) 清浄分散剤は，エンジン・オイル中に混入する炭素やスラッジを油中に遊離させる作用がある。

(3) 粘度指数向上剤は，温度変化に対して適正な粘度を保って潤滑を完全にし，寒冷時のエンジンの始動性を良好にする。

(4) 流動点降下剤は，エンジン・オイルが冷却された際，オイルに含まれるろう（ワックス）分の結晶化を促進させて，オイルの流動性を保つ作用がある。

【解説】

答え（4）

流動点降下剤は，エンジン・オイルが冷却された際，オイルに含まれるろう（ワックス）分の結晶化を抑えて，オイルの流動性を保つ作用がある。

問題

【No.35】 自動車の材料に用いられる鉄鋼に関する記述として，**適切なもの**は次のうちどれか。

(1) 合金鋳鉄は，炭素鋼にクロム，モリブデン，ニッケルなどの金属を一種類又は数種類加えて強度や耐摩耗性などを向上させたものである。

(2) 普通鋼は，一般に炭素鋼と呼ばれ，軟鋼と硬鋼に分類され，硬鋼は軟鋼より炭素を含む量が少ない。

(3) 球状黒鉛鋳鉄は，普通鋳鉄に含まれる黒鉛を球状化させるために，マグネシウムなどの金属を少量加えて強度や耐摩耗性などを向上させたものである。

(4) 普通鋳鉄は，熱間圧延鋼板を更に常温で圧延し薄板にしたものである。

【解説】

答え（3）

球状黒鉛鋳鉄の説明は，問題文の通り。

他の問題文を訂正すると以下のようになる。

(1) 合金鋳鉄は，普通鋳鉄にクロム，モリブデン，ニッケルなどの金属を一種類又は数種類加えて強度や耐摩耗性などを向上させたものである。

(2) 普通鋼は，一般に炭素鋼と呼ばれ，軟鋼と硬鋼に分類され，硬鋼は軟鋼より炭素を含む量が多い。

(4) 冷間圧延鋼板は，熱間圧延鋼板を更に常温で圧延し薄板にしたものである。

「普通鋳鉄」とは，比較的，炭素含有量の多い鉄材料の呼称で，低い温度で溶け流動性が優れているので，鋳物を造るのに適している。この鋳物を破断すると、断面が灰色であるため「ねずみ鋳鉄」とも言われる。

問題

【No.36】「自動車点検基準」の「自家用乗用自動車等の日常点検基準」に照らし，日常点検の点検内容として，**不適切なもの**は次のうちどれか。

(1) ブレーキ・ペダルの踏みしろが適当で，ブレーキの効きが十分であること。

(2) バッテリのターミナル部の接続状態が不良でないこと。

(3) 原動機の低速及び加速の状態が適当であること。

(4) ウインド・ウォッシャの液量が適当であり，かつ，噴射状態が不良でないこと。

【解説】

答え（2）

バッテリのターミナル部の接続状態は，自家用乗用自動車の定期点検基準における1年(12ヶ月)ごとに行う点検項目である。

【問題】

【No.37】「道路運送車両法」及び「道路運送車両法施行規則」に照らし，自動車分解整備事業の認証を受けた事業場ごとに必要な分解整備及び分解整備記録簿の記載に関する事項を統括管理する者として，**適切なもの**は次のうちどれか。

(1) 整備管理者

(2) 整備監督者

(3) 整備主任者

(4) 自動車検査員

【解説】

答え（3）

自動車分解整備事業場ごとにおいて，分解整備及び分解整備記録簿の記載に関する事項を統括管理する整備主任者を定めなければならない。（施行規則　第62条）

【問題】

【No.38】「道路運送車両の保安基準」及び「道路運送車両の保安基準の細目を定める告示」に照らし，次の文章の（　）に当てはまるものとして，**適切なもの**はどれか。

　番号灯は，夜間後方（　）の距離から自動車登録番号標，臨時運行許可番号標，回送運行許可番号標又は車両番号標の数字等の表示を確認できるものであること。

(1) 20m

(2) 40m

(3) 100m

(4) 150m

【解説】

答え（1）

番号灯は，夜間後方（**20m**）の距離から自動車登録番号標，臨時運行許可番号標，回送運行許可番号標又は車両番号標の数字等を確認できるものであること。（保安基準第36条　告示205条（1））

【問題】

【No.39】「道路運送車両の保安基準」及び「道路運送車両の保安基準の細目を定める告示」に照らし，長さ4.20m，幅1.50m，乗車定員5人の小型四輪自動車の後退灯の基準に関する記述として，**適切なもの**は次のうちどれか。

(1) 後退灯は，昼間にその後方200mの距離から点灯を確認できるものであり，かつ，その照射光線は，他の交通を妨げないものであること。

(2) 後退灯の灯光の色は，白色又は淡黄色であること。

(3) 後退灯は，その照明部の上縁の高さが地上1.8m以下，下縁の高さが0.2m以上となるように取り付けられなければならない。

(4) 後退灯の数は，1個又は2個であること。

【解説】

答え (4)

自動車に備える後退灯の数は，次に掲げるものとする。

イ 長さが6mを超える自動車(専ら乗用の用に供する自動車であって乗車定員10人以上の自動車及び貨物の運送の用に供する自動車に限る)にあっては，2個，3個又は4個。

ロ それ以外の自動車にあっては1個又は2個。(保安基準 細目告示第214条3 (1))

設問には，長さ4.20mとあるため，後退灯の数は，1個又は2個が該当する。

(1) 後退灯は，昼間にその後方100mの距離から点灯を確認できるものであり，かつ，その照射光線は，他の交通を妨げないものであること。

(2) 後退灯の灯火の色は，白色であること。

(3) 後退灯は，その照明部の上縁の高さが地上1.2m以下，下縁の高さが0.25m以上となるように取り付けられなければならない。

問題

【No.40】「道路運送車両の保安基準」及び「道路運送車両の保安基準の細目を定める告示」に照らし，次の文章の（イ）と（ロ）に当てはまるものとして，下の組み合わせのうち，**適切なもの**はどれか。

制動灯は，昼間にその後方（イ）の距離から点灯を確認できるものであり，かつ，その照射光線は，他の交通を妨げないものであること。また，制動灯の灯光の色は，（ロ）であること。

	（イ）	（ロ）
(1)	100m	橙色又は黄色
(2)	300m	赤　色
(3)	100m	赤　色
(4)	300m	橙色又は黄色

【解説】

答え（3）

制動灯は，昼間にその後方（**100m**）の距離から点灯を確認できるものであり，かつ，その照射光線は，他の交通を妨げないものであること。また，制動灯の灯光の色は，（**赤色**）であること。（保安基準第39条　告示212条）

01・10 試験問題（登録）

【問題】

【No.1】 ピストン及びピストン・リングに関する記述として，**不適切なも**のは次のうちどれか。

(1) アンダ・カット型のコンプレッション・リングは，外周下面がカットされた形状になっており，一般にセカンド・リングに用いられている。

(2) ピストン・ヘッド部にバルブの逃げを設けることで，騒音の低減を図っている。

(3) フラッタ現象とは，ピストン・リングがリング溝と密着せずにバタバタと浮き上がることをいう。

(4) アルミニウム合金ピストンのうち，ローエックス・ピストンよりシリコンの含有量が多いものを高けい素アルミニウム合金ピストンと呼んでいる。

【解説】

答え （2）

ピストン頭部には，参考図のようなバルブ逃げを設けているものがあるが，これは圧縮比を高めるためピストンを極限まで上昇させた場合に，バルブとピストン頭部が衝突しないようにするための工夫である。

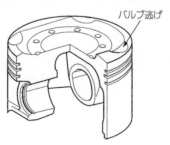

ピストンのバルブ逃げ

問題

【No.2】　コンロッド・ベアリングに関する記述として，**適切なもの**は次の
うちどれか。

(1) コンロッド・ベアリングに要求される性質のうち，ベアリングとク
　　ランク・ピンに金属接触が起きた場合に，ベアリングが焼き付きにく
　　い性質を耐疲労性という。

(2) アルミニウム合金メタルで，すずの含有率の高いものは，低いもの
　　に比べて熱膨張率が大きいのでオイル・クリアランスを大きくしてい
　　る。

(3) トリメタル(三層メタル)には，アルミニウムに10〜20％のすずを加
　　えた合金を用いている。

(4) アルミニウム合金メタルは，合金(ケルメット・メタル)を鋼製裏金
　　に焼結し，その上に鉛とすずの合金又は鉛とインジウムの合金をめっ
　　きしたものである。

【解説】

　答え　(2)

　アルミニウム合金メタルで，すずの含有量の高いものは耐摩耗性に優れ
ているが，熱膨張率が大きいので，オイル・クリアランスを大きくとる必
要がある。

　他の問題文を訂正すると以下のようになる。

(1) コンロッド・ベアリングに要求される性質のうち，ベアリングとク
　　ランク・ピンに金属接触が起きた場合に，ベアリングが焼き付きにく
　　い性質を<u>非焼き付き性</u>という。

(3) <u>アルミニウム合金メタル</u>には，アルミニウムに10〜20％のすずを加
　　えた合金を用いている。

(4) <u>トリメタル(三層メタル)</u>は，合金(ケルメット・メタル)を鋼製裏金
　　に焼結し，その上に鉛とすずの合金又は鉛とイリジウムの合金をめっ
　　きしたものである。

問題

【No.3】 シリンダ・ヘッドとピストンで形成されるスキッシュ・エリアに関する記述として，**適切なもの**は次のうちどれか。

(1) 斜めスキッシュ・エリアは，斜め形状により吸入通路からの吸気がスムーズになることで，渦流の発生を防ぐことができる。

(2) 吸入混合気に渦流を与えて，吸入行程における火炎伝播の速度を高めている。

(3) スキッシュ・エリアの厚み(クリアランス)が小さいほど，混合気の渦流の流速は低くなる。

(4) 吸入混合気に渦流を与えて，燃焼時間の短縮を図ることで最高燃焼ガス温度の上昇を抑制する。

【解説】

答え（4）

吸入混合気に渦流を与えて，混合気の燃焼時間の短縮を図ることで最高燃焼ガス温度の上昇を抑制する役目を担っている。

他の問題文を訂正すると以下のようになる。

(1) 斜めスキッシュ・エリアは，一般的なスキッシュ・エリアをさらに発展させたもので，斜め形状により吸入通路からの吸気がスムーズになり，強い渦流の発生が得られる。

(2) スキッシュ・エリアによる渦流は，燃焼行程における火炎伝播の速度を高めている。

(3) スキッシュ・エリアの厚み(クリアランス)が小さいほど，混合気の渦流の流速は高くなる。

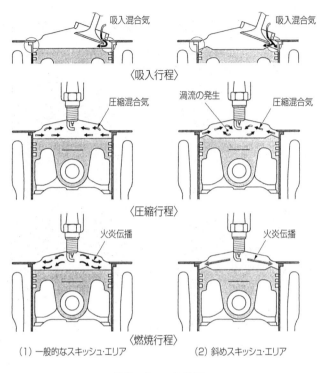

〈吸入行程〉

〈圧縮行程〉

〈燃焼行程〉

（1）一般的なスキッシュ・エリア　　　　（2）斜めスキッシュ・エリア

スキッシュ・エリア

問題

【No.4】 ガソリン・エンジンの点火時期を，図に示す α°から β°に遅らせた場合のNOx及びHCの発生量に関する記述について，次の文章の（イ）から（ハ）に当てはまるものとして，下の組み合わせのうち，**適切なもの**はどれか。

1．最高燃焼ガス温度が下がるので，（イ）が減少する。

2．膨張時の燃焼ガス温度を高く保つことができるので，酸化が促進されて（ロ）が減少する。

3．排気ガス温度が高温を持続するため，酸化が促進されて（ハ）が減少する。

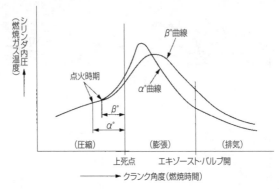

	（イ）	（ロ）	（ハ）
(1)	NOx	HC	HC
(2)	HC	NOx	HC
(3)	HC	NOx	NOx
(4)	NOx	HC	NOx

【解説】

答え（1）

シリンダ内の圧力と燃焼ガスの温度はほぼ比例するので，図から次のことが分かる。

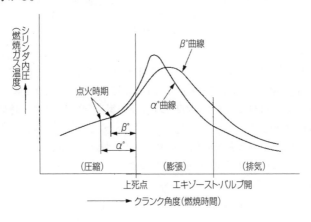

1．最高燃焼ガス温度が下がるので，（**NOx**）が減少する。

2．膨張時の燃焼ガス温度を高く保つことができるので，酸化が促進されて（**HC**）が減少する。

3．排気ガス温度が高温を持続するため，酸化が促進されて（**HC**）が減少する。

【問題】

【No.5】 鉛バッテリに関する記述として，**不適切なもの**は次のうちどれか。

(1) 電解液の比重を一定とすると，電解液の温度が0℃の場合よりも20℃の方が起電力は大きい。

(2) 電解液の温度を一定とすると，電解液の比重が1.200の場合よりも1.300の方が起電力は大きい。

(3) バッテリの電解液温度が50℃未満におけるバッテリの容量は，電解液温度が高いほど減少する。

(4) 放電終止電圧は，5時間率放電で放電した場合，12Vバッテリで10.5V（1セル当たり1.75V）である。

【解説】

答え（3）

バッテリの電解液温度が50℃未満におけるバッテリの容量は，電解液温度が高いほど増加する。それは，温度が上昇すると電解液の拡散が良好となり，極板活物質内部まで浸透が容易となるため，内部抵抗が減少するからである。

ただし，電解液温度が50℃以上になると，自己放電のためにかえって容量は減少し，セパレータ及び極板の損傷を早める。

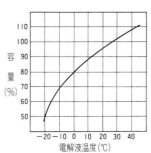

容量と電解温度の関係

（5時間率容量の例）

問題

【No.6】 点火順序が1－5－3－6－2－4の4サイクル直列6シリンダ・エンジンに関する次の文章の（イ）と（ロ）に当てはまるものとして，下の組み合わせのうち，**適切なもの**はどれか。

第5シリンダが圧縮上死点にあり，この位置からクランクシャフトを回転方向に回転させ，第3シリンダのバルブをオーバラップの上死点状態にするために必要な回転角度は（イ）である。

その状態から更にクランクシャフトを回転方向に240°回転させたとき，圧縮行程途中にあるのは（ロ）である。

	（イ）	（ロ）
(1)	480°	第5シリンダ
(2)	360°	第2シリンダ
(3)	480°	第3シリンダ
(4)	360°	第1シリンダ

【解説】

答え（3）

点火順序が1－5－3－6－2－4の4サイクル直列6シリンダ・エンジンの場合，クランクシャフトが120°回転方向に回ると，各シリンダが1つずつ次の行程へ移動する。

第5シリンダが圧縮上死点の場合，オーバラップは第2シリンダ（参考図左）なので，ここから120°ずつ回転方向にクランクシャフトを回すと順に第4シリンダ（120°×1）→第1シリンダ（120°×2）がオーバラップとなり，120°×4＝480°クランクシャフトを回すと第3シリンダがオーバラップとなる。（参考図中央）

この状態から更にクランクシャフトを回転方向に240°回すと，各シリンダの行程は参考図右のようになり，圧縮行程途中にあるのは第3シリンダである。

点火順序　1-5-3-6-2-4

5：圧縮上死点 2：オーバラップ	4：圧縮上死点 3：オーバラップ	5：圧縮上死点 2：オーバラップ

更に

480°回転
（120°×4）

240°回転

4：排気行程 3：圧縮行程	6：吸気行程 1：燃焼行程	6：排気行程 1：圧縮行程	5：吸入行程 2：燃焼行程	4：排気行程 3：圧縮行程	6：吸気行程 1：燃焼行程

<u>各シリンダの行程</u>

【問題】

【No.7】　電子制御式燃料噴射装置に関する記述として，**適切なもの**は次の
うちどれか。

(1) 吸気温度補正は，冷間時の運転性確保のため，吸入空気温度に応じ
て噴射量を補正する。

(2) 始動時噴射時間は，エンジンの吸入空気温度によって決定する始動
時基本噴射時間と，吸気温度補正及び電圧補正によって決定される。

(3) 高抵抗型インジェクタは，抵抗の大きい導線をソレノイド・コイル
に使用し，電流を大きくして発熱を防止している。

(4) Lジェトロニック方式の基本噴射時間は，エア・フロー・メータで
検出した吸入空気量と，クランク角センサにより検出したエンジン回
転速度に基づいて算出される。

【解説】

　答え（4）

　Lジェトロニック方式の基本噴射時間は，問題文の通り次式によって求
められる。

$$基本噴射時間 = K \times \frac{吸入空気量}{エンジン回転速度}$$

　ただし，K：定数

他の問題文を訂正すると以下のようになる。

(1) 吸気温度補正は，<u>吸入空気温度の違いによる吸入空気密度の差から空燃比のずれが生じるため</u>，吸気温センサからの信号により噴射量を補正する。

(2) 始動時噴射時間は，<u>エンジンの冷却水温度</u>によって決定する始動時基本噴射時間と，吸気温度補正及び電圧補正によって決定される。

(3) 高抵抗型インジェクタは，ソレノイド・コイルに抵抗の大きい導線を使用し，電流を<u>小さくして</u>発熱を防止している。

[問題]

【No.8】 電子制御装置に用いられるスロットル・ポジション・センサに関する記述として，**不適切なもの**は次のうちどれか。

(1) ホール素子式のスロットル・ポジション・センサは，スロットル・バルブ開度の検出にホール効果を用いて行っている。

(2) スロットル・ボデーのスロットル・バルブと同軸上に取り付けられている。

(3) センサ信号は，燃料噴射量，点火時期，アイドル回転速度などの制御に使用している。

(4) ホール素子に加わる磁束の密度が小さくなると，発生する起電力は大きくなる。

【解説】

答え (4)

ホール効果とは，参考図のようにホール素子に流れている電流に対して，垂直方向に磁束を加えると，電流と磁束の両方に直交する方向に起電力が発生する現象であり，この加える<u>磁束の密度が大きくなると発生する起電力も大きくなる</u>。

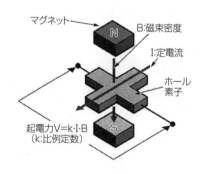

ホール効果

問題

【No.9】　インテーク側に設けられた油圧式の可変バルブ・タイミング機構に関する記述として，**適切なもの**は次のうちどれか。

(1) 可変バルブ・タイミング機構は，バルブの作動角を変えて，カムの位相は一定のままインテーク・バルブの開閉時期を変化させている。

(2) カムシャフト前部のカムシャフト・タイミング・スプロケット部に，バルブ・タイミング・コントローラが設けられている。

(3) 遅角時には，インテーク・バルブの開く時期が早くなるので，オーバラップ量が多くなり中速回転時の体積効率が高くなる。

(4) 進角時には，インテーク・バルブの閉じる時期を遅くして，高速回転時の体積効率を高めている。

【解説】

答え　(2)

　油圧制御の可変バルブ・タイミング機構は，参考図のようにインテーク側のカムシャフト前部のカムシャフト・タイミング・スプロケットに，バルブ・タイミング・コントローラが設けられている。

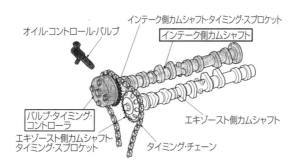

油圧式可変バルブ・タイミング機構

他の問題文を訂正すると以下のようになる。

(1) 可変バルブ・タイミング機構は，油圧制御により<u>バルブの作動角は一定のまま，カムの位相を変えて</u>インテーク・バルブの開閉時期を変化させている。

(3) 進角時には，インテーク・バルブの開く時期が早くなるので，オーバラップ量が多くなり中速回転時の体積効率が高くなる。

(4) 遅角時には，インテーク・バルブの閉じる時期を遅くして，高速回転時の体積効率を高めている。

問題

【No.10】 吸排気装置における過給機に関する記述として，**適切なもの**は次のうちどれか。

(1) 一般に，ターボ・チャージャに用いられているシャフトの周速は，フル・フローティング・ベアリングの周速の約半分である。

(2) ルーツ式のスーパ・チャージャには，過給圧が高くなって規定値以上になると，過給圧の一部を排気側へ逃がし，過給圧を規定値に制御するエア・バイパス・バルブが設けられている。

(3) スーパ・チャージャの特徴として，駆動機構が機械的なため作動遅れは小さいが，各部のクリアランスからの圧縮漏れや回転速度の増加とともに，駆動損失も増大するなどの効率の低下があげられる。

(4) ターボ・チャージャは，過給圧が高くなって規定値以上になると，ウエスト・ゲート・バルブが閉じて，排気ガスの一部がタービン・ホイールをバイパスして排気系統へ直接流れる。

【解説】

答え (3)

一般に用いられる過給機には，排気ガスの圧力を利用するターボ・チャージャとクランクシャフトの回転力を利用するスーパ・チャージャがある。

スーパ・チャージャの特徴として，駆動機構が機械的なため作動遅れは小さいが，各部のクリアランスからの圧縮漏れや回転速度の増加と共に駆動損失も増大するなどの効率の低下があげられる。

他の問題文を訂正すると以下のようになる。

(1) 一般に，ターボ・チャージャに用いられている<u>フル・フローティング・ベアリング周速は，シャフトの周速の約半分である。</u>

(2) ルーツ式のスーパ・チャージャには，過給圧が高くなって規定値以上になると，過給圧の一部を<u>吸気側</u>へ逃がし，過給圧を規定値に制御するエア・バイパス・バルブが設けられている。

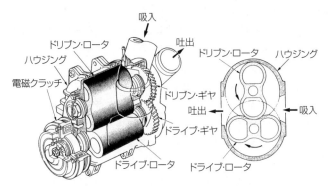

ルーツ式スーパ・チャージャ

(4) ターボ・チャージャは，過給圧が高くなって規定値以上になると，ウエスト・ゲート・バルブが開いて，排気ガスの一部がタービン・ホイールをバイパスして排気系統へ直接流れる。

問題

【No.11】 エンジン・オイルの消費量が多くなる推定原因として，**不適切なものは**次のうちどれか。

(1) 附属装置のPCVバルブの不良。
(2) エンジン本体のバルブ・ステム及びバルブ・ガイドの摩耗。
(3) 潤滑装置のオイル・パンの取り付けの緩み。
(4) エンジン本体のバルブ・タイミングの狂い。

【解説】

答え（4）

"エンジン・オイルの消費量が多い"場合の主な原因は，運転条件とエンジン本体の摩耗が考えられ，これにより，オイル漏れやオイル上がり，オイル下がりが発生する。また，ブローバイ・ガス還元装置からオイル・ミストが吸入されることも原因としてあげられる。

「エンジン本体のバルブ・タイミングの狂い」は，アイドリング不調やエンジンの出力低下の原因とはなるが，エンジン・オイルの消費量が多くなる原因としては考えられない。

他の問題文を解説すると以下のようになる。

(1) 附属装置のPCVバルブの不良により、インテーク側にオイル・ミストが吸い上げられ、これが燃焼することによりオイルの消費量が増加することがある。

(2) エンジン本体のバルブ・ステム及びバルブ・ガイドが摩耗していると、オイル下がりの原因となり、オイル消費量が増加する。

(3) 潤滑装置のオイル・パンの取り付けの緩みは、オイル漏を起こす原因となり、オイル消費量が増加する。

問題

【No.12】 図に示す電気用図記号において、AとBの入力に対する出力Qの組み合わせとして、**不適切なもの**はどれか。

	入力		出力
	A	B	Q
(1)	1	1	0
(2)	0	1	1
(3)	1	0	0
(4)	0	0	1

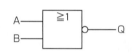

【解説】

答え (2)

NOR回路は、OR回路にNOT回路を接続した回路である。

OR(オア)回路とは、二つの入力のA又は(OR)Bのいずれか一方、又は両方が"1"のとき、出力が"1"となる回路で、NOT回路は、入力の信号に対して反対の出力となる回路であるため、(2)のようにAが"0"、Bが"1"の場合、出力Qは"0"になる。

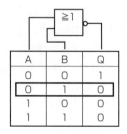

NOR回路真理値表

【問題】

【No.13】 スタータ本体の点検に関する記述として，**適切なもの**は次のうち
どれか。

(1) オーバランニング・クラッチの点検では，ピニオン・ギヤを駆動方
向に回転させたときにロックし，逆方向に回転させたときにスムーズ
に回転することを確認する。

(2) アーマチュアの点検では，メガーを用いてコンミュテータとアーマ
チュア・コア間及びコンミュテータとアーマチュア・シャフト間の絶
縁抵抗を確認する。

(3) フィールド・コイルの点検では，メガーを用いてコネクティング・
リードのターミナルとブラシ間の絶縁抵抗を確認する。

(4) フィールド・コイルの点検では，サーキット・テスタの抵抗測定レ
ンジを用いてブラシとヨーク間の導通を確認する。

【解説】

答え（2）

参考図のようにメガーを用い
てコンミュテータとアーマチュ
ア・コア間，コンミュテータと
アーマチュア・シャフト間の絶
縁抵抗が規定値にあることを確
認する。

他の問題文を訂正すると以下
のようになる。

(1) オーバランニング・クラ
ッチの点検では，ピニオン・
ギヤを駆動方向に回転させ
たときにスムーズに回転
し，逆方向に回転させたと
きにロックすることを確認
する。

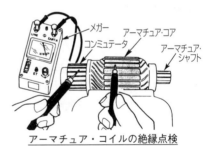

アーマチュア・コイルの絶縁点検

オーバランニング・クラッチの点検

(3) フィールド・コイルの点検では，メガーを用いて<u>ブラシとヨーク間が絶縁されていること</u>を確認する。(参考図右)

(4) フィールド・コイルの点検では，サーキット・テスタの抵抗測定レンジを用いて<u>コネクティング・リードのターミナルとブラシ間の導通</u>を点検する。(参考図左)

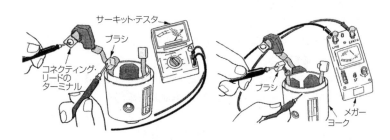

サーキット・テスタ
ブラシ
コネクティング・リードのターミナル
ブラシ
メガー
ヨーク

フィールド・コイルの点検

【問題】

【No.14】 低熱価型スパーク・プラグに関する記述として，**不適切なものは**次のうちどれか。

(1) 冷え型プラグと呼ばれる。

(2) 高熱価型に比べて碍子脚部が長い。

(3) 高熱価型に比べてガス・ポケットの容積が大きい。

(4) 高熱価型に比べて低速回転でも自己清浄温度に達しやすい。

【解説】

答え (1)

低熱価型スパーク・プラグは"焼け型"と呼ばれる。

スパーク・プラグの熱価(ヒート・レンジ)とは，スパーク・プラグが受ける熱を放熱する度合をいい，この熱を放熱する度合が大きいプラグを高熱価型(コールド・タイプ，冷え型)プラグ，熱を放熱する度合が小さいプラグを低熱価型(ホット・タイプ，焼け型)プラグと呼ぶ。

【問題】

【No.15】 バッテリに関する記述として，**不適切なものは**次のうちどれか。

(1) カルシウム・バッテリは，メンテナンス・フリー(MF)特性を向上

させるために電極(正極・負極)にカルシウム鉛合金を使用している。

(2) 低アンチモン・バッテリは低コストが利点であるが，MF特性はハイブリッド・バッテリに比べて悪い。

(3) ハイブリッド・バッテリは，正極にカルシウム(Ca)鉛合金，負極にアンチモン(Sb)鉛合金を使用している。

(4) 電気自動車やハイブリッド・カーに用いられているニッケル水素バッテリは，電極板にニッケルの多孔質金属材料や水素吸蔵合金などが用いられている。

【解説】

答え（3）

ハイブリッド・バッテリは，正極にアンチモン(Sb)鉛合金，負極にカルシウム(Ca)鉛合金を使用している。

問題

【No.16】 前進4段のロックアップ機構付き電子制御式ATのストール回転速度の点検に関する記述として，**適切なもの**は次のうちどれか。

(1) すべてのレンジでエンジンの規定回転速度より高い場合には，ステータのワンウェイ・クラッチの作動不良(滑り)が考えられる。

(2) 特定のレンジのみがエンジンの規定回転速度より高い場合には，エンジン出力不足が考えられる。

(3) 各レンジのエンジンの回転速度は等しいが，全体的に低い場合には，フォワード・クラッチの滑りが考えられる。

(4) エンジンの回転速度が各レンジとも等しく，かつ，基準値内にあれば正常である。

【解説】

答え（4）

ストール回転速度の点検は，車両停止状態で，各レンジにおけるエンジンの最高回転速度を測定し，トルク・コンバータ，変速機構及びエンジンなどの総合性能を調べるために行うものである。

この点検では（4）の記述のように，エンジンの回転速度が各レンジとも等しく，かつ，基準値内にあれば各装置の作動は正常と判断する。

他の問題文を訂正すると以下のようになる。

(1) すべてのレンジでエンジンの規定回転速度より高い場合には，<u>オイル・ポンプの不良やATFの不足によるライン・プレッシャの低下など</u>が考えられる。

(2) 特定のレンジのみがエンジンの規定回転速度より高い場合には，<u>プラネタリ・ギヤ・ユニットの中の該当するクラッチ，ブレーキなどの滑り，同系統のATF漏れなど</u>が考えられる。

(3) 各レンジのエンジンの回転速度は等しいが，全体的に低い場合には，<u>ステータのワンウェイ・クラッチの作動不良（滑り）</u>が考えられる。

【問題】

【No.17】 ATの安全装置に関する記述として，**不適切なもの**は次のうちどれか。

(1) シフト・ロック機構は，ブレーキ・ペダルを踏み込んだ状態にしないと，セレクト・レバーをPレンジの位置からほかの位置に操作できないようにしたものである。

(2) インヒビタ・スイッチは，Pレンジ及びNレンジのみのシフト位置を検出するものである。

(3) R（リバース）位置警報装置は，セレクト・レバーがRレンジの位置にあるときに，音で運転者に知らせるものである。

(4) キー・インタロック機構は，セレクト・レバーをPレンジの位置にしないと，イグニション（キー）・スイッチがハンドル・ロック位置に戻らないようにしたものである。

【解説】

答え (2)

インヒビタ・スイッチは，各シフト位置（P・Nレンジのみではない）を検出するものである。

インヒビタ・スイッチは，参考図のようにAT本体に取り付けられる。安全装置としては，参考図のような回路構成がされ，セレクト・レバーの位置がPレンジ及びNレンジのみでエンジンの始動を可能とすると共に，Rレンジでのバックアップ・ランプの点灯や各セレクト位置を示すインジケータの作動をさせるための機能を備えている。

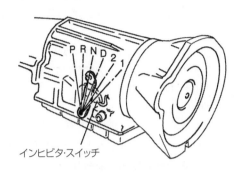

インヒビタ・スイッチ

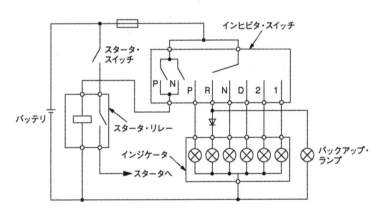

インヒビタ・スイッチの回路

問題

【No.18】　差動制限型ディファレンシャルに関する記述として，**適切なもの**は次のうちどれか。

(1) 回転速度差感応式の差動制限力の発生は，ピニオンの歯先とディファレンシャル・ケース内周面との摩擦により行っている。

(2) トルク感応式のヘリカル・ギヤを用いたものは，ディファレンシャル・ケース内に高粘度のシリコン・オイルが充填されている。

(3) トルク感応式のヘリカル・ギヤを用いたものは，左右輪の回転速度
   に差が生じた場合，高回転側から低回転側に駆動力が伝えられ，低回
   転側に大きな駆動力が発生する。

(4) 回転速度差感応式に用いられているビスカス・カップリングは，イ
   ンナ・プレートとアウタ・プレートの差動回転速度が小さいほど大き
   なビスカス・トルクが発生する。

【解説】

答え （3）

 トルク感応式のヘリカル・ギヤを用いたものは，左右輪の回転速度に差
が生じた場合，高回転側から低回転側に駆動力が伝えられ，低回転側に大
きな駆動力が発生する。

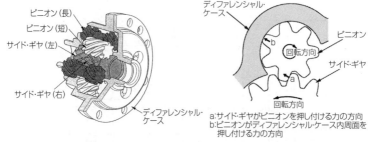

トルク感応式差動制限型ディファレンシャル　　**ピニオンによる摩擦力の発生**

a:サイド・ギヤがピニオンを押し付ける力の方向
b:ピニオンがディファレンシャル・ケース内周面を
　押し付ける力の方向

 （3）のトルク感応式は，参考図のようにサイド・ギヤと長・短の二種類
のピニオンにヘリカル・ギヤ(はすば歯車)を用いた方式のものである。

 左右のサイド・ギヤ(左右輪)の回転速度に差が生じた場合，ピニオンと
サイド・ギヤのかみ合いの反力により，ピニオン・ギヤがディファレンシ
ャル・ケースの内周面に押し付けられ摩擦力を発生する。これにより，回
転速度差のあるサイド・ギヤは互いにディファレンシャル・ケースの回転
速度に近づくため，高速側から低速側に駆動力が伝えられる。

 他の問題文を訂正すると以下のようになる。

(1) トルク感応式のヘリカル・ギヤを用いたものの差動制限力の発生は，
   ピニオンの歯先とディファレンシャル・ケース内周面との摩擦により
   行っている。

(2) トルク感応式のヘリカル・ギヤを用いたものは，ディファレンシャル・ケース内に<u>ギヤ・オイル</u>が入っている。高粘度のシリコン・オイルが充填されているのは，回転速度差感応式のビスカス・カップリング内である。

(4) 回転速度差感応式に用いられているビスカス・カップリングは，インナ・プレートとアウタ・プレートの差動回転速度が<u>大きい</u>ほど大きなビスカス・トルクが発生する。

問題

【No.19】 CAN通信に関する記述として，**適切なもの**は次のうちどれか。

(1) バス・オフ状態とは，エラーを検知し，リカバリ後にエラーが解消し，通信を再開した状態をいう。

(2) CAN-H，CAN-Lともに2.5Vの状態をドミナントという。

(3) 一端の終端抵抗が断線した場合，耐ノイズ性には影響はないが，通信速度に影響を与え，ダイアグノーシス・コードが出力されることがある。

(4) CANは，一つのECUが複数のデータ・フレームを送信したり，バス・ライン上のデータを必要とする複数のECUが同時にデータ・フレームを受信することができる。

【解説】

答え（4）

CAN通信システムは，参考図のように，複数のECUをバス・ラインで結ぶことで，各ECU間の情報共有を可能にしている。

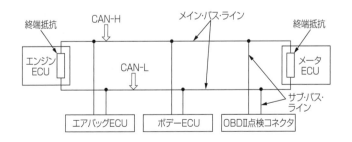

<u>CAN通信システム</u>

CANは，一つのECUが複数のデータ・フレームを送信したり，バス・ライン上のデータを必要とする複数のECUが同時にデータ・フレームを受信することができる。

他の問題文を訂正すると以下のようになる。

(1) バス・オフ状態とは，エラーを検知しリカバリが実行されても，エラーが解消せず，通信が停止してしまう状態をいう。

(2) CAN-H，CAN-Lとも2.5Vの状態をレセシブ，CAN-Hが3.5V，CAN-Lが1.5Vの状態をドミナントという。

(3) 一端の終端抵抗が断線した場合，通信は継続されるが，耐ノイズ性が低下する。このときダイアグノーシス・コードが出力されることがある。

問題

【No.20】 アクスル及びサスペンションに関する記述として，**適切なもの**は次のうちどれか。

(1) 前軸と後軸のロール・センタを結んだ直線をローリング・アキシス（ローリングの軸）という。

(2) 一般に，車軸懸架式のサスペンションに比べて，独立懸架式のサスペンションの方が，ロール・センタの位置は高い。

(3) 独立懸架式サスペンションは，左右のホイールを1本のアクスルでつなぎ，ホイールに掛かる荷重をアクスルで支持している。

(4) ヨーイングとは，ボデーの上下の揺れのことである。

【解説】

答え (1)

前軸と後軸のロール・センタを結んだ直線をローリング・アキシス（ローリングの軸）という。

参考図に，前後のロール・センタとそれを結んだローリング・アキシスを示す。自動車のローリングは，このローリング・アキシスを中心として起こる。

他の問題文を訂正すると以下のようになる。

(2) 一般に，車軸懸架式のサスペンションに比べて，独立懸架式のサスペンションの方が，ロール・センタの位置は低い。

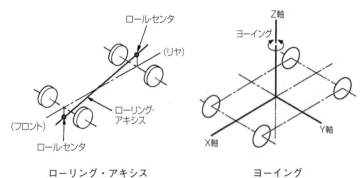

ローリング・アキシス　　　　　　　　　ヨーイング

(3) 車軸懸架式サスペンションは，左右のホイールを1本のアクスルで
つなぎ，ホイールに掛かる荷重をアクスルで支持している。

(4) ヨーイングとは，ボデーZ軸回りの回転揺動のことである（参考図）。

【問題】

【No.21】 CVT（スチール・ベルトを用いたベルト式無段変速機）に関する
記述として，**適切なもの**は次のうちどれか。

(1) プライマリ・プーリに掛かる作動油圧が高くなると，プライマリ・
プーリに掛かるスチール・ベルトの接触半径は小さくなる。

(2) プライマリ・プーリに掛かる作動油圧が低くなると，プライマリ・
プーリの溝幅は広くなる。

(3) Lレンジ時は，変速領域をプーリ比の最High付近にのみ制限する
ことで，強力な駆動力及びエンジン・ブレーキを確保する。

(4) スチール・ベルトは，エレメントの伸張作用（エレメントの引っ張り）
によって動力が伝達される。

【解説】

答え（2）

プライマリ・プーリに掛かる作動油圧が低くなると，プライマリ・プー
リの溝幅は広くなる。

プーリは，参考図のようにシャフト（固定シーブ）とプライマリ・ピスト
ンを背面に持つ可動シーブから構成され，このシーブ傾斜面間の距離を"溝
幅"と呼んでいる。

　プライマリ・プーリに掛かる作動油圧が高くなると，可動シーブはプライマリ・ピストンによって押し出されシャフト（固定シーブ）側に近づく，これにより，プーリ溝幅が狭くなり，エレメントの接触位置がプーリ傾斜面の外周側に移動する。

　逆に，プライマリ・プーリに掛かる作動油圧が低くなれば，プライマリ・プーリの溝幅は広くなる。

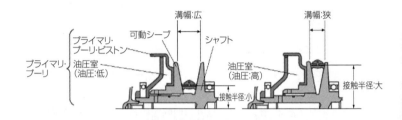

プライマリ・プーリの作動

他の問題文を訂正すると以下のようになる。

(1)　プライマリ・プーリに掛かる作動油圧が高くなると，プライマリ・プーリに掛かるスチール・ベルトの接触半径は<u>大きく</u>なる（参考図）。

(3)　Lレンジ時は，変速領域をプーリ比の最<u>Low</u>付近にのみ制限することで，強力な駆動力及びエンジン・ブレーキを確保する。

(4)　スチール・ベルトは，エレメントの<u>圧縮作用</u>（エレメントの<u>押し出し</u>）によって動力が伝達される。

問題

【No.22】　サスペンションのスプリング（ばね）に関する記述として，**不適切なもの**は次のうちどれか。

(1)　軽荷重のときの金属ばねは，最大積載荷重のときに比べて固有振動数が高くなる。

(2)　金属ばねは，最大積載荷重に耐えるように設計されているため，車両が軽荷重のときはばねが硬過ぎるので乗り心地が悪い。

(3)　エア・スプリングのばね定数は，荷重が大きくなるとレベリング・バルブの作用により小さくなる。

(4) エア・スプリングは，金属ばねと比較して，荷重の増減に応じてば
　ね定数が自動的に変化するため，固有振動数をほぼ一定に保つことが
　できる。

【解説】

　答え（3）

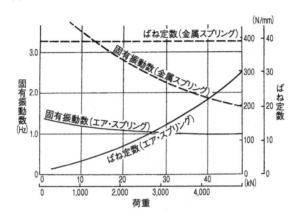

金属ばねとエア・スプリングの比較

　エア・スプリングのばね定数は，荷重が大きくなるとレベリング・バル
ブの作用により大きくなる。

　荷重が大きくなれば，エア・スプリングが縮み車高が下がろうとするが，
このとき，レベリング・バルブの作用によりエア・スプリングにエアが供
給され，車高が元の高さに戻される。

　エアが追加で供給されたことにより，エア・スプリングは硬くなる。つ
まり，ばね定数は大きくなる。

問題

【No.23】　電動式パワー・ステアリングに関する記述として，**不適切なもの**
　は次のうちどれか。

(1) ラック・アシスト式では，ステアリング・ギヤのピニオン部にトル
　ク・センサ及びモータが取り付けられている。

(2) トルク・センサは，操舵力と操舵方向を検出している。

(3) コラム・アシスト式では，ステアリング・シャフトに対してモータの補助動力が与えられる。

(4) コイルを用いたスリーブ式のトルク・センサは，インプット・シャフトが磁性体でできており，突起状になっている。

【解説】

答え（1）

ラック・アシスト式では，ステアリング・ギヤのピニオン部にトルク・センサが取付けられ，ラック部にモータが取り付けられている。

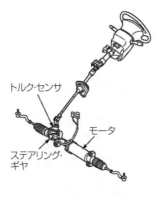

トルク・センサ

モータ

ステアリング・ギヤ

ラック・アシスト式

問題

【No.24】 タイヤに関する記述として，**適切なもの**は次のうちどれか。

(1) スキール音とは，タイヤの溝の中の空気が，路面とタイヤの間で圧縮され，排出されるときに出る音をいう。

(2) タイヤ（ホイール付き）の一部が他の部分より重い場合，タイヤをゆっくり回転させると重い部分が下になって止まり，このときのアンバランスをダイナミック・アンバランスという。

(3) タイヤの偏平率を大きくすると，タイヤの横剛性が高くなり，車両の旋回性能及び高速時の操縦性能は向上する。

(4) 一般に寸法，剛性及び質量などすべてを含んだ広い意味でのタイヤの均一性（バランス性）をユニフォミティと呼ぶ。

【解説】

答え　(4)

ユニフォミティの説明は，問題文の通り。

他の問題文を訂正すると以下のようになる。

(1) <u>パターン・ノイズ</u>とは，タイヤの溝の中の空気が，路面とタイヤの間で圧縮され，排出されるときに出る音をいう。

「スキール音」とは，急発進，急制動，急旋回などのときに発する"キー"という鋭い音をいう。

(2) タイヤ（ホイール付き）の一部が他の部分より重い場合，タイヤをゆっくり回転させると<u>重い</u>部分が下になって止まり，このときのアンバランスを<u>スタティック・アンバランス</u>という。

(3) タイヤの偏平率を<u>小さく</u>すると，タイヤの横剛性が高くなり，車両の旋回性能及び高速時の操縦性能は向上する。

問題

【No.25】図に示すタイヤの波状摩耗の主な原因として，**不適切なもの**は次のうちどれか。

(1) ホイール・バランスの不良
(2) ホイール・ベアリングのがた
(3) ホイール・アライメントの狂い
(4) エア圧の過大

【解説】

答え　(4)

タイヤが波状摩耗する場合は，ホイール・バランスの不良，ホイール・ベアリングのがた及びホイール・アライメントの狂いなどが考えられる。

(4) のエア圧の過大は，参考図の中央摩耗の原因として考えられる。

中央摩耗

問題

【No.26】 電子制御式ABSに関する記述として，**適切なもの**は次のうちどれか。

(1) ハイドロリック・ユニットは，ECUからの駆動信号により各ブレーキの液圧の制御とエンジンの出力制御を行っている。

(2) ECUは，各車輪速センサ，スイッチなどからの信号により，路面の状況などに応じた適切な制御を判断し，マスタ・シリンダに作動信号を出力する。

(3) ABSの電子制御機構に断線，短絡，電源の異常などの故障が発生した場合でも，ABSの電子制御機構は継続して作動する。

(4) ECUは，センサの信号系統，アクチュエータの作動信号系統及びECU自体に異常が発生した場合には，ABSウォーニング・ランプを点灯させる。

【解説】

答え (4)

ECUは，センサの信号系統，アクチュエータの作動信号及びECU自体に異常が発生した場合には，ABSウォーニング・ランプを点灯させ，運転者に異常を知らせる。また，異常内容によっては，バルブ・リレーをOFFにして，ハイドロリック・ユニットへの電源供給を遮断することで，ABS制御を停止させる。

他の問題文を訂正すると以下のようになる。

(1) ハイドロリック・ユニットは，ECUからの制御信号により各ブレーキの液圧（油圧）の制御を行っている。

エンジンの出力制御を併用する機構は，TCS（トラクション・コントロール・システム）という。

(2) ECUは，各車輪速センサ，スイッチなどからの信号により，路面の状況などに応じた適切な制御を判断し，<u>ハイドロリック・ユニット</u>に作動信号を出力する。

(3) ABSの電子制御機構に断線，短絡，電源の異常などの故障が発生した場合は，ABSの電子制御機構は<u>作動せず，通常のブレーキ装置の制動作用と同じになる</u>。

【問題】

【No.27】　SRSエアバッグに関する記述として，**適切なもの**は次のうちどれか。

(1) SRSエアバッグのECUは，衝突時の衝撃を検出するGセンサと「判断／セーフィング・センサ」を内蔵している。

(2) インフレータは，電気点火装置(スクイブ)，着火剤，ガス発生剤，ケーブル・リール，フィルタなどを金属の容器に収納している。

(3) インパクト・センサは，衝撃を電気信号に変換してセンサ内の衝突判定回路に直接入力し，衝突の判定を行う。

(4) エアバッグ・アセンブリを分解するときは，バッテリのマイナス・ターミナルを外したあと，規定時間放置してから行う。

【解説】

答え　(1)

SRSエアバッグ・システムでは，車両前部に取り付けられたインパクト・センサ内のGセンサにより，衝突時の衝撃を検出するが，ECU内にもGセンサと「判断／セーフィング・センサ」が内蔵され，検出した衝撃をもとに衝突判定が行われる。

衝突判定回路がエアバッグを展開する必要があると判断した場合は，出力制御回路よりインフレータに通電がされ，エアバッグが展開する。

他の問題文を訂正すると以下のようになる。

(2) インフレータは，電気点火装置(スクイブ)，着火剤　ガス発生剤，フィルタなどを金属の容器に収納している。

　　問題中のケーブル・リールは，ステアリング・ホイール裏側に設けられ，ECUとインフレータとを接続するケーブルのことで，インフレータ容器とは別に装着されている。

(3) インパクト・センサは，衝撃を電気信号に変換してECU内の衝突判定回路に入力し，衝突の判定を行う。

(4) 「エアバッグ・アセンブリを分解するときは・・・」という記述であるが，そもそもエアバッグ・アセンブリは，分解をしてはならない。なお，エアバッグの脱着においては，誤作動に注意するため，バッテリのマイナス・ターミナルを外したあと，規定時間放置してから行う。

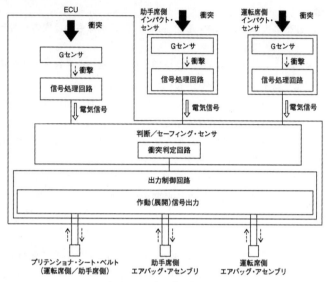

SRSエアバッグのシステム

問題

【No.28】 図に示すタイヤと路面間の摩擦係数とタイヤのスリップ率の関係を表した特性曲線図において、「路面の摩擦係数が高いブレーキ特性曲線」として、A〜Dのうち、**適切なもの**は次のうちどれか。

(1) A
(2) B
(3) C
(4) D

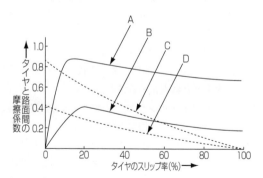

【解説】

答え　(1)

問題の「路面の摩擦係数が高いブレーキ特性曲線」は，図中のAである。

ブレーキ特性曲線は，おおよそスリップ率20%前後で摩擦係数が最大となり，以後スリップ率が増すに伴い減少する特性がある。このことから，ブレーキ特性曲線はAとCに絞られるが，問題は，「路面の摩擦係数が高い」を選択するようになっていることから，図中のAが該当する。

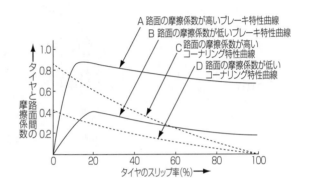

タイヤと路面間の摩擦係数とタイヤのスリップ率の関係

問題

【No.29】　オート・エアコンの吹き出し温度の制御に関する記述として，**不適切なもの**は次のうちどれか。

(1) 外気温センサは，室外に取り付けられており，サーミスタによって外気温度を検出してECUに入力している。

(2) エバポレータ後センサは，エバポレータを通過後の空気の温度をサーミスタによって検出しECUに入力しており，主にエバポレータの霜付きなどの防止に利用されている。

(3) 内気温センサは，室内の空気をセンサ内部に取り入れて，室内の温度の変化をサーミスタによって検出しECUに入力している。

(4) 日射センサは，日射量によって出力電流が変化する発光ダイオードを用いて，日射量をECUに入力している。

【解説】

答え（4）

日射センサは，日射量によって出力電流が変化する<u>ホト・ダイオード</u>を用いて，日射量をECUに入力している。

日射センサは，一般には，日射の影響を受けやすいインストルメント・パネル上部に取り付けられている。

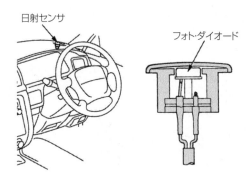

日射センサ　　　　　　　　　　　　　　　　フォト・ダイオード

日射センサ

問題

【No.30】 外部診断器（スキャン・ツール）に関する記述として，**適切なもの**は次のうちどれか。

(1) 外部診断器でダイアグノーシス・コードの消去作業を行うと，ダイアグノーシス・コードとフリーズ・フレーム・データが消去されるため，時計及びラジオの再設定が必要となる。

(2) 作業サポートは，外部診断器からECUに指令を出して，アクチュエータを任意に駆動及び停止ができ，機能点検などが容易に行える。

(3) フリーズ・フレーム・データを確認することで，ダイアグノーシス・コードを記憶した原因の究明が容易になる。

(4) アクティブ・テストは，整備作業の補助やECUの学習値を初期化することなどができ，作業の効率化が図れる。

【解説】

答え（3）

フリーズ・フレーム・データとは，ダイアグノーシス・コードを記憶した時点でのECUデータ・モニタ値のことである。これを確認することで異常検知時の運転状態が分かるため，ダイアグノーシス・コードを記憶した原因の究明が容易になる。

他の問題文を訂正すると以下のようになる。

(1) 外部診断器でダイアグノーシス・コードの消去作業を行うと，ダイアグノーシス・コードとフリーズ・フレーム・データのみを消去することができ，（電源の遮断操作をしないため）時計及びラジオの再設定の必要がない。

(2) アクティブ・テストは，外部診断器からECUに指令を出して，アクチュエータを任意に駆動及び停止ができ，機能点検などが容易に行える。

(4) 作業サポートは，整備作業の補助やECUの学習値を初期化することなどができ，作業の効率化が図れる。

問題

【No.31】 図に示すギヤ(歯車)に関する次の文章の（イ）と（ロ）に当てはまるものとして，下の組み合わせのうち，**適切なもの**はどれか。

図1は，（イ）と呼ばれ　ディファレンシャル・ギヤなどに用いられており，図2は，（ロ）と呼ばれ，ファイナル・ギヤなどに用いられている。

図1

図2

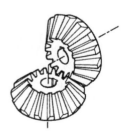
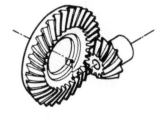

	（イ）	（ロ）
(1)	ストレート・ベベル・ギヤ	ハイポイド・ギヤ
(2)	ヘリカル・ギヤ	スパイラル・ベベル・ギヤ
(3)	ヘリカル・ギヤ	ハイポイド・ギヤ
(4)	ストレート・ベベル・ギヤ	スパイラル・ベベル・ギヤ

【解説】

答え（1）

図1は，（**ストレート・ベベル・ギヤ**）と呼ばれ，ディファレンシャル・ギヤなどに用いられており，図2は，（**ハイポイド・ギヤ**）と呼ばれ，ファイナル・ギヤなどに用いられている。

「ストレート・ベベル・ギヤ」は軸が交わり，歯すじが直線のギヤでディファレンシャル・ギヤなどに用いられる。「ヘリカル・ギヤ」は2つの軸が平行で，歯すじが斜めのギヤでトランスミッションなどに用いられる。

また，「ハイポイド・ギヤ」と「スパイラル・ベベル・ギヤ」は，二つの軸が交わるか，オフセットするかの違いがある。

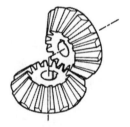

ストレート・ベベル・ギヤ

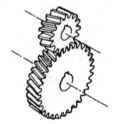

ヘリカル・ギヤ

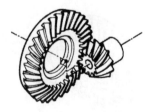

ハイポイド・ギヤ

スパイラル・ベベル・ギヤ

問題

【No.32】 次の諸元の自動車がトランスミッションのギヤを第3速にして，エンジンの回転速度3,000min^{-1}，エンジン軸トルク150N・mで走行しているとき，駆動輪の駆動力として，**適切なもの**は次のうちどれか。ただし，伝達による機械損失及びタイヤのスリップはないものとする。

(1) 4,020N

(2) 2,881N

(3) 2,592.9N

(4) 864.3N

第3速の変速比	: 1.340
ファイナル・ギヤの減速比	: 4.300
駆動輪の有効半径	: 30cm

【解説】

答え (2)

エンジン軸トルクと動力伝達機構の減速比から，駆動輪における駆動トルクT（N・m)を求めると

T（N・m）= 150（N・m）× 1.34 × 4.3

となる。

駆動輪の駆動力F（N），駆動トルクT（N・m），駆動輪の有効半径 r（m）の関係は以下の式で表される。

$$F(N) = \frac{T(N \cdot m)}{r(m)}$$ これに，数値を代入すると

$$F(N) = \frac{150(N \cdot m) \times 1.34 \times 4.3}{0.3(m)}$$

$$= 2881 N$$

問題

【No.33】 ガソリンに関する記述として，**適切なもの**は次のうちどれか。

(1) 改質ガソリンとは，高オクタン価のガソリンを低オクタン価のガソリンに転換したものである。

(2) オクタン価を高めることで，高圧縮比でもノッキングが発生しにくくなる。

(3) 直留ガソリンは，原油から直接蒸留して得られるガソリンで，オクタン価が高く自動車用としては最も適している。

　(4) オクタン価とは，そのガソリンに含まれるイソオクタンの混合割合
　　をいう。

【解説】

　答え　(2)

　オクタン価とは，燃料のアンチノック性を示す数値で，この値が高いほ
どノッキングが発生しにくいことを意味する。

　よって，オクタン価を高めることは，比較的ノッキングが発生しやすい
高圧縮比エンジンでも，ノッキングの抑制に効果がある。

　他の問題文を訂正すると以下のようになる。

　(1) 改質ガソリンとは，低オクタン価のガソリンを高オクタン価のガソ
　　リンに転換したものである。

　(3) 直留ガソリンは，原油から直接蒸留して得られるガソリンで，オク
　　タン価が低く自動車用としては不適当である。

　(4) オクタン価とは，ガソリン・エンジンの燃料のアンチノック性を示
　　す数値である。

　試料燃料(ガソリンなど)のオクタン価の試験では，アンチノック性の高
いイソオクタンと，アンチノック性の低いヘプタンを任意の割合で混合し
た標準燃料を作り，アンチノック性の比較対象とする。

　試料燃料と同じアンチノック性を示す標準燃料中のイソオクタンの混合
割合を，試料燃料のオクタン価としている。よって，(4) の記述のような
ガソリンに含まれるイソオクタンの混合割合を示すものではない。

問題

【No.34】　自動車の材料に用いられる鉄鋼に関する記述として，**不適切なも
の**は次のうちどれか。

　(1) 合金鋳鉄は，普通鋳鉄にクロム，モリブデン，ニッケルなどの金属
　　を一種類又は数種類加えたもので，カムシャフトやシリンダ・ライナ
　　などに使用されている。

　(2) 球状黒鉛鋳鉄は，普通鋳鉄に含まれる黒鉛を球状化させるために，
　　マグネシウムなどの金属を少量加えて，強度や耐摩耗性などを向上さ
　　せたものである。

　(3) 普通鋼(炭素鋼)は，硬鋼と軟鋼に分類され，硬鋼は軟鋼より炭素を

含む量が少ない。

(4) 普通鋳鉄は，破断面がねずみ色で，フライホイールやブレーキ・ドラムなどに使用されている。

【解説】

答え　(3)

普通鋼(炭素鋼)は，硬鋼と軟鋼に分類され，硬鋼は軟鋼より炭素を含む量が多い。

炭素の含有量が多い硬鋼は，軟鋼より硬くて強い反面，延性及び展性には劣っている。軟鋼は硬鋼より柔らかくて粘り強く，延性及び展性に優れている。

問題

【No.35】　図に示す電気回路において，電流計Aが示す電流値として，**適切なもの**は次のうちどれか。ただし，バッテリ，配線等の抵抗はないものとする。

(1) 1.5A

(2) 8 A

(3) 12A

(4) 24A

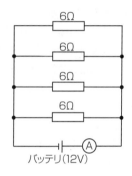

バッテリ(12V)

【解説】

答え　(2)

問題の回路は，6Ωの抵抗を4つ並列に接続した回路で，その合成抵抗Rは

$$\frac{1}{R} = \frac{1}{6} + \frac{1}{6} + \frac{1}{6} + \frac{1}{6}$$

$$\frac{1}{R} = \frac{4}{6}$$

$$R = \frac{6}{4}$$

$$R = 1.5Ω$$

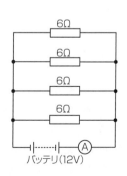

バッテリ(12V)

合成抵抗1.5Ωに12Vの電源を接続したときの回路に流れる電流 I は，オームの法則より

$$I = \frac{V}{R} \quad (I：電流A，V：電圧V，R：抵抗Ω)$$

$$= \frac{12V}{1.5Ω}$$

$$= 8\,A$$

となる。

[問題]

【No.36】「道路運送車両法」及び「自動車点検基準」に照らし，「貨物運送用の普通・小型自動車のレンタカー」の定期点検基準として，**適切なものは次のうちどれか。**

(1) 事業用自動車等の定期点検基準
(2) 被牽引自動車の定期点検基準
(3) 自家用貨物自動車等の定期点検基準
(4) 自家用乗用自動車等の定期点検基準

【解説】

答え（1）

「貨物運送用の普通・小型自動車のレンタカー」の定期点検基準は，事業用自動車等の定期点検基準に準ずる。

（道路運送車両法　第46条）

[問題]

【No.37】「道路運送車両法」及び「道路運送車両法施行規則」に照らし，小型四輪自動車の「分解整備」に**該当するものは次のうちどれか。**

(1) 原動機を取り外さずにシリンダ・ヘッドを取り外して行う整備又は改造
(2) 電気装置のスタータを取り外して行う整備又は改造
(3) 制動装置のディスク・ブレーキのキャリパを取り外して行う整備又は改造
(4) 緩衝装置のコイルばね及びトーションバー・スプリングを取り外して行う整備又は改造

【解説】

答え（3）

「制動装置のマスタ・シリンダ，バルブ類，ホース，パイプ，倍力装置，ブレーキ・チャンバ，ブレーキ・ドラム（二輪の小型自動車のブレーキ・ドラムを除く。）若しくはディスク・ブレーキのキャリパを取り外し，又は二輪の小型自動車のブレーキ・ライニングを交換するためにブレーキ・シューを取り外して行う自動車の整備又は改造」は分解整備に該当する。

(1)(2) 原動機を取外して行う自動車の整備又は改造は，分解整備に該当するが，この場合，原動機型式が打刻されるシリンダ・ブロックを取外す整備が該当し，それ以外の部品を取り外す整備は適応外。

(4) 緩衝装置のシャシばねを取外して行う自動車の整備又は改造は，分解整備に該当するが，「コイルばね及びトーションバー・スプリングの取り外し」は適応外。

（道路運送車両法　第49条　第2項,道路運送車両法施行規則　第3条）

問題

【No.38】「道路運送車両の保安基準」及び「道路運送車両の保安基準の細目を定める告示」に照らし，次の文章の（　）に当てはまるものとして，**適切なもの**はどれか。

　燃料タンクの注入口及びガス抜口は，露出した電気端子及び電気開閉器から（　）以上離れていること。

(1) 300mm

(2) 250mm

(3) 200mm

(4) 150mm

【解説】

答え（3）

燃料タンクの注入口及びガス抜口は，露出した電気端子及び電気開閉器から（**200mm**）以上離れていること。（保安基準　第15条　告示174条）

問題

【No.39】 「道路運送車両の保安基準」及び「道路運送車両の保安基準の細目を定める告示」に照らし，小型四輪自動車の安定性に関する次の文章の（　）に当てはまるものとして，**適切なもの**はどれか。

　　空車状態及び積車状態におけるかじ取り車輪の接地部にかかる荷重の総和が，それぞれ車両重量及び車両総重量の（　）以上であること。

(1) 20%

(2) 15%

(3) 10%

(4) 5 %

【解説】

　答え（1）

　空車状態及び積車状態におけるかじ取り車輪の接地部にかかる荷重の総和が，それぞれ車両重量及び車両総重量の(**20%**)以上であること。(保安基準　第5条　告示164条(1))

問題

【No.40】 「道路運送車両の保安基準」及び「道路運送車両の保安基準の細目を定める告示」に照らし，車幅が1.69m，最高速度が100km/hの小型四輪自動車の走行用前照灯に関する記述として，**不適切なもの**は次のうちどれか。

(1) 走行用前照灯の灯光の色は，白色であること。

(2) 走行用前照灯の最高光度の合計は，430,000cdを超えないこと。

(3) 走行用前照灯の数は，2個又は4個であること。

(4) 走行用前照灯は，そのすべてを照射したときには，夜間にその前方40mの距離にある交通上の障害物を確認できる性能を有するものであること。

【解説】

　答え（4）

　走行用前照灯は，そのすべてを照射したときには，夜間にその前方<u>100m</u>の距離にある交通上の障害物を確認できる性能を有するものであること。(保安基準　第32条　告示198条2(1))

02・3 試験問題（登録）

問題

【No.1】 シリンダ・ヘッドとピストンで形成されるスキッシュ・エリアに関する記述として，**不適切なもの**は次のうちどれか。

(1) 吸入混合気に渦流を与えて，燃焼時間を短縮することで最高燃焼ガス温度の上昇を抑制する。

(2) スキッシュ・エリアの厚み(クリアランス)が小さくなるほど，発生する混合気の渦流の流速は高くなる。

(3) 吸入混合気に渦流を与えることで，燃焼行程における火炎伝播の速度を高めている。

(4) 斜めスキッシュ・エリアは，斜め形状であることで吸入通路からの吸気がスムーズになり，渦流の発生を防いでいる。

【解説】

答え (4)

斜めスキッシュ・エリアは，一般的なスキッシュ・エリアをさらに発展させたもので，斜め形状により吸入通路からの吸気がスムーズになり，<u>強い渦流の発生が得られる</u>。

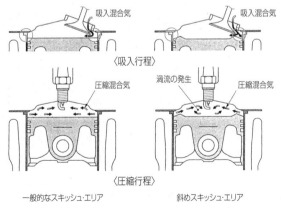

スキッシュ・エリア

問題

【No.2】 エンジンの性能に関する記述として，**適切なもの**は次のうちどれか。

(1) 平均有効圧力は，行程容積を1サイクルの仕事量で除したもので，排気量や作動方式の異なるエンジンの性能を比較する場合などに用いられる。

(2) 実際にエンジンのクランクシャフトから得られる動力を正味仕事率又は軸出力という。

(3) 熱損失は，ピストン，ピストン・リング，各ベアリングなどの摩擦損失と，ウォータ・ポンプ，オイル・ポンプ，オルタネータなどの補機駆動の損失からなっている。

(4) 熱効率のうち図示熱効率とは，理論サイクルにおいて仕事に変えることのできる熱量と，供給する熱量との割合をいう。

【解説】

答え（2）

熱機関における仕事率には，図示仕事率と正味仕事率があるが，それぞれ，作動ガスがピストンに与えた仕事量から算出したものを図示仕事率，実際にエンジンのクランクシャフトから得られる動力を正味仕事率又は軸出力という。

他の問題文を訂正すると以下のようになる。

(1) 平均有効圧力は，<u>1サイクルの仕事を行程容積で除したもの</u>で，排気量や作動方式の異なるエンジンの性能を比較する場合などに用いられる。

(3) <u>機械損失</u>は，ピストン，ピストン・リング，各ベアリングなどの摩擦損失と，ウォータ・ポンプ，オイル・ポンプ，オルタネータなどの補機駆動の損失からなっている。

問題文中の"熱損失"とは，燃焼ガスの熱量が冷却水や冷却空気などによって失われることをいい，冷却損失，排気損失，ふく射損失からなっている。

(4) <u>理論熱効率</u>とは，理論サイクルにおいて仕事に変えることのできる熱量と，供給する熱量との割合をいう。

　問題文中の"図示熱効率"とは，実際のエンジンにおいて，シリンダ内の作動ガスがピストンに与えた仕事を熱量に換算したものと，供給した熱量との割合を言う。

問題

【No.3】　コンロッド・ベアリングに要求される性質に関する記述として，**不適切なもの**は次のうちどれか。

(1) 耐食性とは，異物などをベアリングの表面に埋め込んでしまう性質をいう。

(2) 非焼き付き性とは，ベアリングとクランク・ピンとに金属接触が起きた場合に，ベアリングが焼き付きにくい性質をいう。

(3) なじみ性とは，ベアリングをクランク・ピンに組み付けた場合に，最初は当たりが幾分悪くても，すぐにクランク・ピンになじむ性質をいう。

(4) 耐疲労性とは，ベアリングに繰り返し荷重が加えられても，その機械的性質が変化しにくい性質をいう。

【解説】

答え（1）

　コンロッド・ベアリングに要求される"耐食性"とは，酸などにより腐食されにくい性質をいう。

　問題文の，異物などをベアリングの表面に埋め込んでしまう性質は"埋没性"という。

問題

【No.4】　クランクシャフトにおけるトーショナル・ダンパの作用に関する記述として，**適切なもの**は次のうちどれか。

(1) クランクシャフトの軸方向の振動を吸収する。

(2) クランクシャフトの剛性を高める。

(3) クランクシャフトのねじり振動を吸収する。

(4) クランクシャフトのバランス・ウェイトの重さを軽減する。

【解説】

答え（3）

　クランクシャフトには，燃焼圧力によるトルクの変動によってねじり振

動が生じる。このねじり振動を吸収するため，参考図のようなトーショナル・ダンパをクランクシャフト前端のプーリに設けている。クランクシャフトにねじり振動（回転方向に対して正，又は負の大きな加速度）が生じたときには，プーリ部はそのまま一定速度で回転を続けようとするため，中間のラバーが変形し，ねじり振動の減衰作用を行う。ちなみに，トーショナル・ダンパ（torsional damper）の"torsional"は"ねじれの"を意味する。

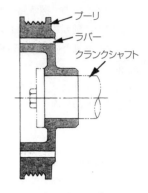

プーリ
ラバー
クランクシャフト

トーショナル・ダンパ

【問題】

【No.5】 吸排気装置における過給機に関する記述として，**適切なもの**は次のうちどれか。

(1) ターボ・チャージャは，小型軽量で取り付け位置の自由度は高いが，排気エネルギの小さい低速回転域からの立ち上がりに遅れが生じ易い。

(2) 2葉ルーツ式のスーパ・チャージャには，過給圧が高くなって規定値以上になると，過給圧の一部を排気側へ逃がし，過給圧を規定値に制御するエア・バイパス・バルブが設けられている。

(3) 2葉ルーツ式のスーパ・チャージャでは，ロータ1回転につき2回の吸入・吐出が行われる。

(4) 一般に，ターボ・チャージャに用いられているフル・フローティング・ベアリングの周速は，シャフトの周速と同じである。

【解説】

答え（1）

ターボ・チャージャは，スーパ・チャージャに比べて小型軽重で取り付け位置の自由度が高い。また，スーパ・チャージャは，駆動機構が機械的なため作動遅れは小さいが，ターボ・チャージャは，排気エネルギを利用するため，排気エネルギの小さい低速回転域からの立ち上がりに遅れが生じ易い。

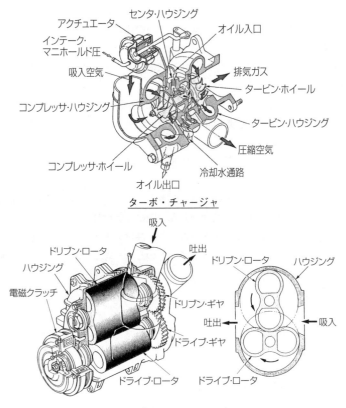

アクチュエータ
センタ・ハウジング
オイル入口
インテーク・マニホールド圧
吸入空気
排気ガス
タービン・ホイール
コンプレッサ・ハウジング
タービン・ハウジング
圧縮空気
コンプレッサ・ホイール
冷却水通路
オイル出口

ターボ・チャージャ

吸入
吐出
ドリブン・ロータ
ハウジング
電磁クラッチ
ドリブン・ロータ
ハウジング
ドリブン・ギヤ
吐出
吸入
ドライブ・ギヤ
ドライブ・ロータ
ドライブ・ロータ

ルーツ式スーパ・チャージャ

他の問題文を訂正すると以下のようになる。

(2) 2葉ルーツ式のスーパ・チャージャでは，過給圧が高くなって規定値以上になると，過給圧の一部を<u>吸気側</u>へ逃がし，過給圧を規定値に制御するエア・バイパス・バルブが設けられている。

(3) 2葉ルーツ式のスーパ・チャージャは，ドライブ・ロータとドリブン・ロータのそれぞれが吸入，吐出作用をおこなっており，各ロータが1回転すると2回の吸入，吐出が行われるので，全体として<u>ロータ1回転につき4回の吸入，吐出が行われる</u>。

(4) 一般に，ターボ・チャージャに用いられているフル・フローティング・ベアリングの周速は，シャフトの周速の約半分となる。

問題

【No.6】 ピストン及びピストン・リングに関する記述として，**不適切なもの**は次のうちどれか。

(1) コンプレッション・リングは，シリンダ壁面とピストンとの間の気密を保つ働きと，燃焼によりピストンが受ける熱をシリンダに伝える役目をしている。

(2) ピストン・ヘッド部には，圧縮圧力を高めるため，バルブの逃げを設けている。

(3) バレル・フェース型のコンプレッション・リングは，しゅう動面が円弧状になっており，初期なじみの際の異常摩耗が少ない。

(4) アルミニウム合金ピストンのうち，高けい素アルミニウム合金ピストンよりシリコンの含有量が多いものをローエックス・ピストンと呼んでいる。

【解説】

答え（4）

アルミニウム合金ピストンのうち，ローエックス・ピストンよりシリコンの含有量が多いものを高けい素アルミニウム合金ピストンと呼んでいる。

問題

【No.7】 点火順序が 1 − 5 − 3 − 6 − 2 − 4 の 4 サイクル直列 6 シリンダ・エンジンの第 5 シリンダが圧縮上死点にあり，この位置からクランクシャフトを回転方向に回転させ，第 3 シリンダのバルブをオーバーラップの上死点状態にするために必要な回転角度として，**適切なもの**は次のうちどれか。

(1) 240°

(2) 360°

(3) 480°

(4) 600°

【解説】

答え（3）

　点火順序が1－5－3－6－2－4の4サイクル直列6気筒シリンダ・エンジンの第5シリンダが圧縮上死点にあるとき，オーバラップの上死点（以後，オーバラップとする。）は第2シリンダである。この位置からクランクシャフトを回転方向に120°回転させると，点火順序にしたがって第4シリンダがオーバラップとなる。第3シリンダがオーバラップとなるのは，クランクシャフトを更に360°回転させた位置で，最初の状態から480°（120°＋360°）回転させた場合である。

点火順序　1－5－3－6－2－4

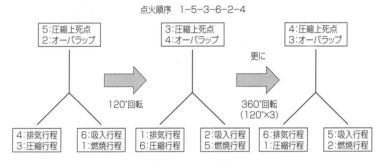

各シリンダの行程

問題

【No.8】　全流ろ過圧送式の潤滑装置に関する記述として，**適切なもの**は次のうちどれか。

(1) ガソリン・エンジンに装着されているオイル・クーラは，一般に空冷式のものが用いられている。

(2) トロコイド式オイル・ポンプに設けられたリリーフ・バルブは，一般にエンジン回転速度が上昇して油圧が規定値に達すると開く。

(3) エンジン・オイルは，一般に油温が200℃でも潤滑性は維持される。

(4) オイル・フィルタは，オイル・ストレーナとオイル・ポンプの間に設けられている。

【解説】

答え（2）

トロコイド式オイル・ポンプに設けられたリリーフ・バルブ（逃し弁）は，

エンジン回転が上昇して油圧が規定値に達するとバルブが開き，オイルの一部をオイル・パンやオイル・ポンプ吸入側に戻して油圧を制御している。

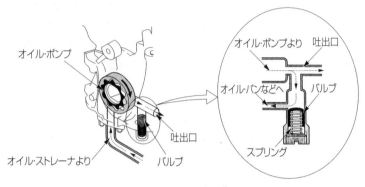

リリーフ・バルブ

他の問題文を訂正すると以下のようになる。

(1) オイル・クーラは，水冷式と空冷式とがあるが，一般に水冷式が用いられている。構造は参考図のようにオイルが流れる通路と冷却水が流れる通路を交互に数段積み重ねて一体化したものとなっている。

(3) オイルは，一般的に90℃を超えないことが望ましく，その温度が125〜130℃以上になると，急激に潤滑性を失うようになる。

(4) オイル・フィルタは，オイル・ポンプとオイル・ギャラリの間に設けられている。よってオイルは，オイル・パン→オイル・ストレーナ→オイル・ポンプ→オイル・フィルタ→オイル・ギャラリの順に送られる。

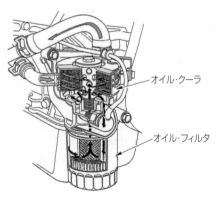

➡：冷却水の流れ　➡：オイルの流れ

水冷式オイル・クーラ

問題

【No.9】　インテーク側に用いられる油圧式の可変バルブ・タイミング機構に関する記述として，**適切なもの**は次のうちどれか。

(1) カムの位相は一定のまま，油圧制御によりバルブの作動角を変えてインテーク・バルブの開閉時期を変化させている。

(2) 進角時は，インテーク・バルブの開く時期が遅くなるので，オーバラップ量が多くなり中速回転時の体積効率が高くなる。

(3) 保持時は，バルブ・タイミング・コントローラの遅角側及び進角側の油圧室の油圧が保持されるため，カムシャフトはそのときの可変位置で保持される。

(4) エンジン停止時には，ロック装置により最大の進角状態で固定される。

【解説】

答え　(3)

油圧式可変バルブ・タイミング機構における"保持時"とは，遅角又は進角の位置を維持するために設けられた状態である。

参考図のように，コントロール・バルブのスプール・バルブが中立位置に移動することで，遅角側及び進角側の油圧室への通路が閉じ，オイル・ポンプからの油圧も遮断されるため各室の油圧は保持される。このためカムシャフトはそのときの可変位置で保持される。

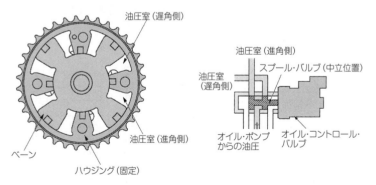

油圧式可変バルブ・タイミング機構の保持時

他の問題文を訂正すると以下のようになる。

(1) 可変バルブ・タイミング機構は，油圧制御によりバルブの作動角（バルブが開いている時間）は一定のまま，カムの位相を変えてインテーク・バルブの開閉時期を変化させている。

(2) 進角時は，インテーク・バルブの開く時期が早くなるので，オーバラップ量が多くなり中速回転時の体積効率が高くなる。

(4)エンジン停止時には,ロック装置により最大の遅角状態で固定される。

問題

【No.10】 電気装置に関する記述として，**適切なもの**は次のうちどれか。

(1) CR発振器は，コイルとコンデンサの共振回路を利用し，発振周期を決めている。

(2) 発振とは，入力に一定周期の交流電流を流し，出力で直流の電流が流れている状態をいう。

(3) NAND回路とは，二つの入力がともに"1"のときのみ出力が"1"となる回路をいう。

(4) ダイオードは,一方向にしか電流を流さない特性をもっているため，交流を直流に変換する整流回路などに用いられている。

【解説】

答え（4）

ダイオードは，ゲルマニウムやシリコンなどの半導体を応用して作られた素子で，問題文に記された特徴をもつ。

他の問題文を訂正すると以下のようになる。

(1) CR発振器は，抵抗（R）とコンデンサ（C）を使い，コンデンサの放電時間で発振周波数を決めている。

(2) 発振とは，入力に直流の電流を流し，出力で一定周期の交流電流が流れている状態をいう。

(3) NAND回路とは，二つの入力のAとBが共に"1"の時のみ出力が"0"となる。

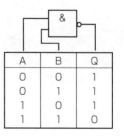

A	B	Q
0	0	1
0	1	1
1	0	1
1	1	0

NAND回路真理値表

【問題】

【No.11】 オルタネータのステータ・コイルの結線方法において，スター結線（Y結線）とデルタ結線（三角結線）を比較したときの記述として，**不適切なもの**は次のうちどれか。

(1) スター結線の方が低速時の出力電流特性に優れている。

(2) スター結線の方が最大出力電流の値が小さい。

(3) スター結線の方がステータ・コイルの結線は複雑である。

(4) スター結線には中性点がある。

【解説】

答え (3)

スター結線の方がステータ・コイルの結線は簡単である。

参考図のようにデルタ結線は各コイル両端の3ヶ所の結線が必要であるのに対して，スター結線は中性点1ヵ所の結線で済む。

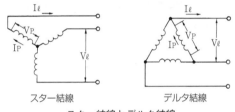

スター結線　　　　　デルタ結線

スター結線とデルタ結線

【問題】

【No.12】 電子制御式燃料噴射装置に関する記述として，**不適切なもの**は次のうちどれか。

(1) インジェクタの応答性をよくする方法には，ソレノイド・コイルの巻数を多くして線径を小さくする方法がある。

(2) インジェクタの噴射信号がONになり，電流が流れ始めてインジェクタが完全に駆動されるまでの燃料が噴射されていない時間を無効噴射時間（無効駆動時間）という。

(3) 吸気温度補正とは，吸入空気温度の違いによる吸入空気密度の差から空燃比のずれが生じるため，吸気温センサからの信号により噴射量を補正することをいう。

(4) Lジェトロニック方式の基本噴射時間は，エア・フロー・メータで
検出した吸入空気量と，クランク角センサにより検出したエンジン回
転速度によって決定される。

【解説】

答え（1）

インジェクタの応答性をよくする方法には，ソレノイド・コイルの巻数
を少なくして線径を大きくする方法がある。

しかし，この方法では，インジェクタの抵抗値が小さくなり，電流が流
れすぎて発熱量が多くなるため寿命が短くなる欠点がある。したがって，
実際のインジェクタには，抵抗の大きい導線をソレノイド・コイルに使用
したものや，外部に抵抗を設けたものが使用されている。

問題

【No.13】 スタータのトルクが15N・m，回転速度が1,200min⁻¹のときのス
タータの出力として，**適切なもの**は次のうちどれか。ただし，円周率（π）
＝3.14として計算しなさい。

(1) 0.907kW

(2) 1.884kW

(3) 3.826kW

(4) 6.652kW

【解説】

答え（2）

スタータの出力P（W）は，次式で求められる。

$P = 2\pi T \cdot N$

ただし，

T：トルク（N・m），N：回転速度（s⁻¹）

※回転速度は秒速であるので注意すること。

したがって，

P = 2×3.14×15×（1200／60）

= 1884（W）

= 1.884（kW）

【問題】

【No.14】 鉛バッテリに関する記述として，**適切なもの**は次のうちどれか。

(1) コールド・クランキング・アンペアの電流値が大きいほど始動性が
　　良いとされている。

(2) バッテリの容量は，放電電流が大きいほど大きくなる。

(3) 電解液は，比重約1.320のものが一番凍結しにくく，その凍結温度
　　は－60℃付近である。

(4) バッテリの容量は，電解液温度20℃を標準としている。

【解説】

答え　(1)

コールド・クランキング・アンペアはSAEおよびJISにおいて，電解液
温度－18℃で放電し，30秒後の端子電圧が7.2V以上となるように定めら
れた放電電流のことで，この電流値が大きいほど始動性が良いとされる。
　　他の問題文を訂正すると以下のようになる。

(2) バッテリの容量は，放電電流が大きいほど小さくなる。バッテリは，
　　放電電流が大きくなるほど電解液の拡散（放電の進行に伴う化学変化）
　　が追い付かなくなり，極板活物質細孔内での硫酸の量が減少して，早
　　く放電終止電圧に達してしまう。したがって，バッテリの容量は，放
　　電電流が大きい（放電率が小さい）ほど小さくなる。

(3) バッテリの電解液は，比重約1.290のときが一番凍結しにくく，そ
　　の凍結温度は－73℃付近であるが，それより高くても低くてもその凍
　　結温度は高くなる。

(4) バッテリの容量では，電解液温度25℃を標準としている。20℃は電
　　解液比重の標準温度である。

【問題】

【No.15】 スパーク・プラグに関する記述として，**適切なもの**は次のうちどれか。

(1) 高熱価型プラグは，低熱価型プラグと比較して，火炎にさらされる
　　部分の表面積及びガス・ポケットの容積が大きい。

(2) 空燃比が大き過ぎる（薄過ぎる）場合は，着火ミスの発生はしないが，
　　逆に小さ過ぎる（濃過ぎる）場合は，燃焼が円滑に行われないため，着
　　火ミスが発生する。

(3) 着火ミスは，消炎作用が弱過ぎるとき又は，吸入混合気の流速が低過ぎる場合に起きやすい。

(4) スパーク・プラグの中心電極を細くすると，飛火性が向上するとともに着火性も向上する。

【解説】

答え（4）

中心電極を細くすると，飛火性が向上するとともに着火性も向上する。これは電極が細くなることにより消炎作用が小さくなり、火炎核が成長しやすくなるためである。

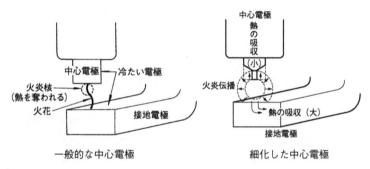

他の問題文を訂正すると以下のようになる。

(1) 高熱価型プラグは，低熱価型プラグと比較して，火炎にさらされる部分の表面積及びガス・ポケットの容積が小さい。（参考図）

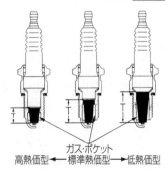

高熱価型、標準熱価型及び低熱価型の相違点

(2) 混合気の空燃比は，大き過ぎても，小さ過ぎても燃焼は円滑に行われず，着火ミスが発生する。

(3) 着火ミスは，消炎作用が強過ぎるとき又は，吸入混合気の流速が高過ぎる場合に起きやすい。

問題

【No.16】　トルク・コンバータに関する記述として，**適切なもの**は次のうちどれか。

(1) 速度比がゼロのときの伝達効率は100%である。

(2) コンバータ・レンジでは，全ての範囲において速度比に比例して伝達効率が上昇する。

(3) 速度比は，タービン軸の回転速度をポンプ軸の回転速度で除して求める。

(4) カップリング・レンジにおけるトルク比は，2.0～2.5である。

【解説】

答え（3）

トルク・コンバータにおける速度比は，入力軸（ポンプ軸）の回転速度に対する出力軸（タービン軸）の回転速度の割合で表され，タービン軸の回転速度をポンプ軸の回転速度で除して求めることができる。

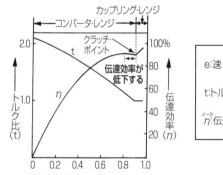

トルク・コンバータの性能曲線

参考図としてトルク・コンバータの性能曲線を示す。図を参考に他の問題文を訂正すると以下のようになる。

(1) 速度比がゼロのときの伝達効率は0％である。

(2) コンバータ・レンジでは，全ての範囲において速度比に比例して伝達効率が上昇するとは言えない。速度比が大きくなるに伴い伝達効率が上昇するが，タービン・ランナから流出するＡＴＦがステータの羽根の裏側に当たるようになると伝達効率が下がってくるため，比例しているとは言えない。

(4) カップリング・レンジにおけるトルク比は，1.0である。

問題

【No.17】 マニュアル・トランスミッションのクラッチの伝達トルク容量に関する記述として，**適切なもの**は次のうちどれか。

(1) エンジンのトルクに比べて過小であると，クラッチの操作が難しく，接続が急になりがちでエンストしやすい。

(2) クラッチ・スプリングによる圧着力，クラッチ・フェーシングの摩擦係数，摩擦面の有効半径，摩擦面の面積に関係する。

(3) エンジンのトルクに比べて過大であると，クラッチ・フェーシングの摩耗量が急増しやすい。

(4) 一般にエンジンの最大トルクの1.2～2.5倍に設定されており，ジーゼル車よりもガソリン車の方が余裕係数は大きい。

【解説】

答え (2)

クラッチの伝達トルク容量とは，エンジン側からトランスミッション側に動力を伝えることができるトルクの最大値のことである。この容量は，クラッチ・スプリングによる圧着力，クラッチ・フェーシングの摩擦係数，摩擦面の有効半径，摩擦面の面積に関係する。

他の問題文を訂正すると以下のようになる。

(1) エンジンのトルクに比べて過大であると，クラッチの操作が難しく，接続が急になりがちでエンストしやすい。

(3) エンジンのトルクに比べて過小であると，クラッチ・フェーシングの摩耗量が急増しやすい。

(4) 一般にエンジンの最大トルクの1.2～2.5倍に設定されており，ガソリン車よりもジーゼル車の方が余裕係数は大きい。

問題

【No.18】 CVT（スチール・ベルトを用いたベルト式無段変速機）に関する記述として，**適切なもの**は次のうちどれか。

(1) プライマリ・プーリの油圧室に掛かる油圧が低くなると，プライマリ・プーリの溝幅は狭くなる。

(2) スチール・ベルトは，エレメントの伸張作用（エレメントの引っ張り）によって動力が伝達される。

(3) スチール・ベルトは，多数のエレメントと多層のスチール・リング1本で構成されている。

(4) プライマリ・プーリの油圧室に掛かる油圧が高くなると，プライマリ・プーリに掛かるスチール・ベルトの接触半径は大きくなる。

【解説】

答え（4）

プライマリ・プーリに掛かる作動油圧が高くなると，プライマリ・プーリに掛かるスチール・ベルトの接触半径は大きくなる。

プーリは，固定側のシャフト（固定シーブ）と可動側の可動シーブから構成される。可動シーブ背面の油圧室に掛かる油圧が高くなると，可動シーブはプライマリ・ピストンによって押し出されシャフト（固定シーブ）側に近づく，これにより，プーリ溝幅が狭くなり，エレメントの接触位置がプーリ傾斜面の外周側に移動する。これにより，スチール・ベルトの接触半径は大きくなる。

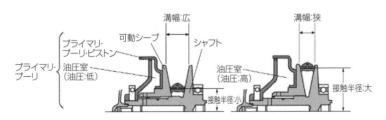

プライマリ・プーリの作動

他の問題文を訂正すると以下のようになる。

(1) プライマリ・プーリの油圧室に掛かる油圧が低くなると，プライマリ・プーリの溝幅は広くなる。

(2) スチール・ベルトは，エレメントの圧縮作用(エレメントの押し出し)によって動力が伝達される。

(3) スチール・ベルトは，多数のエレメントと多層のスチール・リング2本で構成されている。

【問題】

【No.19】 トラクション・コントロール・システムに関する記述として，**不適切なもの**は次のうちどれか。

(1) 駆動輪がスリップしそうになると，駆動輪に掛かる駆動力を小さくしてスリップを回避する。

(2) エンジンの出力制御は，燃料噴射装置で行い，インジェクタの作動を停止することで出力を低下させている。

(3) 駆動輪のブレーキ制御及びエンジンの出力制御を併用して適切な駆動力に制御する。

(4) ぬれたアスファルト路面，雪路などの滑りやすい路面で，発進又は加速時に過度なアクセル・ペダルの操作により駆動輪がスリップすることを防止する。

【解説】

答え (2)

トラクション・コントロール・システムにおけるエンジンの出力制御は，参考図に示す電子制御式スロットル装置で行い，スロットル・バルブの開度を一時的に閉じることで出力を低下させている。

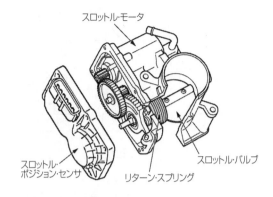

スロットル・モータ

スロットル・
ポジション・センサ

リターン・スプリング

スロットル・バルブ

電子制御式スロットル装置

【問題】

【No.20】　CAN通信システムに関する記述として，**適切なもの**は次のうち
どれか。

(1)　CAN-H，CAN-Lともに2.5Vの状態をドミナントという。

(2)　CANは，一つのECUが複数のデータ・フレームを送信したり，バス・
ライン上のデータを必要とする複数のECUが同時にデータ・フレー
ムを受信することができる。

(3)　バス・オフ状態とは，エラーを検知し，リカバリ後にエラーが解消
し，通信を再開した状態をいう。

(4)　一端の終端抵抗が断線していても通信は継続され，耐ノイズ性にも
影響はないが，ダイアグノーシス・コードが出力されることがある。

【解説】

答え　(2)

　CAN通信システムは，参考図のように，複数のECUをバス・ラインで
結ぶことで，各ECU間の情報共有を可能にしている。

　各ECUは，センサの情報をデータ・フレームとして定期的にバス・ラ
イン上に送信をするが，一つのECUが複数のデータ・フレームを送信し
たり，バス・ライン上のデータを必要とする複数のECUが同時にデータ・
フレームを受信することができる。

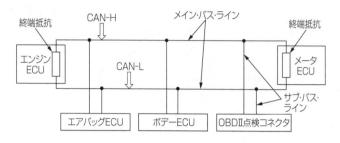

CAN通信システム

他の問題文を訂正すると以下のようになる。

(1) CAN-H, CAN-Lともに2.5Vの状態を<u>レセシブ</u>という。

(3) バス・オフ状態とは、エラーを検知しリカバリが実行されても、<u>エ</u>
<u>ラーが解消せず、通信が停止してしまう状態</u>をいう。

(4) 一端の終端抵抗が破損すると、通信はそのまま継続されるが、<u>耐ノ</u>
<u>イズ性が低下する</u>。このときダイアグノーシス・コードが出力される
ことがある。

問題

【No.21】 図に示す前進4段の電子制御式A/Tの自動変速線図に関する記
述として、**不適切なもの**は次のうちどれか。

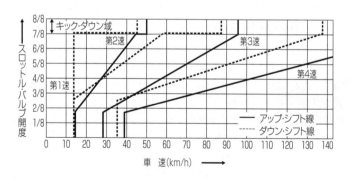

(1) 車速60km/hで走行時、スロットル・バルブ開度を4/8から全開(8
/8)にしたときは、第3速から第2速にキック・ダウンする。

(2) 第4速で走行中，スロットル・バルブを全閉にしたとき，第3速に
ダウン・シフトする車速は約35km/hである。

(3) 第3速で走行中，スロットル・バルブ開度3／8を保ちながら減速
したとき，第2速へダウン・シフトする車速は約30km/hである。

(4) スロットル・バルブ開度5／8を保ちながら加速したとき，第2速
から第3速へアップ・シフトする車速は約70km/hである。

【解説】

答え（3）

第3速で走行中，スロットル・バルブ開度3／8を保ちながら減速した
とき，第2速へダウン・シフトする車速は約18km/hである。

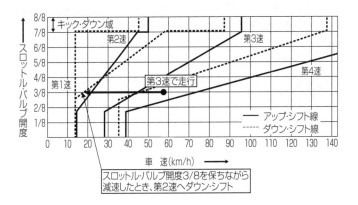

電子制御式Ａ／Ｔの自動変速線図

問題

【No.22】 電動式パワー・ステアリングに関する記述として，**不適切なもの**
は次のうちどれか。

(1) コラム・アシスト式では，モータがステアリング・コラムに取り付
けられ，ステアリング・シャフトに対して補助動力を与えている。

(2) スリーブ式のトルク・センサは，検出コイルとインプット・シャフ
トの突起部間の磁力線密度の変化により，操舵力と操舵方向を検出し
ている。

(3) ピニオン・アシスト式では，ステアリング・ギヤのピニオン部にトルク・センサ及びモータが取り付けられ，ステアリング・ギヤのピニオンに対して補助動力を与えている。

(4) ホールIC式のトルク・センサを用いたものは，トーション・バーにねじれが生じると検出リングの相対位置が変位し，検出コイルに掛かる起電力が変化する。

【解説】

答え（4）

ホールICを用いたトルク・センサは，参考図のように，ステアリング・ホイール側となるインプット・シャフトに多極マグネットが，ステアリング・ギヤ側となるアウトプット・シャフトにはヨークが配置され，更にヨークの外側に集磁リングおよびホールICが配置されている。

操舵によってトーション・バーがねじれると，多極マグネットとヨーク歯部の相対位置が変化するため，ホールICを通過する磁束密度と磁束の向きが変化する。これを電圧信号に変換することで操舵力と操舵方向を検出している。

(4) 問題文中の「検出リングの相対位置が変位し，検出コイルに掛かる起電力が変化する」は，"リング式トルク・センサ"の記述である。

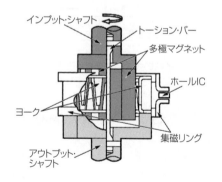

ホールIC式 トルク・センサ

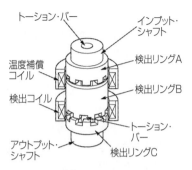

トーション・バー
インプット・シャフト
温度補償コイル
検出リングA
検出リングB
検出コイル
トーション・バー
アウトプット・シャフト
検出リングC

リング式トルク・センサ

[問題]

【No.23】　アクスル及びサスペンションに関する記述として，**不適切なもの**は次のうちどれか。

(1) ピッチングとは，ボデー・フロント及びリヤの縦揺れのことをいう。

(2) 一般にロール・センタは，車軸懸架式サスペンションに比べて，独立懸架式サスペンションの方が高い。

(3) 全浮動式の車軸懸架式リヤ・アクスルは，アクスル・ハウジングだけでリヤ・ホイールに掛かる荷重を支持している。

(4) 車軸懸架式サスペンションは，左右のホイールを1本のアクスルでつなぎ，ホイールに掛かる荷重をアクスルで支持している。

【解説】

答え　(2)

ロール・センタとは，ボデーがローリング（横揺れ）するときの中心となる点のことで，その位置は，参考図のようにサスペンション形式によって異なり，一般に車軸懸架式のサスペンションの方が高い位置となる。

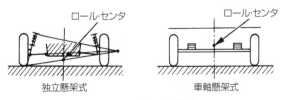

ロール・センタ
ロール・センタ
独立懸架式
車軸懸架式

ロール・センタの位置

問題

【No.24】 タイヤに関する記述として, **適切なもの**は次のうちどれか。

(1) 静的縦ばね定数が大きいほど路面から受ける衝撃を吸収しやすく, 乗り心地がよい。

(2) タイヤに10mmの縦たわみを与えるために必要な静的縦荷重を静的縦ばね定数という。

(3) 静荷重半径とは, タイヤを適用リム幅のホイールに装着して規定のエア圧を充填し, 静止した状態で平板に対して垂直に置き, 規定の荷重を加えたときのタイヤの軸中心から接地面までの最短距離をいう。

(4) タイヤの回転に伴う空気抵抗とは, タイヤが回転するごとに路面により圧縮され, 再び原形に戻ることを繰り返すことにより発生する抵抗をいう。

【解説】

答え（3）

タイヤの静荷重半径の説明は, 問題文の通り。

他の問題文を訂正すると以下のようになる。

(1) 静的縦ばね定数が<u>小さいほど</u>路面から受ける衝撃を吸収しやすく, 乗り心地がよい。

(2) タイヤに<u>1mm</u>の縦たわみを与えるために必要な静的縦荷重を静的縦ばね定数という。

(4) <u>タイヤの変形による抵抗</u>とは, タイヤが回転するごとに路面により圧縮され, 再び原形に戻ることを繰り返すことにより発生する抵抗をいう。

問題

【No.25】 差動制限型ディファレンシャルに関する記述として, **適切なもの**は次のうちどれか。

(1) ヘリカル・ギヤを用いたトルク感応式では, ピニオンの歯先とディファレンシャル・ケース内周面との摩擦により差動制限力が発生する。

(2) 回転速度差感応式で左右輪の回転速度に差が生じると, 低回転側から高回転側にビスカス・トルクが伝えられる。

(3) トルク感応式のディファレンシャル・ケース内には, 高粘度のシリ

コン・オイルが充填されている。

(4) 回転速度差感応式に用いられているビスカス・カップリングは，イ
ンナ・プレートとアウタ・プレートの回転速度差が小さいほど大きな
ビスカス・トルクが発生する。

【解説】

答え（1）

ヘリカル・ギヤを用いたトルク感応式は，参考図のようにディファレン
シャル・ケース内のサイド・ギヤと長・短の二種類のピニオン・ギヤにヘ
リカル・ギヤ(はすば歯車)を用いたものである。

左右輪に回転速度差が生じた際の差動制限は，参考図のように，ピニオ
ンとサイド・ギヤのかみ合いの反力により，ピニオンの歯先がディファレ
ンシャル・ケース内周面に押し付けられた際の摩擦により行っている。

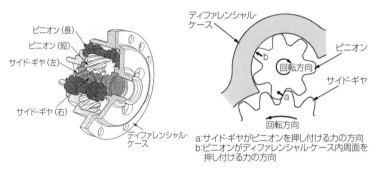

摩擦式作動制限型ディファレンシャル　　**ピニオンによる摩擦力発生**

他の問題文を訂正すると以下のようになる。

(2) 回転速度差感応式で左右輪の回転速度に差が生じると，<u>高回転側か
ら低回転側にビスカス・トルクが伝えられる。</u>

(3) トルク感応式のディファレンシャル・ケース内には，<u>ギヤ・オイル</u>
(差動制限型ディファレンシャル用)が入れられる。また，高粘度のシ
リコン・オイルが充てんされるのは，回転速度差感応式のビスカス・
カップリング内である。

(4) 回転速度差感応式に用いられているビスカス・カップリングは，イ

ンナ・プレートとアウタ・プレートの回転速度差が<u>大きいほど</u>大きな
ビスカス・トルクが発生する。

問題

【No.26】 図に示す電子制御式ABSの油圧回路において，保持ソレノイド・
バルブと減圧ソレノイド・バルブに関する記述として，**適切なもの**は次
のうちどれか。ただし，図の油圧回路は，通常制動時を表す。

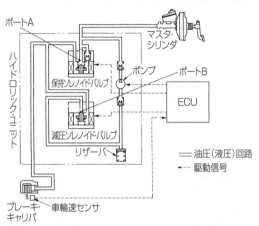

(1) 減圧作動時は，保持ソレノイド・バルブが通電OFFとなり，ポー
トAは開く。

(2) 保持作動時は，減圧ソレノイド・バルブが通電ONとなり，ポート
Bは開く。

(3) 保持作動時は，保持ソレノイド・バルブが通電ONとなり，ポート
Aは閉じる。

(4) 増圧作動時は，減圧ソレノイド・バルブが通電ONとなり，ポート
Bは閉じる。

【解説】

答え（3）

ABSのハイドリック・ユニットは，ECUからの制御信号により，各ブ
レーキの液圧を制御するものである。ブレーキの作動圧力の制御は"増圧
作動"，"保持作動""減圧作動"の3段階があり，ポートAの開閉を行う"保

持ソレノイド"，ポートBの開閉を行う"減圧ソレノイド"とリザーバにたまったブレーキ液をマスタ・シリンダ側に戻す"ポンプ・モータ"に対し各作動に応じた通電が行われる。

解答をするにあたっては，保持ソレノイド・バルブのポートAは常開，減圧ソレノイド・バルブのポートBは常閉であることに注意が必要である。各作動時のソレノイド・バルブの作動とポート開閉の状態を下表にまとめる。

	保持ソレノイド・バルブ		減圧ソレノイド・バルブ	
	通電状態	ポートA	通電状態	ポートB
増圧作動時	OFF	開く	OFF	閉じる
保持作動時	ON	閉じる	OFF	閉じる
減圧作動時	ON	閉じる	ON	開く

問題文の中で，表の状態に該当するのは（3）である。

【問題】

【No.27】 外部診断器(スキャン・ツール)に関する記述として，**不適切なもの**は次のうちどれか。

(1) 外部診断器でダイアグノーシス・コードの消去作業を行うと，ダイアグノーシス・コードとフリーズ・フレーム・データのみ消去することができ，時計及びラジオなどの再設定の必要がない。

(2) フリーズ・フレーム・データを確認することで，ダイアグノーシス・コードを記憶した原因の究明につながる。

(3) データ・モニタとは，ECUにおけるセンサからの入力値やアクチュエータへの出力値などを複数表示することができ，それらを比較・確認することで迅速な点検・整備ができる。

(4) アクティブ・テストでは，整備作業の補助やECUの学習値を初期化することなどができ，作業の効率化が図れる。

【解説】

答え（4）

"アクティブ・テスト"とは，外部診断器からECUに指令を出して，アクチュエータを任意に駆動及び停止ができる機能で，本来の作動条件でな

くてもアクチュエータを強制的に駆動することができるため，アクチュエータの機能点検などが容易に行える。

問題文中の「整備作業の補助やECUの学習値を初期化する」機能は"作業サポート"という。

問題

【No.28】 フレーム及びボデーに関する記述として，**適切なもの**は次のうちどれか。

(1) トラックのフレームは，トラックの全長にわたって貫通した左右2本のクロス・メンバが配列されている。

(2) モノコック・ボデーは，ボデー自体がフレームの役目を担うため，質量(重量)を小さく(軽く)することができる。

(3) フレームのサイド・メンバを補強する場合は，フレームの厚さ以上の補強材を使用する。

(4) モノコック・ボデーは，サスペンションなどからの振動や騒音が伝わりにくいので，防音や防振に優れている。

【解説】

答え (2)

モノコック・ボデーとは，参考図のように，独立したフレームをもたない一体構造のボデーで，乗用車のボデーとして多く採用されている。ボデー自体がフレームの役目を担うため，質量(重量)を小さく(軽く)することができる。

他の問題文を訂正すると以下のようになる。

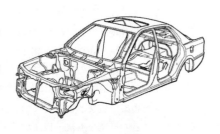

モノコック・ボデー

(1) トラックのフレームは，トラックの全長にわたって貫通した左右2本のサイド・メンバが配列されている。その間に，はしごのようにクロス・メンバを置き，それぞれが溶接などで結合されている。

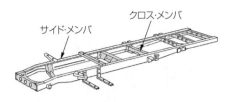

トラック用フレーム

(3) フレームのサイド・メンバを補強する場合，<u>フレームの厚さ以上の補強材を使用しない</u>。

(4) モノコック・ボデーは，<u>サスペンションなどからの振動や騒音が伝わりやすいので，防音，防振のための工夫が必要となる</u>。

問題

【No.29】 エアコンに関する記述として，**不適切なもの**は次のうちどれか。

(1) コンデンサは，コンプレッサから圧送された高温・高圧のガス状冷媒を冷却して液状冷媒にする。

(2) エア・ミックス方式では，ヒータ・コアに流れるエンジン冷却水の流量をウォータ・バルブによって変化させることで，吹き出し温度の調整を行う。

(3) エキスパンション・バルブは，エバポレータ内における冷媒の気化状態に応じて噴射する冷媒の量を調節する。

(4) サブクール式のコンデンサでは，レシーバ部でガス状冷媒と液状冷媒に分離して，液状冷媒をサブクール部に送る。

【解説】

答え（2）

エア・ミックス方式は，参考図のようにエバポレータとヒータ・コアの間にエア・ミックス・ダンパを設けている。エバポレータで冷やされた空気は，ダンパの開き具合によってヒータ・コアを経由する量と経由しない量の割合が制御され，両方の空気をエア・ミックス・チャンバで混合することで吹き出し温度の調整を行う。

問題文は，リヒート方式の記述で，エバポレータを通った冷風は全てヒータ・コアに流れるようになっている。

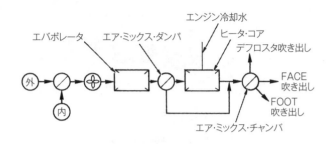

エア・ミックス式

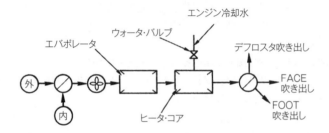

リヒート式

【問題】

【No.30】 SRSエアバッグ・システムに関する記述として，**適切なもの**は次のうちどれか。

(1) エアバッグ・アセンブリを保管する場合は，パッド面を下に向けて置いておく。

(2) 規定値を超えた衝撃が，車両後部に検知された場合に作動する構造となっている。

(3) エアバッグ・アセンブリを交換する際に，他の車両で使用されたものを取り付けてもよい。

(4) ケーブル・リールは，ECUと運転席エアバッグ（インフレータ）との電気接続をケーブルで直接行うものである。

【解説】

答え (4)

　ケーブル・リールは，ステアリング・ホイール裏側に設けられ，ECU
と運転席エアバッグ（インフレータ）との電気接続をケーブルで直接行うも
のである。

　ケーブル・リール内部には，参考図のように渦巻状のケーブルが収めら
れており，ステアリング・ホイールを回した時に，ケーブルが引っ張られ
ない構造となっている。

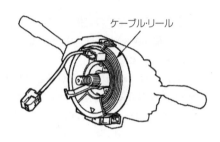

ケーブル・リール

他の問題文を訂正すると以下のようになる。

(1) エアバッグ・アセンブリを保管する場合は，<u>パッド面を上に向けて
　置いておく。</u>パッド面を下に向けて置くと，万一，エアバッグ・アッ
　センブリが作動（展開）した場合，エアバッグ・アッセンブリが飛び上
　がり危険である。

(2) 規定値を超えた衝撃が，車両<u>前部</u>に検知された場合に作動する構造
　となっている。

(3) エアバッグ・アセンブリを交換する際は，<u>必ず新品を使用すること。</u>
　他の車両で使用されたものは，絶対に使用してはならない。

問題

【No.31】　フレミングの左手の法則について，次の文章の（イ）と（ロ）に
当てはまるものとして，下の組み合わせのうち，**適切なもの**はどれか。
　　フレミングの左手の法則とは，左手の親指，人差し指及び中指を互い
に直角に開き，人差し指を（イ）の方向に，中指を（ロ）の方向に向け
ると，電磁力は親指の方向になることをいう。

	（イ）	（ロ）
(1)	磁力線	電　流
(2)	電　流	磁力線
(3)	誘導起電力	電　流
(4)	磁力線	誘導起電力

【解説】

答え（1）

　フレミングの左手の法則とは，左手の親指，人差し指及び中指を互いに直角に開き，人差し指を（**磁力線**）の方向に，中指を（**電流**）の方向に向けると，電磁力は親指方向になることをいう。

　フレミングの左手の法則とは，磁場（磁力線が通る空間）内にある導線に電流が流れると，その導線を動かそうとする力が発生する現象（ローレンツ力）を，覚えやすくしたもので，左手の各指先の示すものは，参考図のような関係にある。

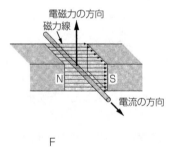

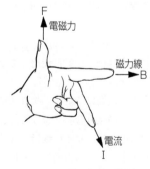

フレミングの左手の法則

問題

【No.32】 エンジン回転速度6,000min⁻¹，ピストン・ストロークが100mmの

エンジンの平均ピストン・スピードとして，**適切なもの**は次のうちどれ

か。

(1) 20m／s

(2) 10m／s

(3) 4 m／s

(4) 2 m／s

【解説】

答え（1）

問題のピストン・ストロークの単位がmmとなっているため，mに変換。

100mm＝0.1m

クランクシャフト1回転でピストンが往復するため，クランクシャフト

1回転あたりのピストンの移動距離は，

0.1m×2 となる。

また，選択肢のピストン・スピードが秒速で表されるため，エンジン回

転速度も毎分回転速度から毎秒回転速度に変換する必要がある。

よって，ピストン・ストロークL(m)，エンジン回転速度N（min⁻¹）か

らピストン・スピードV(m／s)を求めると，以下の式となる。

$$V(m/s) = \frac{2L(m) \times N(min^{-1})}{60}$$

問題の数値を代入して求めると

$$= \frac{2 \times 0.1(m) \times 6000(min^{-1})}{60}$$

$$= 20(m/s)$$

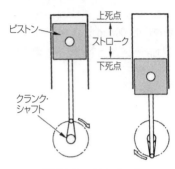

ピストン・ストローク

【問題】

【No.33】 ばね定数の単位として，**適切なもの**は次のうちどれか。

(1) N／mm

(2) N

(3) N・m

(4) Pa／mm^2

【解説】

答え (1)

　ばね定数とは，ばねを単位長さ(mm)だけ圧縮または伸長するのに要する力(N)を示し，単位はN／mmを用いる。この値が大きいほど"ばね"は硬くなる。

【問題】

【No.34】 ギヤ・オイルに用いられる添加剤に関する記述として，**不適切なもの**は次のうちどれか。

(1) 酸化防止剤は，温度変化に対する粘度変化を少なくする作用がある。

(2) 流動点降下剤は，オイルに含まれる，ろう(ワックス)分が結晶化するのを抑えて，低温時の流動性を向上させる作用がある。

(3) 極圧添加剤は，耐圧性の向上，極圧下での油膜切れや摩耗の防止などをする作用がある。

(4) 油性向上剤は，金属に対する吸着性及び油膜の形成力を向上させ，摩擦係数を減少させる作用がある。

【解説】

　答え（1）

　ギヤ・オイルに用いられる酸化防止剤は，高温における酸化を防止し，寿命を延長させる作用をする。（1）の記述は"粘度指数向上剤"を表している。

問題

【No.35】 図に示す電気回路において，次の文章の（　）に当てはまるものとして，**適切なもの**はどれか。ただし，バッテリ，配線等の抵抗はないものとする。

　12V用のランプを12Vの電源に接続したときの抵抗が2Ωである場合，この状態で2時間使用したときの電力量は（　）である。

(1)　6 Wh

(2)　24Wh

(3)　72Wh

(4)　144Wh

ランプ(2Ω)

バッテリ(12V)

【解説】

　答え（4）

　2Ωの電球に12Vの電源を接続したときの回路に流れる電流Iは，オームの法則より

$$I = \frac{V}{R} \quad (I：電流A，\quad V：電圧V，\quad R：抵抗Ω)$$

$$= \frac{12V}{2Ω}$$

$$= 6(A)$$

　この時の電力P(W)は，電圧と電流の積に相当し，次式で表される。

$$P = V \cdot I$$

$$= 12V \times 6A$$

$$= 72W$$

電力量はワット時(Wh)で表され，電力と時間の積に相当し，次式で表される。

Wp＝P・t（Wp：電力量Wh，P：電力W，t：時間h）

よって2時間使用した場合の電力量は

Wp＝72W×2h

　　＝144Wh

となる。

【問題】

【No.36】「自動車点検基準」の「自家用乗用自動車等の日常点検基準」に規定されている点検内容として，**適切なもの**は次のうちどれか。

(1) 冷却装置のファン・ベルトの緩み及び損傷がないこと。

(2) ブレーキ・ペダルの踏みしろが適当で，ブレーキのききが十分であること。

(3) ショック・アブソーバの油漏れ及び損傷がないこと。

(4) バッテリのターミナル部の接続状態が不良でないこと。

【解説】

答え　(2)

(1) (4)「冷却装置のファン・ベルトの緩み及び損傷」「バッテリのターミナル部の接続状態」は，自家用乗用自動車の定期点検基準における1年(12ヶ月)ごとに行う点検項目である。

(3)「ショック・アブソーバの油漏れ及び損傷」は，自家用乗用自動車の定期点検基準における2年ごとに行う点検項目である。

【問題】

【No.37】「道路運送車両法」及び「道路運送車両法施行規則」に照らし，国土交通大臣の行う検査を受け，有効な自動車検査証の交付を受けているものでなければ，運行の用に供してはならない自動車に**該当しないもの**は次のうちどれか。

(1) 小型特殊自動車

(2) 検査対象軽自動車

(3) 四輪の小型自動車

(4) 普通自動車

【解説】

答え（1）

自動車(国土交通省令で定める軽自動車及び小型特殊自動車を除く。)は，国土交通大臣の行う検査を受け，有効な自動車検査証の交付を受けなければ，これを運行の用に供してはならない。

（道路運送車両法　第58条）

検査の対象となる自動車は，

・普通自動車

・小型自動車(二輪の小型自動車も含む)

・大型特殊自動車

・検査対象軽自動車

であり，小型特殊自動車と国土交通省令で定める軽自動車(検査対象外軽自動車)は対象から除かれる。

問題

【No.38】「道路運送車両法施行規則」に照らし，次の文章の（イ）と（ロ）に当てはまるものとして，下の組み合わせのうち，**適切なもの**はどれか。

　自動車の分解整備に従事する従業員(整備主任者を含む。)の人数が（イ）の自動車分解整備事業の認証を受けた事業場には，一級，二級又は三級の自動車整備士の技能検定に合格した者が（ロ）以上いること。

	（イ）	（ロ）
(1)	5人	1人
(2)	8人	3人
(3)	15人	4人
(4)	21人	5人

【解説】

答え（3）

　事業場において分解整備に従事する従業員のうち，少なくとも一人の自動車整備士技能検定規則による一級又は二級の自動車整備士の技能検定に合格したものを有し，かつ，一級，二級又は三級の自動車整備士の技能検定に合格した者の数が，従業員の数を4で除して得た数(その数に1未満の端数があるときは，これを1とする。)以上であること。

（道路運送車両法施行規則　第57条6号）

施行規則に照らし，設問の従業員数に対する技能検定に合格した者の数は

(1)　従業員数5人：5÷4＝1…1⇒2人

(2)　従業員数8人：8÷4＝2　　　⇒2人

(3)　従業員数15人：17÷4＝4…1⇒5人

(4)　従業員数21人：21÷4＝5…1⇒6人

よって，適切なものは（3）となる。

問題

【No.39】「道路運送車両の保安基準」及び「道路運送車両の保安基準の細目を定める告示」に照らし，方向指示器の点滅回数の基準に関する記述として，**適切なもの**は次のうちどれか。

(1) 毎分60回以上100回以下の一定の周期で点滅するものであること。

(2) 毎分60回以上120回以下の一定の周期で点滅するものであること。

(3) 毎分50回以上100回以下の一定の周期で点滅するものであること。

(4) 毎分50回以上120回以下の一定の周期で点滅するものであること。

【解説】

答え（2）

方向指示器は，**毎分60回以上120回以下**の一定の周期で点滅するものであること。

（保安基準　第41条，細目告示215条4（1））

問題

【No.40】「道路運送車両の保安基準」及び「道路運送車両の保安基準の細目を定める告示」に照らし，車幅が1.69m，最高速度が100km/hの小型四輪自動車の走行用前照灯に関する次の文章の（イ）と（ロ）に当てはまるものとして，下の組み合わせのうち，**適切なもの**はどれか。

走行用前照灯は，そのすべてを照射したときには，夜間にその前方（イ）の距離にある交通上の障害物を確認できる性能を有するものであり，かつ，その走行用前照灯の数は，（ロ）であること。

	（イ）	（ロ）
(1)	100m	2個以下
(2)	200m	2個
(3)	100m	2個又は4個
(4)	200m	4個

【解説】

答え（3）

　走行用前照灯は，そのすべてを照射したときには、夜間にその前方(**100 m**)の距離にある交通上の障害物を確認できる性能を有するものであり，かつ，その走行用前照灯の数は，（**2個又は4個**)であること。

　(保安基準　第32条，細目告示第198条2 (1)，3 (1))

02・10　試験問題（登録）

問題

【No.1】 ピストン・リングに関する記述として，**不適切なものは**次のうちどれか。

(1) フラッタ現象が起きると，ピストン・リングの機能が損なわれ　ガス漏れによるエンジン出力の低下，オイル消費量の増大，リング溝やリング上下面の異常摩耗などが促進される。

(2) ピストン・リングには，耐摩耗性，強じん性耐熱性及びオイル保持性などが要求されるため，一般にコンプレッション・リングの材料はアルミニウム合金で，オイル・リングはケルメット又はアルミニウム合金で作られている。

(3) スカッフ現象は，オイルの不良や過度の荷重が加わったとき，あるいはオーバヒートした場合などに起こりやすい。

(4) アンダ・カット型のコンプレッション・リングは，外周下面がカットされた形状になっており，一般にセカンド・リングに用いられている。

【解説】

答え（2）

ピストン・リングには，耐摩耗性，強じん性，耐熱性及びオイル保持性などが要求され，一般に<u>コンプレッション・リングの材料は，特殊鋳鉄又は炭素鋼で，オイル・リングは炭素鋼で作られている</u>。

問題

【No.2】 エンジンの諸損失等に関する記述として，**不適切なものは**次のうちどれか。

(1) ポンプ損失（ポンピング・ロス）は，冷却水の温度，潤滑油の粘度のほかに回転速度による影響が大きい。

(2) 機械損失は，ピストン，ピストン・リング，各ベアリングなどの摩擦損失と，ウォータ・ポンプ，オイル・ポンプ，オルタネータなど補機駆動の損失からなっている。

(3) 熱損失は，燃焼室壁を通して冷却水へ失われる冷却損失，排気ガスにもち去られる排気損失，ふく射熱として周囲に放散されるふく射損失からなっている。

(4) 体積効率と充填効率は，平地ではほとんど同じであるが，高山など気圧の低い場所では差を生じる。

【解説】

答え (1)

エンジンの諸損失のうち，ポンプ損失(ポンピング・ロス)とは，燃焼ガスの排出及び混合気を吸入するための動力損失をいう。ちなみに，ガソリン・エンジンでは，出力の制御にスロットル・バルブを使用しているため，軽負荷運転時はポンピング・ロスが大きくなる。

冷却水の温度，潤滑油の粘度のほか，回転速度による影響が大きいものは，(2) の機械損失の説明である。

問題

【No.3】　エンジンの始動困難(スタータは正常)の推定原因として，**不適切なもの**は次のうちどれか。

(1) シリンダ，ピストン及びピストン・リングの摩耗又は損傷。

(2) フューエル・フィルタ，フューエル・パイプの詰まり及び亀裂。

(3) 吸気系統からのエアの吸い込み。

(4) ノック・センサ系統の不良。

【解説】

答え (4)

ノック・センサは，エンジン高負荷時に発生するノッキングによる振動を検出するもので，始動困難の原因とは考えられない。

問題

【No.4】　シリンダ・ヘッドとピストンで形成されるスキッシュ・エリアに関する記述として，**適切なもの**は次のうちどれか。

(1) 吸入混合気に渦流を与えて，吸入行程における火炎伝播の速度を高めている。

(2) 斜めスキッシュ・エリアは，斜め形状による吸入通路からの吸気がスムーズになり，強い渦流の発生が得られる。

(3) 吸入混合気に渦流を与えて，燃焼時間を長くすることで最高感焼ガス温度の上昇を促進させている。

(4) スキッシュ・エリアの厚み(クリアランス)が大きくなるほど渦流の流速は高くなる。

【解説】

答え (2)

斜めスキッシュ・エリアは，一般的なスキッシュ・エリアをさらに発展させたもので，斜め形状により吸入通路からの吸気がスムーズになり，強い渦流の発生が得られる。

(1) (3) スキッシュ・エリアによる渦流は，燃焼行程における火炎伝播の速度を高め，混合気の燃焼時間の短縮を図ることで最高燃焼ガス温度の上昇を抑制する役目を担っている。

(4) スキッシュ・エリアにより発生した混合気の流速は，このスキッシュ・エリアの面積と厚み(クリアランス)に大きく影響され，面積が大きいほど，また，厚みが小さいほど高くなる。

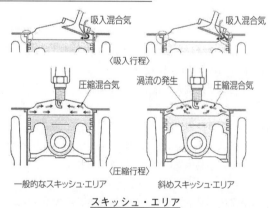

スキッシュ・エリア

問題

【No.5】 電子制御式燃料噴射装置のセンサに関する記述として，**適切なもの**は次のうちどれか。

(1) バキューム・センサは，インテーク・マニホールド圧力が高くなると出力電圧は小さくなる特性がある。

(2) 空燃比センサの出力は，理論空燃比より大きい(薄い)と低くなり，小さい(濃い)と高くなる。

(3) ジルコニア式O_2センサのジルコニア素子は，高温で内外面の酸素濃度の差が小さいと起電力を発生する性質がある。

(4) ホール素子式のスロットル・ポジション・センサは，スロットル・バルブ開度の検出にホール効果を用いて行っている。

【解説】

答え　(4)

ホール素子式のスロットル・ポジション・センサは、スロットル・バルブ開度の検出にホール効果を用いて行っている。

ホール効果とは，参考図のようにホール素子に流れている電流に対して，垂直方向に磁束を加えると，電流と磁束の両方に直交する方向に起電力が発生する現象であり，この加える磁束の密度が大きくなると発生する起電力も大きくなる。参考図のように，マグネットがスロットル・バルブに連動して動くことで，ホール素子を通る磁束が変化し，起電力が変化する。この起電力の変化をスロットル・バルブの開度として検出している。

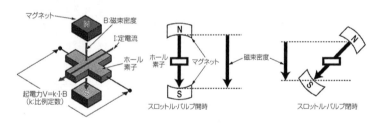

ホール効果

他の問題文を訂正すると以下のようになる。

(1) バキューム・センサは，インテーク・マニホールド圧力が高くなると,出力電圧は大きくなる特性である。

(2) 空燃比センサの出力は，理論空燃比より大きい(薄い)と高くなり，小さい(濃い)と低くなる。

(3) ジルコニア式O_2センサのジルコニア素子は，高温で内外面の酸素濃度差が大きいと起電力を発生する性質がある。

問題

【No.6】 点火順序が1－5－3－6－2－4の4サイクル直列6シリンダ・エンジンの第6シリンダが圧縮上死点にあり，この位置からクランクシャフトを回転方向に回転させ，第2シリンダのバルブをオーバーラップの上死点状態にするために必要な回転角度として，**適切なもの**は次のうちどれか。

(1) 360°
(2) 480°
(3) 600°
(4) 720°

【解説】

答え (2)

点火順序が1－5－3－6－2－4の4サイクル直列6気筒シリンダ・エンジンの第6シリンダが圧縮上死点にあるとき，オーバーラップの上死点（以後，オーバーラップとする。）は第1シリンダである。この位置からクランクシャフトを回転方向に120°回転させると，点火順序にしたがって第5シリンダがオーバーラップとなる。第2シリンダがオーバーラップとなるのは，クランクシャフトを更に360°回転させた位置で，最初の状態から480°（120°＋360°）回転させた場合である。

点火順序　1-5-3-6-2-4

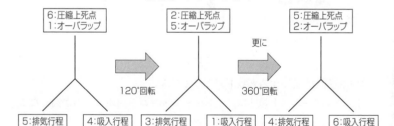

各シリンダの行程

【問題】

【No.7】 電子制御式スロットル装置の制御等に関する記述として，**不適切なもの**は次のうちどれか。

(1) アイドル回転速度制御は，一般にISCV(アイドル・スピード・コントロール・バルブ)で行っている。

(2) スロットル・ポジション・センサは，スロットル・バルブ・シャフトの同軸上に取り付けられ，スロットル・バルブの開度を検出している。

(3) スノー・モードのときは，滑りやすい路面でも良好な操縦性を確保するため，アクセル・ペダルを踏み込んでも通常モードに比べてスロットル・バルブが大きく開かないように制御している。

(4) スロットル・モータには，応答性がよく消費電力の少ないDCモータが使用されている。

【解説】

答え (1)

アイドル回転速度制御は，アイドリング時に必要な吸入空気量を，スロットル・バルブをわずかに開くことで制御している。したがって，電子スロットル制御システムが装備されている場合には，ISCVは取り付けられていない。

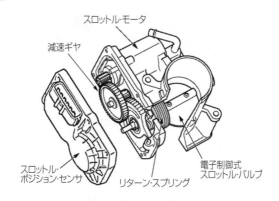

電子制御式スロットル・バルブ

問題

【No.8】 高熱価型スパーク・プラグに関する記述として，**適切なものは次**のうちどれか。

(1) 低熱価型に比べて碍子脚部が長い。

(2) 低熱価型に比べてガス・ポケットの容積が小さい。

(3) 低熱価型に比べて中心電極の温度が上昇しやすい。

(4) ホット・タイプと呼ばれる。

【解説】

答え (2)

高熱価型スパーク・プラグは，低熱価型に比べて (1) 碍子脚部が短く，(2) ガス・ポケットの容積が小さい。火炎にさらされる表面積が小さいことと，碍子脚部からの放熱経路が短く熱伝達が良いため，(3) 中心電極の温度が上昇しにくい特徴がある。このように放熱する度合いが大きいプラグを，(4) 冷え型(コールド・タイプ)という。

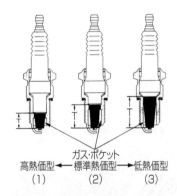

ガス・ポケット
高熱価型 ← 標準熱価型 → 低熱価型
(1)　　　　(2)　　　　(3)

高熱価型,標準熱価型及び,低熱価型の相違点

問題

【No.9】 吸排気装置の過給機に関する記述として，**適切なもの**は次のうちどれか。

(1) ターボ・チャージャに用いられるコンプレッサ・ホイールの回転速度は，タービン・ホイールの回転速度の2倍である。

(2) 2葉ルーツ式のスーパ・チャージャでは，ロータ1回転につき1回の吸入・吐出が行われる。

(3) ターボ・チャージャは，タービン・ハウジング，タービン・ホイール，コンプレッサ・ハウジング，コンプレッサ・ホイール及びドライブ・ギヤなどで構成されている。

(4) 2葉ルーツ式のスーパ・チャージャでは，過給圧が規定値になると，過給圧の一部を吸入側へ逃がし，過給圧を規定値に制御するエア・バイパス・バルブが設けられている。

【解説】

　答え　(4)

　参考図はルーツ式スーパ・チャージャの構成を示す。

　2葉ルーツ式のスーパ・チャージャでは，必要以上に過給圧が高くなるとノッキングなどの弊害が発生するため，過給圧が規定値になると，過給圧の一部を吸入側へ逃がし，過給圧を規定値に制御するエア・バイパス・バルブが設けられている。

　なお，エンジン負荷が小さいときは燃費や騒音の低減を図るため，駆動を停止できるようにプーリ部に電磁クラッチを設けている。

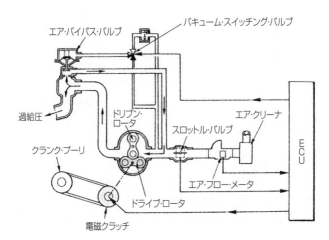

ルーツ式スーパ・チャージャの構成図

他の問題文を訂正すると以下のようになる。

(1) ターボ・チャージャに用いられるコンプレッサ・ホイールの回転速度は，タービン・ホイールの回転速度と同速度である(両ホイールが同軸上にあるため)

(2) 2葉ルーツ式のスーパ・チャージャでは，ロータ1回転につき4回の吸入・吐出が行われる。

(3) ターボ・チャージャは，タービン・ハウジング，タービン・ホイール，コンプレッサ・ハウジング，コンプレッサ・ホイール及びセンタ・ハウジングなどで構成されている。ターボ・チャージャの構成部品にドライブ・ギヤはない。

問題

【No.10】 図に示すオルタネータ回路において，B端子が外れたときの次の文章の（イ）と（ロ）に当てはまるものとして，下の組み合わせのうち，**適切なもの**はどれか。

オルタネータが回転中にB端子が解放状態(外れ)になり，バッテリ電圧(S端子の電圧)が調整電圧以下になると，Tr_1が（イ）する。そして，S端子の電圧よりB端子の電圧が規定値より（ロ），IC内の制御回路が異常を検出し，チャージ・ランプを点灯させるとともに，B端子の電圧を調整電圧より高めになるように制御する。

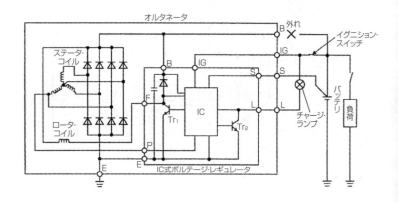

	（イ）	（ロ）
(1)	ON	低くなると
(2)	OFF	低くなると
(3)	ON	高くなると
(4)	OFF	高くなると

【解説】

答え（3）

オルタネータ回転中にB端子が解放状態(外れ)になり，バッテリ電圧（S端子の電圧）が調整電圧以下になると，Tr_1が(**ON**)する。そしてS端子の電圧よりB端子の電圧が規定値より(**高くなると**)，IC内の制御回路が異常を検出し，チャージ・ランプを点灯させると共に，B端子の電圧を調整電圧より高めになるように制御する。

異常検出機能付きのオルタネータは充電系統に異常が生じたときに，チャージ・ランプを点灯させることで，運転者に異常を知らせる。また，問題の状態では，制御によりB端子電圧が高めに調整されるが，B端子が外れているためバッテリに充電がされるわけではない。

問題

【No.11】　論理回路に関する記述として，**不適切なもの**は次のうちどれか。

(1)　NOT回路は，入力の信号に対して反対の出力となる回路である。

(2)　OR回路は，二つの入力A又はBのいずれか一方，又は両方が“1”のとき，出力が“1”となる回路である。

(3)　NAND回路は，AND回路にNOR回路を接続した回路である。

(4)　NOR回路は，OR回路にNOT回路を接続した回路である。

【解説】

答え（3）

NAND回路は，参考図の電気用図記号に示すようにAND回路にNOT回路を接続した回路である。

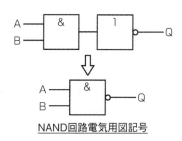

NAND回路電気用図記号

問題

【No.12】 気筒別独立点火方式のイグナイタ（イグニション・コイル内蔵）に関する記述として，**適切なもの**は次のうちどれか。

(1) ECUは，クランク角センサ，カム角センサ，スロットル・ポジション・センサなどからの信号をもとに，そのときのエンジン回転速度や負荷を計算して点火すべき気筒及び点火時期を算出する。

(2) アイドル安定化補正は，アイドル回転速度が低くなると点火時期を遅角し，高い場合は進角してアイドル回転速度の安定化を図っている。

(3) 通電時間制御は，エンジン回転速度が低くなるに連れて，トランジスタが，ONする時期（一次電流が流れ始めるとき）を早めている。

(4) エンジン始動後のアイドリング時の基本進角は，インテーク・マニホールド圧力信号又は吸入空気量信号により，あらかじめ設定された点火時期に制御されている。

【解説】

答え（1）

ECUは参考図のように，クランク角センサとカム角センサの信号から演算した各気筒のクランク角度位置と，その他の各センサからの信号をもとに，エンジンの運転状態に応じた最適な通電時間と点火時期になるように，各気筒のイグニション・コイルに点火信号を出力する。

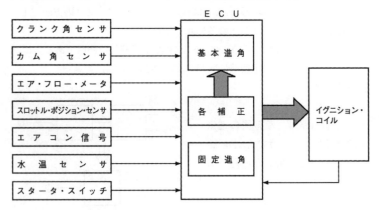

気筒別独立点火方式（ダイレクト・イグニション）

他の問題文を訂正すると以下のようになる。

(2)　アイドル安定化補正は，アイドル回転速度が低くなると点火時期を<u>進角</u>し，高い場合は<u>遅角</u>してアイドル回転速度の安定化を図っている。

(3)　通電時間制御は，エンジン回転速度が<u>高く</u>なるに連れて，トランジスタがONする時期(一次電流が流れ始めるとき)を早めている。

(4)　エンジン始動後のアイドリング時の基本進角は，<u>クランク角度信号(回転信号)</u>により，あらかじめ設定された点火時期に制御されている。

通常走行時の基本進角は，エンジン回転速度信号及びインテーク・マニホールド圧力信号又は吸入空気量信号により，あらかじめ設定された点火時期に制御されている。

問題

【No.13】　直巻式スタータの出力特性に関する次の文章の (イ) から (ハ) に当てはまるものとして，下の組み合わせのうち，**適切なもの**はどれか。

スタータにより，エンジンが回り始めて回転抵抗が減少すると，スタータの駆動トルクの方が (イ) ので回転速度は上昇するが，逆向きの誘導起電力が (ロ) ので，アーマチュアに流れる電流が (ハ) し，エンジンは一定の回転速度で駆動される。

	(イ)	(ロ)	(ハ)
(1)	大きい	増える	減　少
(2)	大きい	減　る	増　加
(3)	小さい	増える	増　加
(4)	小さい	減　る	減　少

【解説】

答え　(1)

スタータにより，エンジンが回り始めて回転抵抗が減少すると，スタータの駆動トルクの方が(**大きい**)ので回転速度は上昇するが，逆向きの誘導起電力が(**増える**)ので，アーマチュアに流れる電流が(**減少**)し，エンジンは一定の回転速度で駆動される。

スタータの出力特性は，参考図のように起動時の回転速度及び出力がゼロのときに，最大電流が流れ，最大の駆動トルクを発生する。この駆動トルクは電流値に比例するため，回転速度が上昇してアーマチュアに流れる

電流が減少すれば，駆動トルクも減少してしまう。しかし，このような特性をもつ直巻式スタータは，エンジンのように始動時に回転抵抗が最大で，回り始めると急激に減少するものの始動には適していると言える。

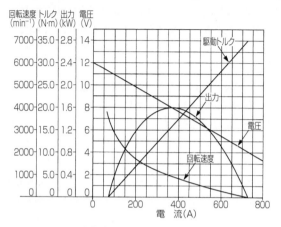

直巻式スタータの出力特性

問題

【No.14】 バッテリに関する記述として，**不適切なもの**は次のうちどれか。

(1) 電気自動車やハイブリッド・カーに用いられているニッケル水素バッテリは，電極板にニッケルの多孔質金属材料や水素吸蔵合金などが用いられている。

(2) カルシウム・バッテリは，低コストが利点であるがメンテナンス・フリー(MF)特性はハイブリッド・バッテリに比べて悪い。

(3) ハイブリッド・バッテリは，正極にアンチモン(Sb)鉛合金，負極にカルシウム(Ca)鉛合金を使用している。

(4) アイドリング・ストップ車両用のカルシウム・バッテリは，深い充・放電の繰り返しへの耐久性を向上させている。

【解説】

答え (2)

カルシウム・バッテリは，ハイブリッド・バッテリと比べてメンテナンス・フリー特性に優れている。正極・負極の両方の電極にカルシウム鉛合

金を使用しており，自己放電及び電解液の蒸発が少なく長寿命になる。

問題

【No.15】　NOxの低減策に関する記述として，**適切なもの**は次のうちどれか。

(1) エンジンの運転状況に対応する空燃比制御及び点火時期制御を的確に行うことで，最高燃焼ガス温度を上げる。

(2) 燃焼室の形状を改良し，燃焼時間を長くすることにより最高燃焼ガス温度を低くする。

(3) 空燃比制御により，理論空燃比付近の狭い領域に空燃比を制御し，理論空燃比領域で有効に作用する三元触媒を使って排気ガス中のNOxを還元する。

(4) EGR(排気ガス再循環)装置や可変バルブ機構を使って，不活性な排気ガスを一定量だけ吸気側に導入し最高燃焼ガス温度を上げる。

【解説】

答え　(3)

NOxの低減策における空燃比制御の説明は，問題文の通り。

他の問題文を訂正すると以下のようになる。

(1) エンジンの運転状況に対応する空燃比制御及び点火時期制御を的確に行うことで，最高燃焼ガス温度を下げる。

(2) 燃焼室の形状を改良し，混合気に渦流などを与えて燃焼速度を速め，燃焼時間を短くすることにより最高燃焼ガス温度を低くする。

(4) EGR (排気ガス再循環) 装置や可変バルブ機構を使って，不活性な排気ガスを一定量だけ吸気側に導入し最高燃焼ガス温度を下げる。

問題

【No.16】　サスペンションのスプリングに関する記述として，**適切なもの**は次のうちどれか。

(1) 軽荷重のときの金属スプリングは，最大積載荷重のときに比べて固有振動数が小さくなる。

(2) エア・スプリングのばね定数は，荷重が大きくなるとレベリング・バルブの作用により小さくなる。

(3) 金属スプリングは，最大積載荷重に耐えるように設計されているため，軽荷重のときはばねが硬すぎるので乗り心地が悪い。

(4) エア・スプリングは，金属スプリングと比較して，荷重の変化に対してばね定数が自動的に変化するので，固有振動数は比例して大きくなる。

【解説】

答え　(3)

金属スプリングは，参考図のように，荷重が変化してもばね定数（ばねの硬さ）は一定であるため，最大積載荷重に耐えるようにばね定数が設定されている。よって，軽荷重のときは，ばねが硬すぎて固有振動数が大きくなるため，乗り心地が悪い。

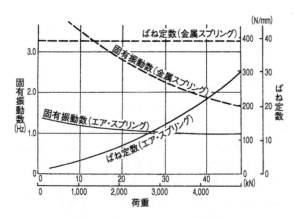

金属ばねとエア・スプリングの比較

他の問題文を訂正すると以下のようになる。

(1) 軽荷重のときの金属スプリングは，最大積載荷重のときに比べて固有振動数が<u>高くなる</u>。

(2) エア・スプリングのばね定数は，荷重が大きくなるとレベリング・バルブなどの作用により<u>大きくなる</u>。

(4) エア・スプリングは，金属スプリングと比較して，荷重の変化に対してばね定数が自動的に変化するので，固有振動数を<u>ほぼ一定に保つことができる</u>。

問題

【No.17】　電動式パワー・ステアリングに関する記述として，**適切なもの**は次のうちどれか。

(1) コイルを用いたリング式のトルク・センサでは，インプット・シャフトは磁性体でできており，突起状になっている。

(2) トルク・センサにより，ステアリング・ホイールの操舵力のみを検出している。

(3) ラック・アシスト式では，ステアリング・ギヤのピニオン部にトルク・センサ及びモータが取り付けられている。

(4) ホールICを用いたトルク・センサは，インプット・シャフトに多極マグネットを配置し，アウトプット・シャフトにはヨークが配置されている。

【解説】

答え（4）

ホールICを用いたトルク・センサは，参考図のように，ステアリング・ホイール側となるインプット・シャフトに多極マグネットが，ステアリング・ギヤ側となるアウトプット・シャフトにはヨークが配置されている。操舵によってトーション・バーがねじれると，多極マグネットとヨーク歯部の相対位置が変化するため，ホールICを通過する磁束密度と磁束の向きが変化する。これを電圧信号に変換することで操舵力と操舵方向を検出している。

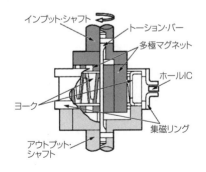

ホールIC式トルク・センサ

他の問題文を訂正すると以下のようになる。

(1) コイルを用いた<u>スリーブ式</u>のトルク・センサでは，インプット・シャフトは磁性体でできており，突起状になっている。

(2) トルク・センサにより，ステアリング・ホイールの<u>操舵力と操舵方向</u>を検出している。

(3) ラック・アシスト式では，ステアリング・ギヤのピニオン部にトルク・センサが取付けられ，<u>ラック部に補助動力を与えるモータが取り付けられている。</u>

【問題】

【No.18】 図に示すタイヤの段差摩耗の主な原因として，**不適切なもの**は次のうちどれか。

(1) ホイール・ベアリングのがた
(2) 左右フロント・ホイールの切れ角の不良
(3) 空気圧の過大
(4) ホイール・バランスの不良

【解説】

答え (3)

タイヤ(トレッド・パターンがブロック型)が段差摩耗する場合は，ホイール・ベアリングのがた，トーイン不良，キャスタ不良，ホイール・バランスの不良，及び左右フロント・ホイールの切れ角の不良などが考えられる。

(3)のエア圧の過大は，参考図の中央摩耗の原因として考えられる。

中央摩耗

問題

【No.19】　差動制限型ディファレンシャルに関する次の文章の（　）に当てはまるものとして，**適切なもの**はどれか。

　回転速度差感応式に用いられているビスカス・カップリング（粘性式クラッチ）は，インナ・プレートとアウタ・プレートの回転速度差が（　）ビスカス・トルク（差動制限力）が発生する。

(1)　なくなったときに大きな
(2)　大きいほど大きな
(3)　小さいほど大きな
(4)　大きいほど小さな

【解説】

　答え　(2)

　回転速度差感応式に用いられているビスカス・カップリング（粘性式クラッチ）は，インナ・プレートとアウタ・プレートの回転速度差が（**大きいほど大きな**）ビスカス・トルク（差動制限力）が発生する。

　ビスカス・カップリングでの差動制限力の発生は，インナ・プレートとアウタ・プレート間に介在する高粘度シリコン・オイルに抵抗が生じることを利用している。

　この抵抗力は，参考図のように回転速度差に応じて増減する特性があり，プレート間の回転速度差が大きいほど，大きな抵抗力（ビスカス・トルク）が発生する。つまり，左右輪の回転速度差が大きくなった場合にこの抵抗力が差動制限力となる。

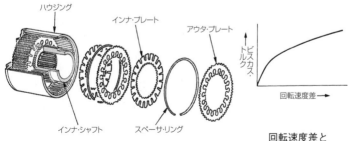

ビスカス・カップリング

回転速度差と
ビスカス・トルクの関係

問題

【No.20】 電子制御式ABSに関する記述として，**不適切なもの**は次のうちどれか。

(1) ABSは，制動力とコーナリング・フォースの両方を確保するため，タイヤのスリップ率を20％前後に収めるように制動力を制御する装置である。

(2) ECUは，センサの信号系統，アクチュエータの作動信号系統及びECU自体に異常が発生した場合に，ABSウォーニング・ランプを点灯させ運転者に異常を知らせる。

(3) 車輪速センサの車輪速度検出用ロータは，各ドライブ・シャフトなどに取り付けられており，車輪と同じ速度で回転している。

(4) ECUは，各車輪速センサ，スイッチなどからの信号により，路面の状況などに応じて，マスタ・シリンダに作動信号を出力する。

【解説】

答え（4）

ECUは，各車輪速センサ，スイッチなどからの信号により，路面の状況などに応じて，ハイドロリック・ユニットに作動信号を出力する。

ハイドロリック・ユニットは，ECUからの制御信号により各ブレーキの液圧を制御するもので，ポンプ・モータ，ポンプ，ソレノイド・バルブ，リザーバなどが一体となっている。

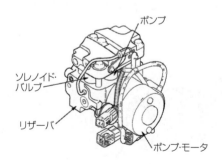

ハイドロリック・ユニット

問題

【No.21】　図に示すホイール・アライメ
　ントに関する次の文章の（イ）と（ロ）
　に当てはまるものとして，下の組み
　合わせのうち，**適切なもの**はどれか。

　　フロント・ホイールを横方向から
　見たAを（イ）といい，Bの（ロ）
　は，直進復元力を向上させ，ホイー
　ルの動きを不安定にする力を抑える
　作用がある。

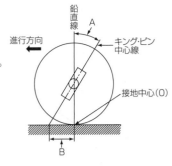

	（イ）	（ロ）
(1)	マイナス・キャスタ	プラス・キャスタ・トレール
(2)	プラス・キャスタ	プラス・キャスタ・トレール
(3)	プラス・キャスタ	マイナス・キャスタ・トレール
(4)	マイナス・キャスタ	マイナス・キャスタ・トレール

【解説】

　答え（2）

　フロント・ホイールを横方向から見たAを（**プラス・キャスタ**）といい，
Bの（**プラス・キャスタ・トレール**）は，直進復元力とホイールの動きを不
安定にする力を抑える作用がある。

　フロント・ホイールを横から見ると，キング・ピンは参考図のように鉛
直線に対して前後どちらかに傾いている。この傾斜をキャスタという。問
題図では，進行方向に対して後方に傾斜しているのでプラス・キャスタで
あることが分かる。

　キング・ピン中心線の延長線が路面と交差する点をキャスタ点といい，
タイヤの接地中心との距離をキャスタ・トレールというが，問題図では，
キャスタ点が接地面の前方に位置するため，プラス・キャスタ・トレール
であることが分かる。

　なお，タイヤの転舵中心となるキャスタ点がタイヤ接地中心の前方にあ
ると，走行時に接地中心は転がり抵抗によって後方に引かれるため，タイ
ヤが転舵した方向から直進方向に向き直ろうとする力が発生する。

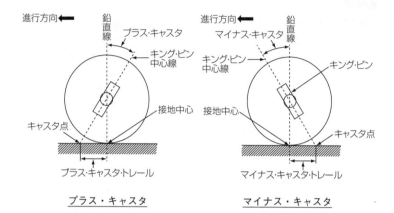

進行方向 ←
鉛直線
プラス・キャスタ
キング・ピン中心線
接地中心
キャスタ点
プラス・キャスタ・トレール
プラス・キャスタ

進行方向 ←
マイナス・キャスタ
鉛直線
キング・ピン中心線
キング・ピン
接地中心
キャスタ点
マイナス・キャスタ・トレール
マイナス・キャスタ

【問題】

【No.22】 前進4段のロックアップ機構付き電子制御式ATの構成部品に関する記述として，**適切なもの**は次のうちどれか。

(1) ハイ・クラッチは，2種類のプレート(ドライブ・プレートとドリブン・プレート)が数枚交互に組み付けられており，ピストンに油圧が作用すると両プレートが密着するようになっている。

(2) バンド・ブレーキ機構は，リバース・クラッチ・ドラムを介してフロント・インターナル・ギヤを固定する。

(3) スプラグ式のワンウェイ・クラッチは，インナ・レースとアウタ・レースとの間に設けたローラの働きによって，一定の回転方向にだけ動力が伝えられる。

(4) バンド・ブレーキ機構は，ブレーキ・バンド，ディッシュ・プレートなどで構成されている。

【解説】

答え (1)

ハイ・クラッチは，2種類のプレート(ドライブ・プレートとドリブン・プレート)が数枚交互に組み付けられており，ピストンに油圧が作用すると両プレートが密着するようになっている。

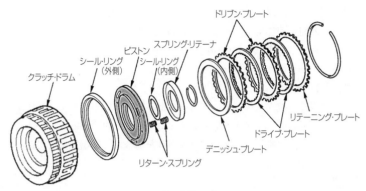

ドリブン・プレート

スプリング・リテーナ

ピストン
シール・リング
(外側)
シール・リング
(内側)

クラッチ・ドラム

リターン・スプリング

リテーニング・プレート

ドライブ・プレート

デニッシュ・プレート

ハイ・クラッチ

他の問題文を訂正すると以下のようになる。

(2) バンド・ブレーキ機構は，リバース・クラッチ・ドラムを介して<u>フロント・サン・ギヤ</u>を固定するものである。

(3) スプラグ式のワンウェイ・クラッチは，インナ・レースとアウタ・レースとの間に設けた<u>スプラグ</u>の働きによって，一定の回転方向にだけ動力が伝えられる。 問題文の "ローラ" を用いたものは，ローラ式のワンウェイ・クラッチという。

(4) バンド・ブレーキ機構は，<u>ブレーキ・バンドやサーボ・ピストンなどで構成されている</u>。

問題

【No.23】 CAN通信システムに関する記述として，**不適切なもの**は次のうちどれか。

(1) 一端の終端抵抗が断線していても通信はそのまま継続され，耐ノイズ性にも影響はないが，ダイアグノーシス・コードが出力されることがある。

(2) バス・オフ状態とは，エラーを検知し，リカバリしてもエラーが解消しない場合に通信を停止している状態をいう。

(3) CAN通信は，一つのECUが複数のデータ・フレームを送信したり，バス・ライン上のデータを必要とする複数のECUが同時にデータ・フレームを受信することができる。

(4) 複数のECUが同時に送信を始めてしまった場合には，データ・フレーム同士が衝突してしまうため，各ECUは，アイデンティファイヤ・フィールドにより優先度が高いデータ・フレームを優先して送信する。

【解説】

答え　(1)

一端の終端抵抗が損傷していても通信は継続されるが，<u>耐ノイズ性が低下する</u>。このとき，ダイアグノーシス・コードが出力されることがある。

点検の結果，終端抵抗の破損が発見された場合は，終端抵抗を内蔵しているECUを交換することとなる。

問題

【No.24】　ブレーキ装置に関する記述として，**適切なもの**は次のうちどれか。

(1) 制動距離とは，空走距離と停止距離を合わせたものをいう。

(2) ドラム・ブレーキは，ディスク・ブレーキに比べて放熱効果がよいので，フェードしにくい。

(3) ブレーキ液の沸点は，ブレーキ液に含まれる水分の星に大きく左右され水分が多いほど上昇する。

(4) ブレーキは，自動車の運動エネルギを熱エネルギに変えて制動する装置である。

【解説】

答え　(4)

ブレーキは，自動車の運動エネルギを熱エネルギに変えて制動する装置である。

走行中の自動車の運動エネルギは，減速および停止をする際に，摩擦ブレーキ，エキゾースト・ブレーキ，電磁式リターダなどの装置により，熱エネルギに変化されて放散される。

他の問題文を訂正すると以下のようになる。

(1) <u>停止距離</u>とは，空走距離と制動距離を合わせたものをいう。

(2) <u>ディスク・ブレーキ</u>は，<u>ドラム・ブレーキ</u>に比べて放熱効果がよいので，フェードしにくい。

(3) ブレーキ液の沸点は，ブレーキ液に含まれる水分の量に大きく左右され，水分量が多いほど<u>低下</u>する。

問題

【No.25】　トルク・コンバータに関する記述として，**適切なもの**は次のうちどれか。

(1) 速度比は，タービン軸の回転速度にポンプ軸の回転速度を乗じて求めることができる。

(2) 速度比がゼロのときの伝達効率は100％である。

(3) ステータが空転し始める点をクラッチ・ポイントという。

(4) カップリング・レンジにおけるトルク比は，2.0〜2.5である。

【解説】

答え　(3)

ステータが空転し始める点をクラッチ・ポイントという。

ステータは，タービン・ランナから流出するオイルの向きを変え，ポンプ・インペラの回転と助ける方向に運び，トルクの増大を図るものである。

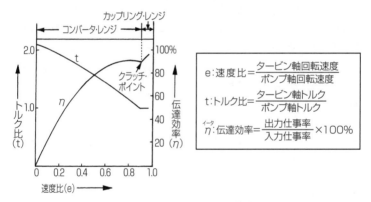

トルク・コンバータの性能曲線

参考図として，トルク・コンバータの性能曲線を示す。

速度比が大きくなるに連れて伝達効率も上昇していくが，タービン側の回転速度が速くなってくると，タービンから流出するオイルの流れが徐々に変化するため，ステータによるトルク増大作用の効果が下がり，伝達効率の上昇も頭打ちとなる。

ステータの羽根の裏側にオイルが当たるようになると，ワンウェイ・ク

ラッチの働きによりステータが空転を始める。このステータが空転を始める点をクラッチ・ポイントといい，これ以降，トルク増大作用はなくなる。

　図を参考に，他の問題文を訂正すると以下のようになる。

(1) 速度比は，タービン軸の回転速度にポンプ軸の回転速度を除して求めることができる。

(2) 速度比がゼロのときの伝達効率は 0 ％である。

(4) カップリンク・レンジにおけるトルク比は，1 である。

〔問題〕

【No.26】　CVT(スチール・ベルトを用いたベルト式無段変速機)に関する記述として，**適切なもの**は次のうちどれか。

(1) プライマリ・プーリに掛かる作動軸圧が低くなると，プライマリ・プーリの溝幅は広くなる。

(2) Lレンジ時は，変速領域をプーリ比の最High付近にのみ制限することで，強力な駆動力及びエンジン・ブレーキを確保する。

(3) プライマリ・プーリに掛かる作動軸圧が高くなると，プライマリ・プーリに掛かるスチール・ベルトの接触半径は小さくなる。

(4) スチール・ベルトは，エレメントの伸張作用(エレメントの引っ張り)によって動力が伝達される。

【解説】

　答え (1)

　プライマリ・プーリに掛かる作動油圧が低くなると，プライマリ・プーリの溝幅は広くなる。

　プーリは，参考図のようにシャフト(固定シーブ)とプライマリ・ピストン背面に持つ可動シーブから構成され，このシーブ傾斜面間の距離を "溝幅" と呼んでいる。

　プライマリ・プーリに掛かる作動油圧が高くなると，可動シーブはプライマリ・ピストンによって押し出されシャフト(固定シーブ)側に近づく，これにより，プーリ溝幅が狭くなり，エレメントの接触位置がプーリ傾斜面の外周側に移動する。逆に，プライマリ・プーリに掛かる作動油圧が低くなれば，プライマリ・プーリの溝幅は広くなる。

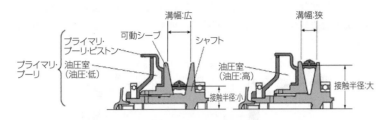

プライマル・プーリの作動

他の問題文を訂正すると以下のようになる。

(2) Lレンジ時は,変速領域をプーリ比の最Low付近にのみ制限することで,強力な駆動力及びエンジン・ブレーキを確保する。

(3) プライマリ・プーリに掛かる作動油圧が高くなると,プライマリ・プーリに掛かるスチール・ベルトの接触半径は大きくなる(参考図)

(4) スチール・ベルトは,エレメントの圧縮作用(エレメントの押し出し)によって動力が伝達される。

問題

【No.27】 ホイール及びタイヤに関する記述として,**不適切なもの**は次のうちどれか。

(1) マグネシウム・ホイールは,アルミ・ホイールに比べて更に軽量,かつ,寸法安定性に優れているため,軽量,高強度を要する用途に限定して用いられる。

(2) タイヤの走行音のうちスキール音は,タイヤのトレッド部が路面に対してスリップして局部的に振動を起こすことによって発生する。

(3) タイヤの偏平率を小さくすると,タイヤの横剛性が高くなり車両の旋回性能が向上する。

(4) アルミ・ホイールの2ピース構造は,絞り又はプレス加工したインナ・リムとアウタ・リムに,鋳造又は鍛造されたディスクをボルト・ナットで締め付け,更に溶接したものである。

【解説】

答え (4)

(4) の文は, 3ピース構造の内容である。

2ピース構造は，参考図に示すように，絞り又はプレス加工したリムに，鋳造又は鍛造されたディスクを溶接又はボルト・ナットで一体にしたものである。

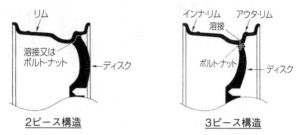

2ピース構造　　　　　　　　　**3ピース構造**

【問題】

【No.28】 ボデー及びフレームに関する記述として，**適切なもの**は次のうちどれか。

(1) トラックに用いられるフレームは，トラックの全長にわたって貫通した左右2本のクロス・メンバが平行に配列されている。

(2) モノコック・ボデーは，1箇所に力が集中すると比較的簡単にひびが入ったり，割れてしまう弱点がある。

(3) モノコック・ボデーが衝撃により破損した場合，構造が簡単なため修理が容易である。

(4) モノコック・ボデーは，ボデー自体がフレームの役目を担うため，質量を小さくすることができない。

【解説】

答え (2)

モノコック・ボデーは，ボデー自体がフレームの役目を担う構造で，薄鋼板を使用しスポット溶接を多用して組み上げられているため，1箇所に力が集中すると比較的簡単にひびが入ったり，割れてしまう弱点がある。そこで，力が掛かる部位には補強が必要となる。

他の問題文を訂正すると以下のようになる。

(1) トラックに用いられるフレームは，トラックの全長にわたって貫通した左右2本の<u>サイド・メンバ</u>が平行に配列されている。

(3) モノコック・ボデーが衝撃により破損した場合，<u>構造が複雑なため</u>

に修理が難しい。

(4) モノコック・ボデーは，ボデー自体がフレームの役目を担っている
ため，質量を小さくすることができる。

問題

【No.29】 エアコンに関する記述として，**適切なもの**は次のうちどれか。

(1) 両斜板式コンプレッサは，シャフトが回転すると，斜板によってピ
ストンが円運動を行う。

(2) レシーバは，エバポレータ内における冷媒の気化状態に応じて噴射
する冷媒の量を調節する。

(3) サブクール式のコンデンサは，レシーバ部でガス状冷媒と液状冷媒
に分離して，液状冷媒をサブクール部に送り，更に冷却することで冷
房性能の向上を図っている。

(4) エキスパンション・バルブは，レシーバを通ってきた低温・低圧の
液状冷媒を，細孔から噴射させることにより，急激に膨張させて，高
温・高圧の霧状の冷媒にする。

【解説】

答え (3)

サブクール式コンデンサは，参考図のように，コンデンサ部(凝縮部)，
レシーバ部(気液分離器)，サブクール部(過冷却部)で構成されている。

冷媒は，コンデンサ部で一部が液化された後に，レシーバ部でガス状冷
媒と液状冷媒に分離され，液状冷媒がサブクール部に送られる。サブクー
ル部で液状冷媒を更に冷却することで冷房性能の向上を図っている。

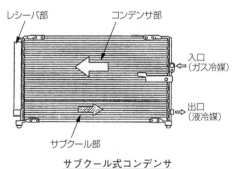

サブクール式コンデンサ

他の問題文を訂正すると以下のようになる。

(1) 両斜板式コンプレッサは、シャフトが回転すると，斜板によってピストンが<u>往復運動</u>を行う。

(2) <u>エキスパンション・バルブ</u>は、エバポレータ内における冷媒の気化状態に応じて噴射する冷媒の量を調節する。

(4) エキスパンション・バルブは，レシーバを通ってきた高温・高圧の液状冷媒を，細孔から噴射させることにより，急激に膨張させて，<u>低温・低圧</u>の霧状の冷媒にする。

【問題】

【No.30】 SRSエアバッグの整備作業の注意点に関する記述として，**適切なもの**は次のうちどれか。

(1) 脱着作業は，バッテリのマイナス・ターミナルを外したあと，規定時間放置してから行う。

(2) エアバッグ・アセンブリの点検をするときは，誤作動するおそれがあるので，抵抗測定は短時間で行う。

(3) エアバッグ・アセンブリを分解するときは，静電気による誤作動防止のため，車両の外板に素手で触れるなどして，静電気を除去する。

(4) エアバッグ・アセンブリは，必ず，平坦なものの上にパッド面を下に向けて保管しておくこと。

【解説】

答え（1）

SRSエアバッグの脱着作業は，バッテリのマイナス・ターミナルを外したあと，規定時間放置してから行う。

これは，ECU内に衝突時の電源故障に備える電源供給回路があり，そこに蓄えられた電荷が放電されるのを待つためである。

他の問題文を訂正すると以下のようになる。

(2) エアバッグ・アセンブリの点検をするときは，誤作動する恐れがあるので，<u>抵抗測定は絶対に行わないこと</u>。

(3) エアバッグ・アセンブリの<u>分解は絶対に行わないこと</u>。

(4) エアバッグ・アセンブリは，必ず，平坦なものの上に<u>パッド面を上</u>に向けて保管しておくこと。パッド面を下に向けて保管すると，

　万一，エアバッグ・アセンブリが展開した場合に，飛び上がって危険である。

問題

【No.31】　ボデーやフレームなどに用いられる塗料の成分のうち，溶剤に関する記述として，**適切なもの**は次のうちどれか。

(1) 塗装の仕上がりなどの作業性や塗料の安定性を向上させる。

(2) 塗膜に着色などを与える。

(3) 顔料と顔料をつなぎ，塗膜に光沢や硬さなどを与える。

(4) 顔料と樹脂の混合を容易にする働きをする。

【解説】

　答え（4）

「溶剤」は，顔料と樹脂の混合を容易にする働きをするものである。

　(1) は「添加剤」を，(2) は「顔料」，(3) は「樹脂」を表す記述である。

問題

【No.32】　エンジン・オイルの添加剤のうち，粘度指数向上剤に関する記述として，**適切なもの**は次のうちどれか。

(1) 温度変化に対しても適正な粘度を保って潤滑を完全にし，寒冷時のエンジンの始動性も良好にする添加剤である。

(2) 燃焼生成物及びオイルの劣化物のために，シリンダ壁面やその他の摩擦部の腐食を防止するための添加剤である。

(3) エンジン・オイルが冷却された際，オイルに含まれるろう（ワックス）分が結晶化しようとするのを抑えるための添加剤である。

(4) オイルの金属表面に対するなじみを良くし，強固な油膜を張らせる添加剤である。

【解説】

　答え（1）

「粘度指数向上剤」の記述は，(1) の通り。

　(2) は「腐食防止剤」，(3) は「流動点降下剤」，(4) は「油性向上剤」の記述である。

問題

【No.33】 次の諸元の自動車がトランスミッションのギヤを第3速にして，エンジンの回転速度2,000min⁻¹，エンジン軸トルク160N・mで走行しているとき，駆動輪の駆動力として，**適切なもの**は次のうちどれか。ただし，伝達による機械損失及びタイヤのスリップはないものとする。

(1) 216N

(2) 1,080N

(3) 2,160N

(4) 3,456N

第3速の変速比	：1.2
ファイナル・ギヤの減速比	：4.5
駆動輪の有効半径	：40cm

【解説】

答え（3）

エンジン軸トルクと動力伝達機構の減速比から，駆動輪における駆動トルクT（N・m）を求めると

$$T（N・m）＝160（N・m）×1.2×4.5$$

となる。

駆動輪の駆動力F（N），駆動トルクT（N・m），駆動輪の有効半径r（m）の関係は以下の式で表される。

$$F（N）＝\frac{T（N・m）}{r（m）}$$ これに，数値を代入すると

$$F（N）＝\frac{160（N・m）×1.2×4.5}{0.4（m）}$$

$$＝2160N$$

問題

【No.34】 自動車の材料に用いられる鉄鋼に関する記述として，**適切なもの**は次のうちどれか。

(1) 合金鋳鉄は，炭素鋼にクロム，モリブデン，ニッケルなどの金属を一種類又は数種類加えて強度や耐摩耗性などを向上させたものである。

(2) 球状黒鉛鋳鉄は，普通鋳鉄に含まれる黒鉛を球状化させるためにマグネシウムなどの金属を少量加えて強度や耐摩耗性などを向上させたものである。

(3) 普通鋳鉄は，熱間圧延鋼板を更に常温で圧延し薄板にしたものである。

(4) 普通鋼(炭素鋼)は，軟鋼と硬鋼に分類され，硬鋼は軟鋼より炭素を
　含む量が少ない。

【解説】

答え　(2)

球状黒鉛鋳鉄の説明は，(2) の記述の通り。

他の問題文を訂正すると以下のようになる。

(1) 合金鋳鉄は，<u>普通鋳鉄にクロム，モリブデン，ニッケルなどの金属</u>
　を一種類又は数種類加えて強度や耐摩耗性などを向上させたものであ
　る。

(3) <u>冷間圧延鋼板</u>は，熱間圧延鋼板を更に<u>常温で圧延し薄板</u>にしたもの
　である。

　　「普通鋳鉄」とは，比較的，炭素含有量の多い鉄材料の呼称で，低
　い温度で溶け流動性が優れているので，鋳物を造るのに適している。
　この鋳物を破断すると，断面が灰色であるため「ねずみ鋳鉄」とも言
　われる。

(4) 普通鋼(炭素鋼)は，軟鋼と硬鋼に分類され，硬鋼は軟鋼より炭素を
　含む量が<u>多い</u>。

[問題]

【No.35】　図に示すバルブ機構において，バルブを全開にしたときに，バル
　ブ・スプリングのばね力(荷重)が300 N(F_2)とすると，そのときのカム
　の頂点に掛かる力(F_1)として，**適切なもの**は次のうちどれか。

(1) 214 N
(2) 360 N
(3) 420 N
(4) 600 N

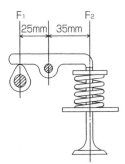

【解説】

答え（3）

バルブ・スプリングのばね力 F_2，カムの頂部に掛かる力 F_1 は，ロッカ・アームの支点からの距離の関係で次式が成り立つ。

$F_1(N) \times 25mm = F_2(N) \times 35mm$

これに，バルブ・スプリングのばね力300Nを代入し，カムの頂部に掛かる力 F_1 を求めると

$F_1(N) \times 25mm = 300N \times 35mm$

$$F_1(N) = \frac{300N \times 35mm}{25mm}$$

$$= 430N$$

となる。

問題

【No.36】「道路運送車両の保安基準」及び「道路運送車両の保安基準の細目を定める告示」に照らし，次の文章の（イ）と（ロ）に当てはまるものとして，下の組み合わせのうち，**適切なもの**はどれか。

　制動灯は，昼間にその後方（イ）の距離から点灯を確認できるものであり，かつ，その照射光線は，他の交通を妨げないものであること。また，制動灯の灯光の色は，（ロ）であること。

　　　（イ）　　　　　　（ロ）

(1) 100m　　　赤　色

(2) 300m　　　赤　色

(3) 300m　　　橙色又は黄色

(4) 100m　　　橙色又は黄色

【解説】

答え（1）

　制動灯は，昼間にその後方（**100m**）の距離から点灯を確認できるものであり，かつ，その照射光線は，他の交通を妨げないものであること。また，制動灯の灯光の色は，（**赤色**）であること。（保安基準第39条　告示212条）

問題

【No.37】「道路運送車両法」に照らし，自動車の種別として，**適切なもの**は次のうちどれか。

(1) 大型自動車，普通自動車，小型自動車，軽自動車，大型特殊自動車及び小型特殊自動車

(2) 大型自動車，小型自動車，大型特殊自動車及び小型特殊自動車

(3) 大型自動車，小型自動車，軽自動車，大型特殊自動車及び小型特殊自動車

(4) 普通自動車，小型自動車，軽自動車，大型特殊自動車及び小型特殊自動車

【解説】

答え（4）

この法律に規定する普通自動車，小型自動車，軽自動車，大型特殊自動車及び小型特殊自動車の別は，自動車の大きさ及び構造並びに原動機の種類及び総排気量又は定格出力を基準として国土交通省令で定める。（道路運送車両法3条）

問題

【No.38】「自動車点検基準」の「自家用乗用自動車等の日常点検基準」に照らし，日常点検の点検内容として，**不適切なもの**は次のうちどれか。

(1) 原動機の低速及び加速の状態が適当であること。

(2) ショック・アブソーバの油漏れ及び損傷がないこと。

(3) ブレーキ・ペダルの踏みしろが適当で，ブレーキの効きが十分であること。

(4) タイヤの亀裂及び損傷がないこと。

【解説】

答え（2）

「ショック・アブソーバの油漏れ及び損傷」は，自家用乗用自動車の定期点検基準における2年ごとに行う点検項目である。

問題

【No.39】「道路運送車両の保安基準」及び「道路運送車両の保安基準の細目を定める告示」に照らし、長さ4.20m、幅1.69m、乗車定員5人の小型四輪自動車の後退灯の基準に関する記述として、**不適切なもの**は次のうちどれか。

(1) 後退灯は、その照明部の上縁の高さが地上1.2m以下、下縁の高さが0.25m以上となるように取り付けられなければならない。

(2) 後退灯の灯光の色は、白色であること。

(3) 後退灯は、昼間にその後方200mの距離から点灯を確認できるものであり、かつ、その照射光線は、他の交通を妨げないものであること。

(4) 後退灯の数は、1個又は2個であること。

【解説】

答え（3）

後退灯は、昼間にその後方100mの距離から点灯を確認できるものであり、かつ、その照射光線は、他の交通を妨げないものであること。

問題

【No.40】「道路運送車両の保安基準」及び「道路運送車両の保安基準の細目を定める告示」に照らし、次の文章の（　）に当てはまるものとして、**適切なもの**はどれか。

番号灯は、夜間後方（　）の距離から自動車登録番号標、臨時運行許可番号標、回送運行許可番号標又は車両番号標の数字等の表示を確認できるものであること。

(1) 150m

(2) 100m

(3) 40m

(4) 20m

【解説】

答え（4）

番号灯は、夜間後方（20m）の距離から自動車登録番号標、臨時運行許可番号標、回送運行許可番号標又は車両番号標の数字等を確認できるものであること。（保安基準第36条　告示205条（1））

03・3　試験問題（登録）

問題

【No.1】　コンロッド・ベアリングに関する記述として，**適切なもの**は次の
うちどれか。

(1) コンロッド・ベアリングに要求される性質のうち，ベアリングとク
ランク・ピンに金属接触が起きた場合に，ベアリングが焼き付きにく
い性質を耐疲労性という。

(2) アルミニウム合金メタルは，合金（ケルメット・メタル）を鋼製裏金
に焼結し，その上に鉛とすずの合金又は鉛とインジウムの合金をめっ
きしたものである。

(3) アルミニウム合金メタルで，すずの含有率の高いものは，低いもの
に比べて熱膨張率が大きいのでオイル・クリアランスを大きくしてい
る。

(4) トリメタル（三層メタル）には，アルミニウムに10～20％のすずを加
えた合金を用いている。

【解説】

答え　(3)

アルミニウム合金で，すずの含有量の高いものは耐摩耗性に優れている
が，熱膨張率が大きいので，オイル・クリアランスを大きくとる必要があ
る。

他の問題文を訂正すると以下のようになる。

(1) コンロッド・ベアリングに要求される性質のうち，ベアリングとク
ランク・ピンに金属接触が起きた場合に，ベアリングが焼き付きにく
い性質を非焼き付き性という。

(2) トリメタル（三層メタル）は，合金（ケルメット・メタル）を鋼製裏金
に焼結し，その上に鉛とすずの合金又は鉛とイリジウムの合金をめっ
きしたものである。

(4) アルミニウム合金メタルには，アルミニウムに10～20％のすずを加
えた合金を用いている。

問題

【No.2】 ピストン及びピストン・リングに関する記述として，**適切なもの**は次のうちどれか。

(1) バレル・フェース型のピストン・リングは，しゅう動面がテーパ状になっており，シリンダ壁面と線接触するため，なじみやすく気密性が優れている。

(2) ピストン・スカート部に条こん(すじ)仕上げをし，更に樹脂コーティング又はすずめっきを施しているのは，混合気に渦流を発生させるためである。

(3) ピストン・リングに起こる異常現象のうちスティック現象とは，カーボンやスラッジ(燃焼生成物)が固まってリングが動かなくなることをいう。

(4) アルミニウム合金ピストンのうち，高けい素アルミニウム合金ピストンよりシリコンの含有量が多いものをローエックス・ピストンと呼んでいる。

【解説】

答え (3)

スティック現象とは，カーボンやスラッジ(燃焼生成物)が固まってリングが動かなくなることをいい，その結果，気密性や油かき性能が悪くなり，オイル上がりや出力低下を起こす。

他の問題文を訂正すると以下のようになる。

(1) テーパ・フェース型のピストン・リングは，しゅう動面がテーパ状になっており，シリンダ壁面と線接触するため，なじみやすく気密性が優れている。問題文中の，"バレル・フェース型"は，しゅう動面が円弧状になっており，初期なじみの際の異常摩耗が少ない。

(2) ピストン・スカート部に条こん(すじ)仕上げをし，更に樹脂コーティング又はすずめっきを施しているのは，オイルの保持を高め，初期なじみの向上，ピストンの焼き付き防止，騒音，摩擦などの低減を図るためである。

(4) アルミニウム合金ピストンのうち，高けい素アルミニウム合金ピストンよりシリコンの含有量が少ないものをローエックス・ピストンと

呼んでいる。

問題

【No.3】 シリンダ・ヘッドとピストンで形成されるスキッシュ・エリアに
関する記述として，**適切なもの**は次のうちどれか。

(1) スキッシュ・エリアの厚み（クリアランス）が小さくなるほど，混合
　気の渦流の流速は低くなる。

(2) 吸入混合気に渦流を与えて，燃焼時間を短縮することで最高燃焼ガ
　ス温度の上昇を抑制する。

(3) 斜めスキッシュ・エリアは，斜め形状により吸入通路からの吸気が
　スムーズになることで渦流の発生を防ぐことができる。

(4) 吸入混合気に渦流を与えて，吸入行程における火炎伝播の速度を高
　めている。

【解説】

答え（2）

　スキッシュ・エリアとは，参考図のように，シリンダ・ヘッド底面とピ
ストン頂部との間に形成される間隙部のことをいう。圧縮行程でピストン
が上死点に近づくと，スキッシュ・エリア部の混合気が押し出されて渦流
が発生する。この渦流により火炎伝播速度が高まり燃焼時間が短縮される
ため，最高燃焼ガス温度の上昇が抑制される。

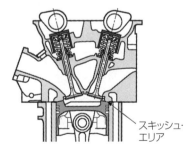 

スキッシュ・
エリア

渦流の発生　　圧縮混合気

スキッシュ・エリア

他の問題文を訂正すると以下のようになる。

(1) スキッシュ・エリアの厚み（クリアランス）が小さいほど，混合気の

渦流の流速は高くなる。

(3) 斜めスキッシュ・エリアは，一般的なスキッシュ・エリアをさらに発展させたもので，斜め形状により吸入通路からの吸気がスムーズになり，強い渦流の発生が得られる。

(4) スキッシュ・エリアによる渦流は，燃焼行程における火炎伝播の速度を高めている。

【問題】

【No.4】 エンジンの性能に関する記述として，**適切なもの**は次のうちどれか。

(1) 図示仕事率とは，実際にエンジンのクランクシャフトから得られる動力である。

(2) 熱損失は，ピストン，ピストン・リング，各ベアリングなどの摩擦損失と，ウォータ・ポンプ，オイル・ポンプ，オルタネータなどの補機駆動の損失からなっている。

(3) 平均有効圧力は，行程容積を1サイクルの仕事量で除したもので，排気量や作動方式の異なるエンジンの性能を比較する場合などに用いられる。

(4) 熱効率のうち理論熱効率とは，理論サイクルにおいて仕事に変えることのできる熱量と，供給する熱量との割合をいう。

【解説】

答え（4）

熱機関において，仕事に変化した熱量と供給した熱量の割合を，熱効率という。熱効率には，その求め方によって，理論熱効率，図示熱効率，正味熱効率があり，理論熱効率は（4）の記述のように，

$$理論熱効率 = \frac{理論サイクルにおいて仕事に変えることのできる熱量}{供給する熱量} \times 100(\%)$$

で表される。

他の問題文を訂正すると以下のようになる。

(1) 正味仕事率とは，実際にエンジンのクランクシャフトから得られる動力である。問題文中の"図示仕事率"とは，作動ガスがピストンに与えた仕事量を熱量に換算したものと，供給した熱量との割合をいう。

(2) 機械損失は，ピストン，ピストン・リング，各ベアリングなどの摩擦損失と，ウォータ・ポンプ，オイル・ポンプ，オルタネータなどの補機駆動の損失からなっている。問題文中の"熱損失"とは，燃焼ガスの熱量が冷却水や冷却空気などによって失われることをいい，冷却損失，排気損失，ふく射損失からなっている。

(3) 平均有効圧力は，1サイクルの仕事を行程容積で除したもので，排気量や作動方式の異なるエンジンの性能を比較する場合などに用いられる。

問題

【No.5】 電子制御式燃料噴射装置のセンサに関する記述として，**不適切なもの**は次のうちどれか。

(1) 空燃比センサの出力は，理論空燃比より小さい（濃い）と低くなり，大きい（薄い）と高くなる。

(2) ジルコニア式O_2センサのジルコニア素子は，高温で内外面の酸素濃度の差がないときに起電力が発生する性質がある。

(3) ホール素子式のアクセル・ポジション・センサは，制御用センサと異常検出用センサの二重系統になっており，ECUは二つの信号の電圧差により異常を検出している。

(4) バキューム・センサの出力電圧は，インテーク・マニホールド圧力が高くなるほど大きくなる（増加する）特性がある。

【解説】

答え（2）

ジルコニア式O_2センサのジルコニア素子は，高温で内外面の酸素濃度差が大きいときに起電力を発生する性質がある。

ジルコニア式O_2センサは，参考図のように，試験管状のジルコニア素子の表面に白金をコーティングした構造で，内面に大気が導入され，外面は排気ガス中にさらされている。

ジルコニア式O_2センサの起電力の出力特性は，参考図のように理論空燃比付近で急変する。ECUは電圧変動の中間付近に比較電圧値を設定し，空燃比の小さい（濃い）と大きい（薄い）を判定している。

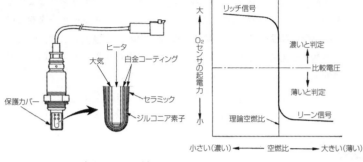

O₂センサ（ジルコニア式）　　　　O₂センサの出力特性

問題

【No.6】　鉛バッテリに関する記述として，**適切なもの**は次のうちどれか。

(1) コールド・クランキング・アンペアの電流値が大きいほど始動性が良いとされている。

(2) バッテリの容量では，電解液温度20℃を標準としている。

(3) バッテリの容量は，放電電流が大きいほど大きくなる。

(4) 電解液は，比重約1.320のものが一番凍結しにくく，その凍結温度は−60℃付近である。

【解説】

答え　(1)

コールド・クランキング・アンペアは電解液温度−18℃で放電し，30秒後の端子電圧が7.2V以上となるように定められた放電電流のことで，この電流値が大きいほど始動性が良いとされる。

他の問題文を訂正すると以下のようになる。

(2) バッテリの容量では，電解液温度25℃を標準としている。問題文中の，20℃は電解液比重の標準温度である。

(3) バッテリの容量は，放電電流が大きいほど小さくなる。バッテリは，放電電流が大きくなるほど電解液の拡散（放電の進行に伴う化学変化）が追い付かなくなり，極板活物質細孔内での硫酸の量が減少して，早く放電終止電圧に達してしまう。したがって，バッテリの容量は，放電電流が大きく（放電率を小さく）するほど小さくなる。

（4）バッテリの電解液は，比重約1.290のときが一番凍結しにくく，その凍結温度は−73℃付近であるが，それより高くても低くても凍結しやすくなる。

問題

【No.7】　点火順序が 1 − 5 − 3 − 6 − 2 − 4 の 4 サイクル直列 6 シリンダ・エンジンに関する次の文章の（イ）と（ロ）に当てはまるものとして，下の組み合わせのうち，**適切なもの**はどれか。

　　第 3 シリンダが圧縮上死点にあり，この位置からクランクシャフトを回転方向に回転させ，第 5 シリンダのバルブをオーバラップの上死点状態にするために必要な回転角度は（イ）である。

　　その状態から更にクランクシャフトを回転方向に240°回転させたとき，圧縮行程途中にあるのは（ロ）である。

	（イ）	（ロ）
（1）	360°	第 2 シリンダ
（2）	240°	第 1 シリンダ
（3）	360°	第 6 シリンダ
（4）	240°	第 5 シリンダ

【解説】

答え（4）

　点火順序が 1 − 5 − 3 − 6 − 2 − 4 の 4 サイクル直列 6 シリンダ・エンジンの場合，クランクシャフトが120°回転方向に回ると，各シリンダが 1 つずつ次の行程へ移動する。

　第 3 シリンダが圧縮上死点の場合，オーバラップは第 4 シリンダ（参考図左）なので，ここから120°ずつ回転方向にクランクシャフトを回すと順に第 1 シリンダ(120°×1)→第 5 シリンダ(120°×2)がオーバラップとなる。（参考図中央）

　この状態から更にクランクシャフトを回転方向に240°回すと，各シリンダの行程は参考図右のようになり，圧縮行程途中にあるのは第 5 シリンダである。

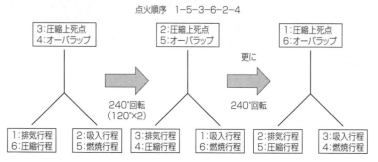

点火順序　1-5-3-6-2-4

各シリンダの行程

【問題】

【No.8】 エンジン・オイルの消費量が多くなる推定原因として，**不適切なものは次のうちどれか。**

(1) 潤滑装置のオイル・パイプの接続の緩み。

(2) エンジン本体のピストン・リングの摩耗。

(3) 附属装置のPCVバルブの不良。

(4) エンジン本体のバルブ・スプリングの衰損。

【解説】

答え　(4)

"エンジン・オイルの消費量が多い"場合の主な原因は，運転条件とエンジン本体の摩耗が考えられ，これにより，オイル漏れやオイル上がり，オイル下がりが発生する。また，ブローバイ・ガス還元装置からオイル・ミストが吸入されることも原因としてあげられる。

"エンジン本体のバルブ・スプリングの衰損"は，バルブとバルブ・シートの密着が悪くなりアイドリング不調やエンジンの出力低下の原因とはなるが，エンジン・オイルの消費量が多くなる原因としては考えられない。

他の問題文を解説すると以下のようになる。

(1) 潤滑装置のオイル・パイプの接続の緩みは，オイル漏れを起こす原因となり，オイル消費量が増加する。

(2) エンジン本体のピストン・リングが摩耗してしまうと，オイル上がりを引き起こし燃焼室にエンジン・オイルが入り込んで燃焼してしまう。

(3) 附属装置のPCVバルブの不良により，インテーク側にオイル・ミストが吸い上げられ，これが燃焼することによりオイルの消費量が増加することがある。

問題

【No.9】　電子制御装置に用いられるスロットル・ポジション・センサに関する記述として，**不適切なもの**は次のうちどれか。

(1) ホール素子に加わる磁束の密度が小さくなると，発生する起電力は大きくなる。

(2) センサ信号は，燃料噴射量，点火時期，アイドル回転速度などの制御に使用している。

(3) スロットル・ボデーのスロットル・バルブと同軸上に取り付けられている。

(4) ホール素子式のスロットル・ポジション・センサは，スロットル・バルブ開度の検出にホール効果を用いて行っている。

【解説】

答え　(1)

ホール効果とは，参考図のようにホール素子に流れている電流に対して，垂直方向に磁束を加えると，電流と磁束の両方に直交する方向に起電力が発生する現象であり，この加える<u>磁束の密度が大きくなると発生する起電力も大きくなる</u>。

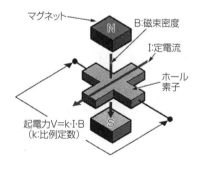

ホール効果

問題

【No.10】 インテーク側に用いられる油圧式の可変バルブ・タイミング機構に関する記述として，**適切なもの**は次のうちどれか。

(1) エンジン停止時には，ロック装置により最進角状態で固定される。

(2) カムの位相は一定のまま，油圧制御によりバルブの作動角を変えてインテーク・バルブの開閉時期を変化させている。

(3) 保持時は，バルブ・タイミング・コントローラの遅角側及び進角側の油圧室の油圧が保持されるため，カムシャフトはそのときの可変位置で保持される。

(4) 進角時は，インテーク・バルブの開く時期が遅くなるので，オーバラップ量が多くなり中速回転時の体積効率が高くなる。

【解説】

答え（3）

油圧式可変バルブ・タイミング機構における "保持時" とは，遅角又は進角の位置を維持するために設けられた状態である。

参考図のように，コントロール・バルブのスプール・バルブが中立位置に移動することで，遅角側及び進角側の油圧室への通路が閉じ，オイル・ポンプからの油圧も遮断されるため各室の油圧は保持される。このためカムシャフトはそのときの可変位置で保持される。

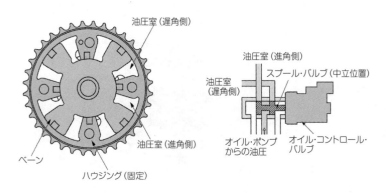

油圧室（遅角側）
油圧室（進角側）
スプール・バルブ（中立位置）
油圧室（遅角側）
油圧室（進角側）
ベーン
ハウジング（固定）
オイル・ポンプからの油圧
オイル・コントロール・バルブ

油圧式可変バルブ・タイミング機構の保持時

他の問題文を訂正すると以下のようになる。

(1) エンジン停止時には，ロック装置により最遅角状態で固定される。

(2) 可変バルブ・タイミング機構は，油圧制御によりバルブの作動角（バルブが開いている時間）は一定のまま，カムの位相を変えてインテーク・バルブの開閉時期を変化させている。

(4) 進角時は，インテーク・バルブの開く時期が早くなるので，オーバラップ量が多くなり中速回転時の体積効率が高くなる。

問題

【No.11】 吸排気装置における過給機に関する記述として，**適切なもの**は次のうちどれか。

(1) ターボ・チャージャは，過給圧が高くなって規定値以上になると，ウエスト・ゲート・バルブが閉じて，排気ガスの一部がタービン・ホイールをバイパスして排気系統へ直接流れる。

(2) スーパ・チャージャの特徴として，駆動機構が機械的なため作動遅れは小さいが，各部のクリアランスからの圧縮漏れや回転速度の増加とともに，駆動損失も増大するなどの効率の低下があげられる。

(3) ルーツ式のスーパ・チャージャには，過給圧が高くなって規定値以上になると，過給圧の一部を排気側へ逃がし，過給圧を規定値に制御するエア・バイパス・バルブが設けられている。

(4) 一般に，ターボ・チャージャに用いられているシャフトの周速は，フル・フローティング・ベアリングの周速の約半分である。

【解説】

答え（2）

一般に用いられる過給機には，排気ガスの圧力を利用するターボ・チャージャとクランクシャフトの回転力を利用するスーパ・チャージャがある。

スーパ・チャージャの特徴として，駆動機構が機械的なため作動遅れは小さいが，各部のクリアランスからの圧縮漏れや回転速度の増加と共に駆動損失も増大するなどの効率の低下があげられる。

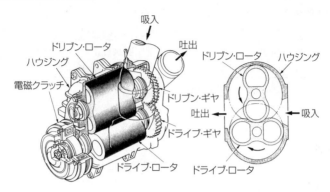

ルーツ式スーパ・チャージャ

他の問題文を訂正すると以下のようになる。

(1) ターボ・チャージャは，過給圧が高くなって規定値以上になると，ウエスト・ゲート・バルブが<u>開いて</u>，排気ガスの一部がタービン・ホイールをバイパスして排気系統へ直接流れる。

(3) ルーツ式のスーパ・チャージャには，過給圧が高くなって規定値以上になると，過給圧の一部を<u>吸気側</u>へ逃がし，過給圧を規定値に制御するエア・バイパス・バルブが設けられている。

(4) 一般に，ターボ・チャージャに用いられているので<u>フル・フローティング・ベアリング</u>の周速は，シャフトの周速の約半分である。

【問題】

【No.12】 オルタネータのステータ・コイルの結線方法について，スター（Y）結線とデルタ（三角）結線を比較したときの記述として，**適切なもの**は次のうちどれか。

(1) スター結線の方が最大出力電流は劣るが，低速特性に優れている。

(2) スター結線の方が結線は複雑である。

(3) スター結線の方が端子間の電圧（線電圧）は低い。

(4) スター結線には中性点がない。

【解説】

答え（1）

スター結線は，デルタ結線に比べると最大出力電流の値が劣る。

　結線方法のみが異なる2つのオルタネータを同じ回転速度で駆動した場合，オルタネータからの出力(W)は理論上同じである。しかし，その時の出力電流と電圧の値に違いが見いだせる。

　スター結線では，出力電流 I ℓ（線電流）とコイルに流れる電流Ip（相電流）との間には以下の関係がある。

$$I\ell = Ip$$

　また，端子間の電圧相Ｖℓ（線電圧）と各コイルの電圧Ｖp（相電圧）の間には，以下の関係がある。

$$V\ell = \sqrt{3}\,Vp$$

　それに対して，デルタ結線の場合は，

$$I\ell = \sqrt{3}\,Ip \quad V\ell = Vp$$

の関係があり，線電流は，相電流の$\sqrt{3}$倍(1.732倍)となることが分かる。

　このことから，同じ回転数での最大出力電流値はデルタ結線の方が大きく，電圧値はスター結線の方が大きいことが分かる。

　ちなみに，スター結線の出力電圧は，低い回転速度でバッテリ電圧を超え，充電電流が流れることから，低速特性に優れていると言える。

　他の問題文を訂正すると以下のようになる。

(2) スター結線の方がステータ・コイルの結線は<u>簡単である</u>。

　　参考図のようにデルタ結線は各コイル両端の3ヶ所の結線が必要であるのに対して，スター結線は中性点1ヵ所の結線で済む。

(3) スター結線の方が端子間の電圧（線電圧）は<u>高い</u>。

(4) スター結線には中性点が<u>ある</u>。3相あるコイルの一端1箇所（N端子，中性点）にまとめている。（参考図参照）

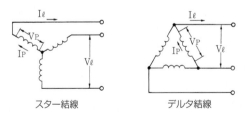

スター結線とデルタ結線

問題

【No.13】 図に示す電気用図記号において，AとBの入力に対する出力Qの組み合わせとして，**不適切なもの**はどれか。

	入力		出力
	A	B	Q
(1)	1	1	0
(2)	1	0	0
(3)	0	1	1
(4)	0	0	1

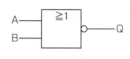

【解説】

答え（3）

NOR回路は，OR回路にNOT回路を接続した回路である。

OR（オア）回路とは，二つの入力のA又は（OR）Bのいずれか一方，又は両方が"1"のとき，出力が"1"となる回路で，NOT回路は，入力が"0"のときの出力が"1"，入力が"1"のときの出力が"0"となる回路であることから二つの入力のA又は（OR）Bのいずれか一方，又は両方が"0"のとき，出力が"1"となる回路になる。

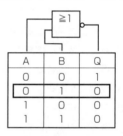

A	B	Q
0	0	1
0	1	0
1	0	0
1	1	0

NOR回路真理値表

問題

【No.14】 スパーク・プラグに関する記述として，**不適切なもの**は次のうちどれか。

(1) 混合気の空燃比が大き過ぎる場合は，着火ミスは発生しないが，逆に小さ過ぎる場合は，燃焼が円滑に行われないため，着火ミスが発生する。

(2) 高熱価型プラグは，低熱価型プラグと比較して，火炎にさらされる部分の表面積及びガス・ポケットの容積が小さい。

(3) 着火ミスは，電極の消炎作用が強過ぎるとき，又は吸入混合気の流速が高過ぎる（速過ぎる）場合に起きやすい。

(4) スパーク・プラグの中心電極を細くすると，飛火性が向上するとともに着火性も向上する。

【解説】

答え（1）

混合気が燃焼するためには,混合気の空燃比が適切であることが必要で,空燃比が大き過ぎても,また逆に小さ過ぎても燃焼は円滑に行われず,着火ミスが発生する。

問題

【No.15】　バッテリに関する記述として,**不適切なもの**は次のうちどれか。

(1) 低アンチモン・バッテリは低コストが利点であるが,メンテナンス・フリー(MF)特性はハイブリッド・バッテリに比べて悪い。

(2) カルシウム・バッテリは,MF特性を向上させるために電極(正極・負極)にカルシウム(Ca)鉛合金を使用している。

(3) 電気自動車やハイブリッド・カーに用いられているニッケル水素バッテリは,電極板にニッケルの多孔質金属材料や水素吸蔵合金などが用いられている。

(4) ハイブリッド・バッテリは,正極にカルシウム鉛合金,負極にアンチモン(Sb)鉛合金を使用している。

【解説】

答え（4）

ハイブリッド・バッテリは,正極にアンチモン(Sb)鉛合金,負極にカルシウム(Ca)鉛合金を使用している。

問題

【No.16】　ATの安全装置に関する記述として,**不適切なもの**は次のうちどれか。

(1) インヒビタ・スイッチは,Pレンジ及びNレンジのみのシフト位置を検出するものである。

(2) シフト・ロック機構は,ブレーキ・ペダルを踏み込んだ状態にしないと,セレクト・レバーをPレンジの位置からほかの位置に操作できないようにしたものである。

(3) キー・インタロック機構は,セレクト・レバーをPレンジの位置にしないと,イグニション(キー)・スイッチがハンドル・ロック位置に戻らないようにしたものである。

(4) R（リバース）位置警報装置は，セレクト・レバーがRレンジの位置
にあるときに，音で運転者に知らせるものである。

【解説】

答え（1）

インヒビタ・スイッチは，<u>各シフト位置（P・Nレンジのみではない）</u>を
検出するものである。

インヒビタ・スイッチは，参考図のようにAT本体に取り付けられてい
る。スイッチを含んだ電気回路は，参考図のように構成がされ，安全装置
として，セレクト・レバーの位置がPレンジ及びNレンジのみでエンジン
の始動を可能とすると共に，Rレンジでのバックアップ・ランプの点灯や
各セレクト位置を示すインジケータの作動をさせるための機能を備えてい
る。

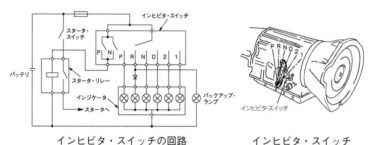

インヒビタ・スイッチの回路　　　**インヒビタ・スイッチ**

問題

【No.17】 前進4段のロックアップ機構付き電子制御式ATのトルク・コン
バータに関する次の文章の（イ）と（ロ）に当てはまるものとして，下
の組み合わせのうち，**適切なもの**はどれか。

速度比がゼロのときのトルク比は（イ）となる。また，（ロ）でのト
ルク比は「1」となる。

　　（イ）　　　　　　　（ロ）
(1) 最　小　　　カップリング・レンジ
(2) 最　小　　　コンバータ・レンジ
(3) 最　大　　　カップリング・レンジ
(4) 最　大　　　コンバータ・レンジ

【解説】

　答え（3）

　速度比がゼロのときのトルク比は（**最大**）となる。また，（**カップリング・レンジ**）でのトルク比は「1」となる。

　参考図としてトルク・コンバータの性能曲線を示す。

　「速度比がゼロのときのトルク比」とは，タービン・ランナ停止状態のトルク比を指し，これをストール・トルク比といい，値は一般に2.0～2.5程度である。また，速度比が大きくなるに従ってトルク比は小さくなり，クラッチ・ポイント以降のカップリング・レンジでは，トルク増大作用が行われないため，トルク比は「1」となる。

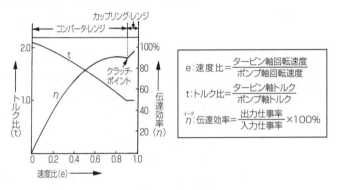

トルク・コンバータの性能曲線

問題

【No.18】　回転速度差感応式の差動制限型ディファレンシャルに関する記述として，**不適切なもの**は次のうちどれか。

(1) 左右輪に回転速度差が生じたときは，ビスカス・カップリングの作用により，高回転側の駆動トルクが小さくなる。

(2) 差動回転速度がゼロのときは，ビスカス・トルクは発生しない。

(3) ビスカス・カップリングには，高粘度のシリコン・オイルが充填されている。

(4) インナ・プレートとアウタ・プレートの回転速度差が小さいほど，大きなビスカス・トルクが発生する。

【解説】

答え（4）

インナ・プレートとアウタ・プレートの回転速度差が<u>大きい</u>ほど，大きなビスカス・トルクが発生する。

ビスカス・カップリングでの差動制限力の発生は，インナ・プレートとアウタ・プレート間に介在する高粘度シリコン・オイルに抵抗が生じることを利用している。

この抵抗力は，参考図のように回転速度差に応じて増減する特性があり，プレート間の回転速度差が大きいほど，大きな抵抗力（ビスカス・トルク）が発生する。つまり，左右輪の回転速度差が大きくなった場合にこの抵抗力が差動制限力となる。

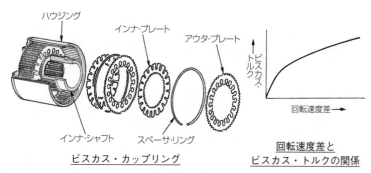

ビスカス・カップリング

回転速度差と
ビスカス・トルクの関係

問題

【No.19】 電動式パワー・ステアリングに関する記述として，**不適切なもの**は次のうちどれか。

(1) コラム・アシスト式では，ステアリング・シャフトに対してモータの補助動力が与えられる。

(2) コイルを用いたスリーブ式のトルク・センサは，インプット・シャフトが磁性体でできており，突起状になっている。

(3) ラック・アシスト式では，ステアリング・ギヤのピニオン部にトルク・センサ及びモータが取り付けられている。

(4) トルク・センサは，操舵力と操舵方向を検出している。

【解説】

答え（3）

ラック・アシスト式では，ステアリング・ギヤのピニオン部にトルク・センサが取付けられ，ラック部にモータが取り付けられている。

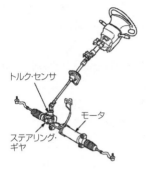

トルク・センサ

モータ

ステアリング・
ギヤ

ラック・アシスト式

問題

【No.20】　アクスル及びサスペンションに関する記述として，**不適切なもの**は次のうちどれか。

(1) 独立懸架式サスペンションは，左右のホイールが独立して別々に揺動でき，ホイールに掛かる荷重をサスペンション・アームで支持している。

(2) 全浮動式の車軸懸架式リヤ・アクスルは，アクスル・ハウジングだけでリヤ・ホイールに掛かる荷重を支持している。

(3) 一般にロール・センタは，車軸懸架式のサスペンションに比べて，独立懸架式のサスペンションの方が低い。

(4) ローリングとは，ボデー・フロント及びリヤの縦揺れのことである。

【解説】

答え（4）

ローリングとは，ボデーの横揺れのことである。

問題文中の「ボデー・フロント及びリヤの縦揺れ」は，ピッチングという。

【問題】

【No.21】 CVT(スチール・ベルトを用いたベルト式無段変速機)に関する記述として，**不適切なもの**は次のうちどれか。

(1) プライマリ・プーリは，動力伝達に必要なスチール・ベルトの張力を制御し，セカンダリ・プーリは，プーリ比(変速比)を制御している。

(2) Dレンジ時は，プーリ比の最Lowから最Highまでの変速領域で変速を行う。

(3) Lレンジ時は，変速領域をプーリ比の最Low付近にのみ制限することで，強力な駆動力及びエンジン・ブレーキを確保する。

(4) スチール・ベルトは，動力伝達を行うエレメントと摩擦力を維持するスチール・リングで構成されている。

【解説】

答え (1)

プライマリ・プーリはプーリ比(変速比)を制御し，セカンダリ・プーリは，動力伝達に必要なスチール・ベルトの張力を制御している。

【問題】

【No.22】 サスペンションのスプリングに関する記述として，**適切なもの**は次のうちどれか。

(1) エア・スプリングは，金属スプリングと比較して，荷重の変化に対してばね定数が自動的に変化するので，固有振動数は比例して大きくなる。

(2) 金属スプリングは，最大積載荷重に耐えるように設計されているため，車両が軽荷重のときはばねが硬すぎるので乗り心地が悪い。

(3) 軽荷重のときの金属スプリングは，最大積載荷重のときに比べて固有振動数が低くなる。

(4) エア・スプリングのばね定数は，荷重が大きくなるとレベリング・バルブなどの作用により小さくなる。

【解説】

答え (2)

金属スプリングは，参考図のように，荷重が変化してもばね定数(ばねの硬さ)は一定であるため，最大積載荷重に耐えるようにばね定数が設定

されている。よって，軽荷重のときは，ばねが硬すぎて固有振動数が大きくなるため，乗り心地が悪い。

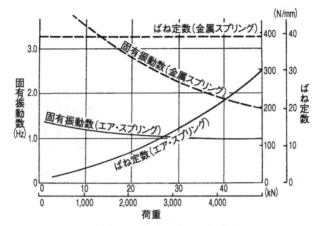

金属ばねとエア・スプリングの比較

他の問題文を訂正すると以下のようになる。

(1) エア・スプリングは，金属スプリングと比較して，荷重の変化に対してばね定数が自動的に変化するので，固有振動数をほぼ一定に保つことができる。

(3) 軽荷重のときの金属スプリングは，最大積載荷重のときに比べて固有振動数が高くなる。

(4) エア・スプリングのばね定数は，荷重が大きくなるとレベリング・バルブなどの作用により大きくなる。

問題

【No.23】 図に示すタイヤの局部摩耗の主な原因として，**不適切なものは**次のうちどれか。

(1) ブレーキ・ドラムの偏心
(2) ホイール・ベアリングのがた
(3) 急激な制動
(4) エア圧の過小

【解説】

答え （4）

選択肢（4）の"エア圧の過小"は，参考図の両肩摩耗の原因として考えられる。

問題図の局部摩耗の原因としては，

・ホイール・アライメントの狂い

・ホイール・バランスの不良

・ホイール・ベアリングのがた

・ボール・ジョイントのがた

・タイロッド・エンドのがた

・アクスルの曲がり

・ブレーキ・ドラムの偏心

・急激な駆動，制動

などが考えられる。

両肩摩擦（エア圧の過小）

問題

【No.24】 タイヤに関する記述として，**適切なもの**は次のうちどれか。

(1) 一般に寸法，剛性及び質量などすべてを含んだ広い意味でのタイヤの均一性(バランス性)をユニフォミティと呼ぶ。

(2) タイヤの偏平率を大きくすると，タイヤの横剛性が高くなり，車両の旋回性能及び高速時の操縦性能は向上する。

(3) タイヤ(ホイール付き)の一部が他の部分より重い場合，タイヤをゆっくり回転させると重い部分が下になって止まり，このときのアンバランスをダイナミック・アンバランスという。

(4) スキール音とは，タイヤの溝の中の空気が，路面とタイヤの間で圧縮され，排出されるときに出る音をいう。

【解説】

答え （1）

ユニフォミティの説明は，問題文の通り。

他の問題文を訂正すると以下のようになる。

(2) タイヤの偏平率を<u>小さく</u>すると，タイヤの横剛性が高くなり，車両の旋回性能及び高速時の操縦性能は向上する。

(3) タイヤ(ホイール付き)の一部が他の部分より重い場合，タイヤをゆっくり回転させると重い部分が下になって止まり，このときのアンバランスをスタティック・アンバランスという。

(4) スキール音とは，急発進，急制動，急旋回などのときに発する"キー"という鋭い音をいう。

　　問題文の「タイヤの溝の中の空気が，路面とタイヤの間で圧縮され，排出されるときに出る音」はパターン・ノイズという。

【問題】

【No.25】　CAN通信に関する記述として，**適切なもの**は次のうちどれか。

(1) 一端の終端抵抗が断線すると，通信はそのまま継続され，耐ノイズ性には影響はないが，ダイアグノーシス・コードが出力されることがある。

(2) CAN-H，CAN-Lとも2.5Vの状態をレセシブといい，CAN-Hが3.5V，CAN-Lが1.5Vの状態をドミナントという。

(3) バス・ライン上のデータを必要とする複数のECUが同時にデータ・フレームを受信することはできない。

(4) "バス・オフ"状態とは，エラーを検知した結果，リカバリが実行され，エラーが解消されて通信を再開した状態をいう。

【解説】

答え (2)

　CAN通信システムにおけるデータ・フレームをバス・ラインに送信するときの電圧変化を参考図に示す。

　送信側ECUはバス・ラインに，CAN-H側は2.5～3.5V，CAN-L側は1.5～2.5Vの電圧変化として出力し，受信側ECUはCAN-HとCAN-Lの電位差から情報を読み取るようになっている。

　CAN-H，CAN-Lとも2.5Vの状態をレセシブといい，CAN-Hが3.5V，CAN-Lが1.5Vの状態をドミナントという。

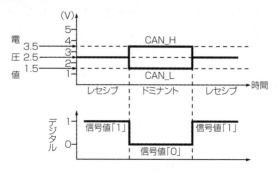

バス・ライン上の電圧変化

他の問題文を訂正すると以下のようになる。

(1) 一端の終端抵抗が破損すると，通信はそのまま継続されるが，<u>耐ノイズ性が低下する</u>。このときダイアグノーシス・コードが出力されることがある。

(3) バス・ライン上のデータを必要とする複数のECUが同時にデータ・フレームを受信することが<u>できる</u>。

(4) "バス・オフ状態"とは，エラーを検知しリカバリが実行されても，<u>エラーが解消せず，通信が停止してしまう状態</u>をいう。

問題

【No.26】 電子制御式ABSに関する記述として，**不適切なもの**は次のうちどれか。

(1) 車輪速センサの車輪速度検出用ロータは，各ドライブ・シャフトなどに取り付けられており，車輪と同じ速度で回転している。

(2) ECUは，各車輪速センサ，スイッチなどからの信号により，路面の状況などに応じて，マスタ・シリンダに作動信号を出力する。

(3) ABSは，制動力とコーナリング・フォースの両方を確保するため，タイヤのスリップ率を20％前後に収めるように制動力を制御する装置である。

(4) ECUは，センサの信号系統，アクチュエータの作動信号系統及びECU自体に異常が発生した場合に，ABSウォーニング・ランプを点灯させ運転者に異常を知らせる。

【解説】

答え　(2)

　ECUは，各車輪速センサ，スイッチなどからの信号により，路面の状況などに応じて，ハイドロリック・ユニットに作動信号を出力する。

　ハイドロリック・ユニットは，ECUからの制御信号により各ブレーキの液圧を制御するもので，ポンプ・モータ，ポンプ，ソレノイド・バルブ，リザーバなどが一体となっている。

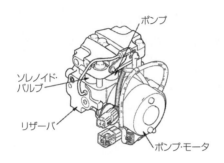

ハイドロリック・ユニット

問題

【No.27】　オート・エアコンの吹き出し温度の制御に関する記述として，**不適切なもの**は次のうちどれか。

(1)　エバポレータ後センサは，エバポレータを通過後の空気の温度をサーミスタによって検出しECUに入力しており，主にエバポレータの霜付きなどの防止に利用されている。

(2)　外気温センサは，室外に取り付けられており，サーミスタによって外気温度を検出してECUに入力している。

(3)　日射センサは，日射量によって出力電流が変化する発光ダイオードを用いて，日射量をECUに入力している。

(4)　内気温センサは，室内の空気をセンサ内部に取り入れて，室内の温度の変化をサーミスタによって検出しECUに入力している。

【解説】

答え　(3)

　日射センサは，日射量によって出力電流が変化するフォト・ダイオードを用いて，日射量をECUに入力している。

　日射センサは，一般には，日射の影響を受けやすいインストルメント・パネル上部に取り付けられている。

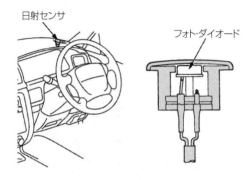

日射センサ

　問題

【No.28】　SRSエアバッグに関する記述として，**不適切なもの**は次のうちどれか。

(1) インフレータは，電気点火装置(スクイブ)，着火剤，ガス発生剤，ケーブル・リール，フィルタなどを金属の容器に収納している。

(2) エアバッグ・アセンブリは，必ず，平坦なものの上にパッド面を上に向けて保管しておくこと。

(3) ECUは，衝突時の衝撃を検出する「Gセンサ」と「判断／セーフィング・センサ」を内蔵している。

(4) 脱着作業は，バッテリのマイナス・ターミナルを外したあと，規定時間放置してから行う。

【解説】

　答え（1）

　インフレータは，電気点火装置(スクイブ)，着火剤，窒素ガス発生剤，フィルタなどを金属容器に収納している。

　問題中の“ケーブル・リール”は，このインフレータとSRSユニットを

接続するケーブルのことで，運転席側のエアバッグに用いられ，内部に渦
巻状のケーブルを納めることで，ステアリングを回した際もケーブルが引
っ張られないようにする構造となっている。これは，インフレータ容器と
は別に装着されている。

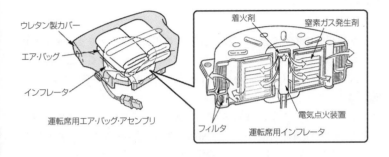

運転席用エア・バッグ・アセンブリ

運転席用インフレータ

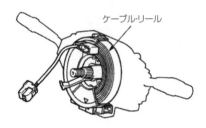

ケーブル・リール

[問題]

【No.29】　外部診断器（スキャン・ツール）に関する記述として，**不適切なも
の**は次のうちどれか。

(1)　アクティブ・テストは，外部診断器からECUに指令を出して，ア
クチュエータを任意に駆動及び停止ができ，機能点検などが容易に行
える。

(2)　外部診断器でダイアグノーシス・コードの消去作業を行うと，ダイ
アグノーシス・コードとフリーズ・フレーム・データが消去されるた
め，時計及びラジオの再設定が必要となる。

(3)　ダイアグノーシス・コードは，ISO（国際標準化機構）及びSAE（米

　　国自動車技術者協会)の規格に準拠している。

(4) フリーズ・フレーム・データでは，ダイアグノーシス・コードを記憶した時点でのECUが記憶したデータ・モニタ値を表示することができる。

【解説】

答え (2)

　外部診断器でダイアグノーシス・コードの消去作業を行うと，ダイアグノーシス・コードとフリーズ・フレーム・データのみ消去することができ，(電源の遮断操作をしないため) 時計及びラジオの再設定が必要ない。

問題

【No.30】 図に示すタイヤと路面間の摩擦係数とタイヤのスリップ率の関係を表した特性曲線図において，「路面の摩擦係数が高いブレーキ特性曲線」として，AからDのうち，**適切なもの**は次のうちどれか。

(1) A
(2) B
(3) C
(4) D

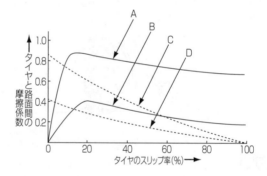

【解説】

答え (1)

　「タイヤと路面間の摩擦係数とタイヤのスリップ率の関係を表した特性曲線」を参考図に示す。

　問題の「路面の摩擦係数が高いブレーキ特性曲線」は，図中のAである。

　ブレーキ特性曲線は，おおよそスリップ率20％前後で摩擦係数が最大となり，以後スリップ率が増すに伴い減少する特性がある。このことから，ブレーキ特性曲線はAとCに絞られ，問題は，「路面の摩擦係数が高い」を選択するようになっていることから，図中のAが該当する。

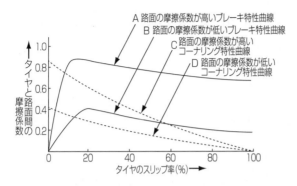

A 路面の摩擦係数が高いブレーキ特性曲線
B 路面の摩擦係数が低いブレーキ特性曲線
C 路面の摩擦係数が高いコーナリング特性曲線
D 路面の摩擦係数が低いコーナリング特性曲線

タイヤと路面間の摩擦係数とタイヤのスリップ率の関係

【問題】

【No.31】 ボデーやフレームなどに用いられる塗料の成分に関する記述として，**適切なもの**は次のうちどれか。

(1) 添加剤は，顔料と樹脂の混合を容易にする働きをする。

(2) 溶剤は，塗膜に着色などを与えるものである。

(3) 顔料は，塗装の仕上がりなどの作業性や塗料の安定性を向上させる。

(4) 樹脂は，顔料と顔料をつなぎ，塗膜に光沢や硬さなどを与える。

【解説】

答え（4）

「樹脂」は，顔料と顔料をつなぎ，塗膜に光沢や硬さなどを与えるものである。

(1) の「添加剤」は，塗装の仕上がりなどの作業性や塗料の安定性を向上させるものである。

(2) の「溶剤」は，顔料と樹脂の混合を容易にする働きをするものである。

(3) の「顔料」は，塗膜に着色などを与えるものである。

【問題】

【No.32】 ガソリンに関する記述として，**不適切なもの**は次のうちどれか。

(1) 直留ガソリンは，原油から直接蒸留して得られるガソリンで，オクタン価（65〜70）が低く，このままでは，自動車用の燃料としては不適

当である。

(2) 改質ガソリンは，高オクタン価のガソリンを低オクタン価のガソリンに転換したものである。

(3) オクタン価は，ガソリン・エンジンの燃料のアンチノック性を示す数値である。

(4) 分解ガソリンは，灯油及び軽油などを，触媒を用いて化学変化を起こさせて熱分解した後，再蒸留してオクタン価(90〜95)を高めている。

【解説】

答え (2)

改質ガソリンは，<u>低オクタン価</u>のガソリンを<u>高オクタン価</u>のガソリンに転換したものである。

すなわち，改質ガソリンは，直留ガソリンのような低オクタン価ガソリンを触媒を用いて化学変化を起こさせて改質させたもので，オクタン価(95〜105)が高められている。

【問題】

【No.33】 次の諸元の自動車がトランスミッションのギヤを第3速にして，エンジンの回転速度3,000min⁻¹，エンジン軸トルク150N・mで走行しているとき，駆動輪の駆動力として，**適切なもの**は次のうちどれか。ただし，伝達による機械損失及びタイヤのスリップはないものとする。

(1) 643.5N

(2) 1,930.5N

(3) 2,145N

(4) 3,900N

第3速の変速比	：1.300
ファイナル・ギヤの減速比	：3.300
駆動輪の有効半径	：30cm

【解説】

答え (3)

エンジン軸トルクと動力伝達機構の減速比から，駆動輪における駆動トルクT(N・m)を求めると

T(N・m)＝150(N・m)×1.3×3.3

となる。

駆動輪の駆動力F(N)，駆動トルクT(N・m)，駆動輪の有効半径r(m)の関係は以下の式で表される。

$$F(N) = \frac{T(N \cdot m)}{r(m)} \quad \text{これに，数値を代入すると}$$

$$F(N) = \frac{150(N \cdot m) \times 1.3 \times 3.3}{0.3(m)}$$

$$= 2145N$$

問題

【No.34】　図に示す電気回路において，電圧計Vが示す値として，**適切なもの**は次のうちどれか。ただし，バッテリ，配線等の抵抗はないものとする。

(1)　1.0 V

(2)　3.0 V

(3)　4.0 V

(4)　12.0 V

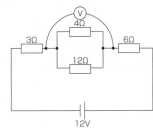

【解説】

答え　(2)

回路中に並列接続された4Ωと12Ωの合成抵抗を求めると，

$$\frac{1}{R} = \frac{1}{4} + \frac{1}{12}$$

$$\frac{1}{R} = \frac{4}{12}$$

$$R = 3\,\Omega$$

これにより図のような直列回路に置換えて，回路を流れる電流を求めると，

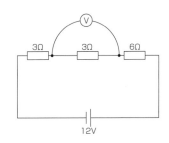

$$I = \frac{V}{R} \quad (\text{I：電流A，V：電圧V，R：抵抗}\Omega)$$

$$= \frac{12V}{(3+3+6)\,\Omega}$$

$$= 1\,A$$

電圧計の値を，抵抗3Ωに1A流れた時の電圧値として求めると，

$$V = I \cdot R$$
$$= 1\,A \times 3\,\Omega$$
$$= 3.0V$$

となる。

問題

【No.35】 ねじとベアリングに関する記述として，**不適切なもの**は次のうちどれか。

(1) 戻り止めナット（セルフロッキング・ナット）は，ナットの一部に戻り止めを施し，ナットが緩まないようにしている。

(2) 「M10×1.25」と表されるおねじの外径は10mmである。

(3) プレーン・ベアリングのうち，つば付き半割り形プレーン・ベアリングは，ラジアル方向（軸と直角方向）とスラスト方向（軸と同じ方向）の力を受ける構造になっている。

(4) ローリング・ベアリングのうち，ラジアル・ベアリングには，ボール型，ニードル・ローラ型，テーパ・ローラ型があり，トランスミッションなどに用いられている。

【解説】

答え（4）

ローリング・ベアリングのうち，ラジアル・ベアリング（ラジアル方向の荷重を受ける）には，参考図のようにボール型，ニードル・ローラ型などがあり，トランスミッションなどに用いられている。(4) 文中の「テーパ・ローラ型」は，ラジアル方向をスラスト方向の両方の荷重を受けるアンギュラ・ベアリングに分類される。

ボール型

ニードル・ローラ型

テーパ・ローラ型

ラジアル・ベアリング　　　　　アンギュラ・ベアリング

（1）の「セルフロッキング・ナット」とは，ナットの一部に戻り止めを施し，ナットが緩まないようにしたもので，図のようにねじ部に樹脂をコーティングしたものや，かしめ部を設けたものなどがある。

樹脂コーティング

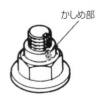

かしめ部

セルフロッキング・ナット

（2）の「M10×1.25」とはメートルねじの呼びで，この場合 "M" はメートルねじを，"10" はねじの直径をmmで示し，"1.25" はねじのピッチを表している。

（3）の「つば付き半割り形プレーン・ベアリング」とは，図のような形状をしており，ラジアル方向（軸と直角方向）の荷重を受けるプレーン・ベアリングに，つばを付けることでスラスト方向（軸と同じ方向）の力を受ける構造になっている。

つば付き半割り形プレーン・ベアリング

問題

【No.36】「道路運送車両の保安基準」及び「道路運送車両の保安基準の細目を定める告示」に照らし，車幅が1.69m，最高速度が100km/hの小型四輪自動車の走行用前照灯に関する記述として，**不適切なもの**は次のうちどれか。

(1) 走行用前照灯は，そのすべてを照射したときには，夜間にその前方40mの距離にある交通上の障害物を確認できる性能を有するものであること。

(2) 走行用前照灯の数は，2個又は4個であること。

(3) 走行用前照灯の最高光度の合計は，430,000cdを超えないこと。

(4) 走行用前照灯の灯光の色は，白色であること。

【解説】

答え (1)

走行用前照灯は，そのすべてを照射したときには、夜間にその前方<u>100m</u>の距離にある交通上の障害物を確認できる性能を有するものであること。

（保安基準 第32条，細目告示第198条2 (1)）

問題

【No.37】「道路運送車両の保安基準」及び「道路運送車両の保安基準の細目を定める告示」に照らし，非常信号用具の基準に関する次の文章の（イ）と（ロ）に当てはまるものとして，下の組み合わせのうち，**適切なもの**はどれか。

非常信号用具は，（イ）の距離から確認できる（ロ）の灯光を発するものであること。

	（イ）	（ロ）
(1)	昼間200m	橙色又は黄色
(2)	夜間200m	赤　色
(3)	昼間100m	赤　色
(4)	夜間100m	橙色又は黄色

【解説】

答え (2)

非常信号用具は，（**夜間200m**）の距離から確認できる（**赤色**）の灯光を発

するものであること。

（保安基準　第43条の2　細目告示第220条）

■問題■

【No.38】「道路運送車両法」に照らし，自動車登録ファイルに登録を受けたものでなければ運行の用に供してはならない自動車として，**該当しないもの**は次のうちどれか。

(1) 大型特殊自動車

(2) 四輪の小型自動車

(3) 軽自動車

(4) 普通自動車

【解説】

答え　(3)

自動車(軽自動車，小型特殊自動車及び二輪の小型自動車を除く)は，自動車登録ファイルに登録を受けたものでなければ，これを運行の用に供してはならない。

よって，登録が運行要件とされる対象は，普通自動車，小型自動車(二輪車を除く)，大型特殊自動車となる。

（道路運送車両法　第4条）

■問題■

【No.39】「道路運送車両の保安基準」及び「道路運送車両の保安基準の細目を定める告示」に照らし，かじ取装置において基準に適合しないものに関する次の文章の（　）に当てはまるものとして，**適切なもの**はどれか。

　4輪以上の自動車のかじ取車輪をサイドスリップ・テスタを用いて計測した場合の横滑り量が，走行1mについて（　）を超えるもの。ただし，その輪数が4輪以上の自動車のかじ取車輪をサイドスリップ・テスタを用いて計測した場合に，その横滑り量が，指定自動車等の自動車製作者等がかじ取装置について安全な運行を確保できるものとして指定する横滑り量の範囲内にある場合にあっては，この限りでない。

(1) 3 mm　　(2) 4 mm　　(3) 5 mm　　(4) 6 mm

【解説】

答え（3）

4輪以上の自動車のかじ取車輪をサイドスリップ・テスタを用いて計測した場合の横滑り量が，走行1mについて（**5mm**）を超えるもの。ただし，その輪数が4輪以上の自動車のかじ取車輪をサイドスリップ・テスタを用いて計測した場合に，その横滑り量が，指定自動車等の自動車製作者等がかじ取装置について安全な運行を確保できるものとして指定する横滑り量の範囲内にある場合にあっては，この限りでない。

（道路運送車両法　第169条）

問題

【No.40】「自動車点検基準」に照らし，「自家用乗用自動車等の日常点検基準」に規定されている点検内容として，**不適切なもの**は次のうちどれか。

(1) 原動機のかかり具合が不良でなく，かつ，異音がないこと。

(2) タイヤの空気圧が適当であること。

(3) ウインド・ウォッシャの液量が適当であり，かつ，噴射状態が不良でないこと。

(4) ブレーキ・ディスクに摩耗及び損傷がないこと。

【解説】

答え（4）

「ブレーキ・ディスクの摩耗及び損傷」は，自家用乗用自動車の定期点検基準における2年(24ヶ月)ごとに行う点検項目である。

03・10　試験問題（登録）

問題

【No.1】　エンジンの性能に関する記述として，**適切なもの**は次のうちどれか。

(1) 平均有効圧力は，行程容積を1サイクルの仕事量で除したもので，排気量や作動方式の異なるエンジンの性能を比較する場合などに用いられる。

(2) 実際にエンジンのクランクシャフトから得られる動力を正味仕事率又は軸出力という。

(3) 熱損失は，ピストン，ピストン・リング，各ベアリングなどの摩擦損失と，ウォータ・ポンプ，オイル・ポンプ，オルタネータなどの補機駆動の損失からなっている。

(4) 熱効率のうち図示熱効率とは，理論サイクルにおいて仕事に変えることのできる熱量と，供給する熱量との割合をいう。

【解説】

答え　(2)

熱機関における仕事率には，図示仕事率と正味仕事率があるが，その違いは，作動ガスがピストンに与えた仕事量から算出したものを図示仕事率，実際にエンジンのクランクシャフトから得られる動力を正味仕事率という。よって，その差に相当するものが，エンジン内部の摩擦や補機駆動に費やされる損失となる。

他の問題文を訂正すると以下のようになる。

(1) 平均有効圧力は，1サイクルの仕事を行程容積で除したもので，排気量や作動方式の異なるエンジンの性能を比較する場合などに用いられる。

(3) 機械損失は，ピストン，ピストン・リング，各ベアリングなどの摩擦損失と，ウォータ・ポンプ，オイル・ポンプ，オルタネータなどの補機駆動の損失からなっている。

　問題文中の"熱損失"とは，燃焼ガスの熱量が冷却水や冷却空気な

どによって失われることをいい，冷却損失，排気損失，ふく射損失からなっている。

(4) 理論熱効率とは，理論サイクルにおいて仕事に変えることのできる熱量と，供給する熱量との割合をいう。

問題文中の"図示熱効率"とは，実際のエンジンにおいて，シリンダ内の作動ガスがピストンに与えた仕事を熱量に換算したものと，供給した熱量との割合を言う。

問題

【No.2】 シリンダ・ヘッドとピストンで形成されるスキッシュ・エリアに関する記述として，**適切なもの**は次のうちどれか。

(1) スキッシュ・エリアの厚み（クリアランス）が大きくなるほど渦流の流速は高くなる。

(2) 吸入混合気に渦流を与えて，吸入行程における火炎伝播の速度を高めている。

(3) 吸入混合気に渦流を与えて，燃焼時間を長くすることで最高燃焼ガス温度の上昇を促進させている。

(4) 斜めスキッシュ・エリアは，斜め形状により吸入通路からの吸気がスムーズになり，強い渦流の発生が得られる。

【解説】

答え（4）

斜めスキッシュ・エリアは，一般的なスキッシュ・エリアをさらに発展させたもので，斜め形状により吸入通路からの吸気がスムーズになり，強い渦流の発生が得られる。

他の問題文を訂正すると以下のようになる。

(1) スキッシュ・エリアにより発生した混合気の流速は，このスキッシュ・エリアの面積と厚み（クリアランス）に大きく影響され，面積が大きいほど，また，厚みが小さいほど高くなる。

(2)(3) スキッシュ・エリアによる渦流は，燃焼行程における火炎伝播の速度を高め，混合気の燃焼時間の短縮を図ることで最高燃焼ガス温度の上昇を抑制する役目を担っている。

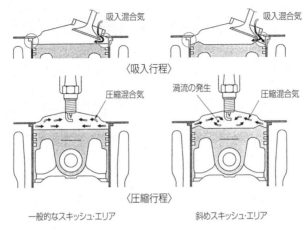

〈吸入行程〉

吸入混合気　　　　　　　　　　　　吸入混合気

圧縮混合気　　　渦流の発生　　　圧縮混合気

〈圧縮行程〉

一般的なスキッシュ・エリア　　　　　斜めスキッシュ・エリア

スキッシュ・エリア

【問題】

【No.3】　ピストン・リングに関する記述として，**適切なもの**は次のうちどれか。

(1) テーパ・フェース型は，しゅう動面が円弧状になっており，初期なじみの際の異常摩耗が少ない。

(2) スカッフ現象は，シリンダ壁面の油膜が切れてリングとシリンダ壁面が直接接触し，リングやシリンダの表面に引っかき傷ができることをいう。

(3) フラッタ現象とは，カーボンやスラッジ(燃焼生成物)が固まってリングが動かなくなることをいう。

(4) アンダ・カット型のコンプレッション・リングは，外周下面がカットされた形状になっており，一般にトップ・リングに用いられている。

【解説】

答え (2)

スカッフ現象は，シリンダ壁面の油膜が切れてリングとシリンダ壁面が直接接触し，リングやシリンダの表面に引っかき傷ができることをいい，この現象は，オイルの不良や過度の荷重が加わったとき，あるいは，オーバヒートした場合などに起こりやすい。

他の問題文を訂正すると以下のようになる。

(1) バレル・フェース型は，しゅう動面が円弧状になっており，初期なじみの際の異常摩耗が少ない。

　　問題文の"テーパ・フェース型"は，しゅう動面がテーパ状になっており，シリンダ壁と線接触する。

(3) スティック現象とは，カーボンやスラッジ(燃焼生成物)が固まってリングが動かなくなることをいう。

　　問題文の"フラッタ現象"とは，ピストン・リングがリング溝と密着せずに浮き上がる現象をいう。

(4) アンダ・カット型のコンプレッション・リングは，外周下面がカットされた形状になっており，一般にセカンド・リングに用いられている。

[問題]

【No.4】 コンロッド・ベアリングに関する記述として，**不適切なもの**は次のうちどれか。

(1) クラッシュ・ハイトが小さ過ぎると，ベアリングにたわみが生じて局部的に荷重が掛かるので，ベアリングの早期疲労や破損の原因となる。

(2) コンロッド・ベアリングの張りは，ベアリングを組み付ける際，圧縮されるに連れてベアリングが内側に曲がり込むのを防止するためのものである。

(3) アルミニウム合金メタルのうち，すずの含有率が高いものは，低いものに比べてオイル・クリアランスを大きくしている。

(4) トリメタル(三層メタル)は，銅に20～30%の鉛を加えた合金(ケルメット・メタル)を鋼製裏金に焼結し，その上に鉛とすずの合金又は鉛とインジウムの合金をめっきしたものである。

【解説】

答え (1)

クラッシュ・ハイトとは，参考図に示す寸法であり，ベアリングの締め代となるものである。

クラッシュ・ハイトが大き過ぎると，ベアリングにたわみが生じて局部

的に荷重が掛かるため，ベアリングの早期疲労や破損の原因となる。

逆に小さ過ぎると，ベアリング・ハウジングとベアリングの裏金との密着が悪くなり，熱伝導が不良となるので，焼き付きを起こす原因となる。

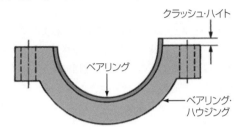

クラッシュ・ハイト

問題

【No.5】 クランクシャフトにおけるトーショナル・ダンパの作用に関する記述として，**適切なもの**は次のうちどれか。

(1) クランクシャフトの剛性を高める。

(2) クランクシャフトの軸方向の振動を吸収する。

(3) クランクシャフトのバランス・ウェイトの重さを軽減する。

(4) クランクシャフトのねじり振動を吸収する。

【解説】

答え（4）

トーショナル・ダンパは，クランクシャフト前端に取り付けられるプーリと一体となっており，参考図のように，クランクシャフトとプーリ間にラバー部を設けた構造となっている。クランクシャフトには，燃焼ガス圧力によるトルク変化によってねじり振動が生じるが，この振動はラバーが変形することによって吸収される。

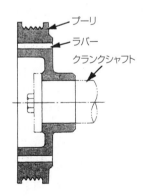

トーショナル・ダンパ

【問題】

【No.6】 吸排気装置の過給機に関する記述として，**不適切なもの**は次のうちどれか。

(1) ターボ・チャージャに用いられるコンプレッサ・ホイールの回転速度は，タービン・ホイールの回転速度と同回転である。

(2) ターボ・チャージャの特徴として，小型軽量で取り付け位置の自由度は高いが，排気エネルギの小さい低速回転域からの立ち上がりに遅れが生じ易い。

(3) 2葉ルーツ式のスーパ・チャージャでは，ロータ1回転につき1回の吸入・吐出が行われる。

(4) 2葉ルーツ式のスーパ・チャージャでは，過給圧が規定値になると，過給圧の一部を吸入側へ逃がし，過給圧を規定値に制御するエア・バイパス・バルブが設けられている。

【解説】

答え (3)

2葉ルーツ式のスーパ・チャージャは，ドライブ・ロータとドリブン・ロータのそれぞれが吸入，吐出作用を行っており，各ロータが1回転すると2回の吸入，吐出が行われるので，全体としてロータ1回転につき4回の吸入，吐出が行われる。

【問題】

【No.7】 インテーク側に設けられた油圧式の可変バルブ・タイミング機構に関する記述として，**適切なもの**は次のうちどれか。

(1) 遅角時には，インテーク・バルブの開く時期が早くなるので，オーバラップ量が多くなり中速回転時の体積効率が高くなる。

(2) 進角時には，インテーク・バルブの閉じる時期を遅くして，高速回転時の体積効率を高めている。

(3) 可変バルブ・タイミング機構は，バルブの作動角を変えて，カムの位相は一定のままインテーク・バルブの開閉時期を変化させている。

(4) カムシャフト前部のカムシャフト・タイミング・スプロケット部に，バルブ・タイミング・コントローラが設けられている。

【解説】

答え（4）

　油圧制御の可変バルブ・タイミング機構は，参考図のように，インテーク側のカムシャフト前部のカムシャフト・タイミング・スプロケットに，バルブ・タイミング・コントローラが設けられている。

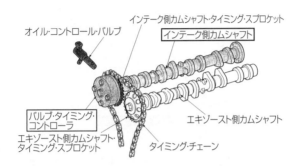

オイル・コントロール・バルブ
インテーク側カムシャフト・タイミング・スプロケット
インテーク側カムシャフト
バルブ・タイミング・コントローラ
エキゾースト側カムシャフト・タイミング・スプロケット
エキゾースト側カムシャフト
タイミング・チェーン

油圧式可変バルブ・タイミング機構

他の問題文を訂正すると以下のようになる。

(1) 進角時には，インテーク・バルブの開く時期が早くなるので，オーバラップ量が多くなり中速回転時の体積効率が高くなる。

(2) 遅角時には，インテーク・バルブの閉じる時期を遅くして，高速回転時の体積効率を高めている。

(3) 可変バルブ・タイミング機構は，油圧制御によりバルブの作動角は一定のまま，カムの位相を変えてインテーク・バルブの開閉時期を変化させている。

問題

【No.8】　オルタネータのステータ・コイルの結線方法において，スター結線（Y結線）とデルタ結線（三角結線）を比較したときの記述として，**不適切なもの**は次のうちどれか。

(1) スター結線の方がステータ・コイルの結線は複雑である。

(2) スター結線には中性点がある。

(3) スター結線の方が低速時の出力電流特性に優れている。

(4) スター結線の方が最大出力電流の値が小さい。

【解説】

答え（1）

スター結線の方がステータ・コイルの結線は<u>簡単である。</u>

参考図のように，デルタ結線は各コイル両端の3ヶ所の結線が必要であるのに対して，スター結線は中性点1ヵ所の結線で済む。

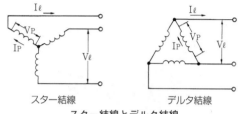

スター結線とデルタ結線

問題

【No.9】 点火順序が1－5－3－6－2－4の4サイクル直列6シリンダ・エンジンの第3シリンダが圧縮上死点にあり，この位置からクランクシャフトを回転方向に回転させ，第2シリンダのバルブをオーバラップの上死点状態にするために必要な回転角度として，**適切なもの**は次のうちどれか。

(1) 240°

(2) 360°

(3) 480°

(4) 600°

【解説】

答え（4）

点火順序が1－5－3－6－2－4の4サイクル直列6気筒シリンダ・エンジンの第3シリンダが圧縮上死点にあるとき，オーバラップの上死点（以後，オーバラップとする。）は第4シリンダである。この位置からクランクシャフトを回転方向に120°回転させると，点火順序にしたがって第1シリンダがオーバラップとなる。第2シリンダがオーバラップとなるのは，クランクシャフトを更に480°回転させた位置で，最初の状態から600°（120°＋480°）回転させた場合である。

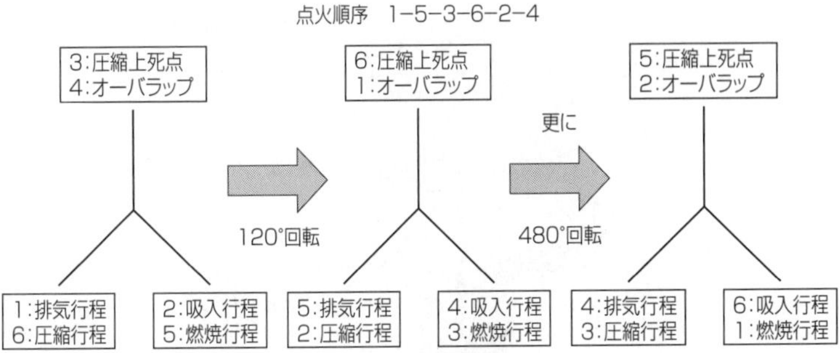

点火順序　1-5-3-6-2-4

3:圧縮上死点		6:圧縮上死点		5:圧縮上死点
4:オーバラップ		1:オーバラップ		2:オーバラップ

更に

120°回転　　　　　480°回転

1:排気行程	2:吸入行程	5:排気行程	4:吸入行程	4:排気行程	6:吸入行程
6:圧縮行程	5:燃焼行程	2:圧縮行程	3:燃焼行程	3:圧縮行程	1:燃焼行程

各シリンダの行程

【問題】

【No.10】　全流ろ過圧送式の潤滑装置に関する記述として，**適切なものは次**のうちどれか。

(1) 水冷式オイル・クーラは，一般にオイルが流れる通路と冷却水が流れる通路を交互に数段積み重ねて一体化した構造になっている。

(2) トロコイド式オイル・ポンプに設けられたリリーフ・バルブは，エンジンの回転速度が上昇して油圧が規定値に達すると，バルブが閉じる。

(3) オイル・フィルタは，オイル・ストレーナとオイル・ポンプの間に設けられている。

(4) エンジン・オイルは，一般に油温が200℃を超えても潤滑性は維持される。

【解説】

答え　(1)

オイル・クーラは，水冷式と空冷式とがあるが，一般に水冷式が用いられている。構造は参考図のように，オイルが流れる通路と冷却水が流れる通路を交互に数段積み重ねて一体化したものとなっている。

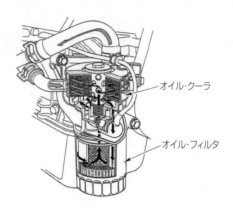

⇒：冷却水の流れ　➡：オイルの流れ

水冷式オイル・クーラ

他の問題文を訂正すると以下のようになる。

(2) トロコイド式オイル・ポンプに設けられたリリーフ・バルブ（逃し弁）は，エンジン回転が上昇して油圧が規定値に達するとバルブが開き，オイルの一部をオイル・パンやオイル・ポンプ吸入側に戻して油圧を制御している。

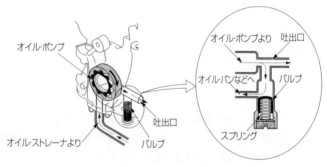

リリーフ・バルブ

(3) オイル・フィルタは，オイル・ポンプとオイル・ギャラリの間に設けられている。よってオイルは，オイル・パン→オイル・ストレーナ→オイル・ポンプ→オイル・フィルタ→オイル・ギャラリの順に送られる。

(4) オイルは，一般的に90℃を超えないことが望ましく，その温度が125〜130℃以上になると，急激に潤滑性を失うようになる。

問題

【No.11】　半導体に関する記述として，**不適切なもの**は次のうちどれか。

(1) NAND回路は，二つの入力がともに"1"のときのみ出力が"0"となる。

(2) NPN型トランジスタのベース電流が2mA，コレクタ電流が200mA流れた場合の電流増幅率は100である。

(3) LC発振器は，抵抗とコンデンサを使い，コンデンサの放電時間で発振周期を決める。

(4) 発振とは，入力に直流の電流を流し，出力で一定周期の交流電流が流れている状態をいう。

【解説】

答え　(3)

LC発振器は，コイルとコンデンサの共振回路を利用し，発振周期を決める方法。

問題文の，抵抗とコンデンサを使い，コンデンサの放電時間で発振周期を決める方法は"CR発振器"である。

問題

【No.12】　スタータの出力を表す式として，**適切なもの**は次のうちどれか。ただし単位等は下表を用いること。

(1) $P = 2\pi T / N$

(2) $P = 2\pi / T \times N$

(3) $P = T \times N / 2\pi$

(4) $P = 2\pi T \times N$

P：出力W
T：トルクN・m
N：スタータ回転速度s^{-1}

【解説】

答え　(4)

出力P[W]は仕事率のことで，単位時間あたりの仕事量をいう。

物体に力F[N]を作用させ，時間t[s]の間に距離L[m]動かしたときの仕事率P[W]は，

$$P[W] = F[N] \times \frac{L[m]}{t[s]}$$

となり，単位時間あたりの移動距離（L[m]／t[s]）を移動速度v[m／s]として表すと

$$P[W] = F[N] \times v[m／s] \cdots\cdots① $$

となる。

モータの場合，回転力の発生は回転子に作用する磁力F[N]によって得られるため，軸中心から作用点までの距離をr[m]とすると，トルクT[N·m]との関係は，

$$F[N] = \frac{T[N·m]}{r[m]} \cdots\cdots\cdots② $$

となる。

また，磁力が作用した点の移動速度v[m／s]は，円周長[m]と回転速度N[s^{-1}]の積によって求められるので

$$v[m／s] = 2\pi \times r[m] \times N[s^{-1}] \cdots③ $$

となる。ここで，式②，③によって式①を変形すると

$$P[W] = F[N] \times v[m／s]$$

$$= \frac{T[N·m]}{r[m]} \times (2\pi \times r[m] \times N[s^{-1}])$$

$$= 2\pi \times T[N·m] \times N[s^{-1}]$$

が導き出される。

単純には，トルクが大きく回転速度が高ければ，スタータ・モータの出力が大きいということである。

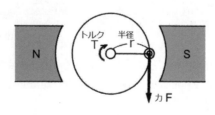

モータの回転力

【問題】

【No.13】 低熱価型スパーク・プラグに関する記述として，**適切なもの**は次のうちどれか。

(1) 高熱価型に比べて中心電極の温度が上昇しにくい。

(2) 高熱価型に比べて碍子脚部が長い。

(3) 高熱価型に比べてガス・ポケットの容積が小さい。

(4) 冷え型と呼ばれる。

【解説】

答え（2）

低熱価型スパーク・プラグは，高熱価型に比べて碍子脚部が長い。

熱価とはスパーク・プラグが受ける熱を放熱する度合いをいい，低熱価型スパーク・プラグとは，放熱する度合いの小さなプラグのことをいう。

参考図に示す低熱価型は，碍子脚部（T）が長く火炎にさらされる部分の表面積及びガス・ポケットの容積が大きく，碍子脚部からハウジングに至る放熱経路が長いので，放熱する度合いが小さい。

他の問題文を訂正すると以下のようになる。

(1) 高熱価型に比べて中心電極の温度が<u>上昇しやすい</u>。

(3) 高熱価型に比べてガス・ポケットの容積が<u>大きい</u>。

(4) <u>焼け型</u>と呼ばれる。冷え型と呼ばれるのは高熱価型スパーク・プラグである。

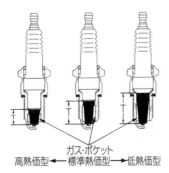

高熱価型、標準熱価型及び低熱価型の相違点

問題

【No.14】 鉛バッテリに関する記述として，**不適切なもの**は次のうちどれか。

(1) 放電終止電圧は，5時間率放電で放電した場合，一般に1セル当たり1.75Vである。

(2) 電解液の温度を一定とすると，電解液の比重が1.200の場合より1.300の方が起電力は大きい。

(3) バッテリの電解液温度が50℃未満におけるバッテリの容量は，電解液温度が高いほど減少する。

(4) 電解液の比重を一定とすると，電解液の温度が0℃の場合より20℃の方が起電力は大きい。

解説

答え (3)

バッテリの電解液温度が50℃未満におけるバッテリの容量は，電解液温度が高いほど増加し，低いほど減少する。

ただし，電解液温度が50℃以上になると，自己放電のため，反対に容量は減少し，セパレータ及び極板の損傷を早める。

問題

【No.15】 電子制御式燃料噴射装置のセンサに関する記述として，**不適切なもの**は次のうちどれか。

(1) ジルコニア式O_2センサのジルコニア素子は，高温で内外面の酸素濃度の差が大きいと起電力が発生する性質がある。

(2) ホール素子式のスロットル・ポジション・センサは，スロットル・バルブ開度の検出にホール効果を用いて行っている。

(3) 空燃比センサの出力は，理論空燃比より小さい(濃い)と低くなり，大きい(薄い)と高くなる。

(4) バキューム・センサは，インテーク・マニホールドの圧力と大気圧との圧力差を電圧値に置き換えている。

解説

答え (4)

バキューム・センサは，インテーク・マニホールドの圧力と真空との圧力差を電圧値に置き換えている。

バキューム・センサは，参考図のように，真空に保たれたセンサ・ユニット内に，四つの可変抵抗によってブリッジ回路を形成したシリコン・チップが取り付けられており，その片面にインテーク・マニホールド圧力が作用する構造になっている。センサに圧力が作用するとシリコン・チップは，反対側の真空室との圧力差により生じた応力を受け四つの抵抗値が変化する。この抵抗変化による電位差をICで増幅してECUに電気信号として入力する。

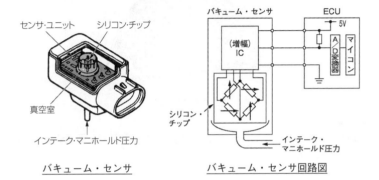

バキューム・センサ　　　　　　　　バキューム・センサ回路図

【問題】

【No.16】　CVT(スチール・ベルトを用いたベルト式無段変速機)に関する記述として，**不適切なもの**は次のうちどれか。

(1)　スチール・ベルトは，エレメントの引っ張り作用によって動力が伝達されている。

(2)　プーリ比が小さい(High側)ときは，プライマリ・プーリの油圧室に掛かる油圧を高めて溝幅を狭くすることでスチール・ベルトの接触半径を大きくしている。

(3)　プライマリ・プーリはプーリ比(変速比)を制御し，セカンダリ・プーリはスチール・ベルトの張力を制御している。

(4)　Lレンジ時は，変速嶺域をプーリ比の最Low付近にのみ制限することで，強力な駆動力及びエンジン・ブレーキを確保する。

【解説】

答え　(1)

スチール・ベルトは，多数のエレメントと多層のスチール・リング２本で構成されている。

一般のゴム・ベルトなどが引張り作用で動力を伝達するのに対して，CVTのスチール・ベルトは，エレメントの<u>圧縮作用</u>(エレメントの押し出し)によって動力が伝達される。

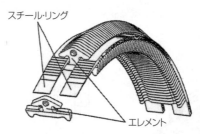

スチール・ベルト

問題

【No.17】 トルク・コンバータの性能に関する記述として，**不適切なもの**は次のうちどれか。

(1) トルク比は，速度比がゼロのとき最大である。

(2) 速度比がゼロからクラッチ・ポイントまでの間をコンバータ・レンジという。

(3) トルク比は，タービン軸トルクをポンプ軸トルクで除して求めることができる。

(4) カップリング・レンジにおけるトルク比は，2.0〜2.5である。

【解説】

答え (4)

カップリンク・レンジにおけるトルク比は，<u>1</u>である。

参考図としてトルク・コンバータの性能曲線を示す。

速度比が小さいコンバータ・レンジでは，ステータの働きによりトルク増大作用が行われトルク比が１よりも大きいが，クラッチ・ポイントを超えたカップリング・レンジでは，ステータが空転することでトルク増大作用が行われなくなるため，トルク比は"１"となる。

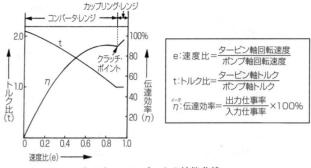

トルク・コンバータの性能曲線

問題

【No.18】 差動制限型ディファレンシャルに関する記述として，**適切なもの**は次のうちどれか。

(1) トルク感応式のディファレンシャル・ケース内には，高粘度のシリコン・オイルが充填されている。

(2) 回転速度差感応式に用いられているビスカス・カップリングは，インナ・プレートとアウタ・プレートの回転速度差が小さいほど大きなビスカス・トルクが発生する。

(3) ヘリカル・ギヤを用いたトルク感応式では，ピニオンの歯先とディファレンシャル・ケース内周面との摩擦により差動制限力が発生する。

(4) 回転速度差感応式で左右輪の回転速度に差が生じると，低回転側から高回転側にビスカス・トルクが伝えられる。

【解説】

答え（3）

ヘリカル・ギヤを用いたトルク感応式は，参考図のように，ディファレンシャル・ケース内のサイド・ギヤと長・短の二種類のピニオン・ギヤにヘリカル・ギヤ（はすば歯車）を用いたものである。

左右輪に回転速度差が生じた際，参考図のように，ピニオンとサイド・ギヤのかみ合いの反力により，ピニオンの歯先がディファレンシャル・ケース内周面に押し付けられて摩擦する。これにより差動制限力を発生させている。

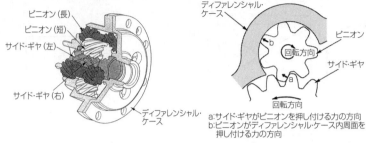

| **トルク感応式差動制限型ディファレンシャル** | **ピニオンによる摩擦力発生** |

他の問題文を訂正すると以下のようになる。

(1) トルク感応式のディファレンシャル・ケース内には，ギヤ・オイル（差動制限型ディファレンシャル用）が入れられる。また，高粘度のシリコン・オイルが充填されるのは，回転速度差感応式のビスカス・カップリング内である。

(2) 回転速度差感応式に用いられているビスカス・カップリングは，インナ・プレートとアウタ・プレートの回転速度差が<u>大きいほど</u>大きなビスカス・トルクが発生する。

(4) 回転速度差感応式で左右輪の回転速度に差が生じると，<u>高回転側から低回転側</u>にビスカス・トルクが伝えられる。

問題

【No.19】 前進4段のロックアップ機構付き電子制御式ATのロックアップ機構に関する記述として，**不適切なもの**は次のうちどれか。

(1) ロックアップ・ピストンには，エンジンからのトルク変動を吸収，緩和するダンパ・スプリングが組み込まれている。

(2) ロックアップ・ピストンがトルク・コンバータのカバーから離れると，カバー（エンジン）の回転がタービン・ランナ（インプット・シャフト）に直接伝えられる。

(3) ロックアップ機構とは，トルク・コンバータのポンプ・インペラとタービン・ランナを機械的に連結し，直接動力を伝達する機構をいう。

(4) ロックアップ・ピストンは，タービン・ランナのハブにスプラインかん合されている。

【解説】

答え　(2)

ロックアップ・ピストンがトルク・コンバータのカバーに<u>圧着されると</u>,カバー(エンジン)の回転がタービン・ランナ(インプット・シャフト)に直接伝えられる。

このロックアップ・ピストンは,トルク・コンバータ内部に配置され,スプラインによってタービンのハブにかん合している。参考図のように,ロックアップ・ピストンは,カバーとの間に形成されたA室に油圧が掛かっている状態ではカバーから引き離されているが,A室の油圧が排出されるとB室の油圧によってカバー側に押し出され圧着する。これによりロックアップが締結される。

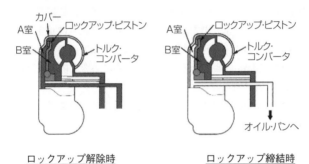

ロックアップ解除時　　　　　　　ロックアップ締結時

問題

【No.20】　CAN通信システムに関する記述として,**不適切なもの**は次のうちどれか。

(1)　終端抵抗を2個用いているCANの場合,そのうち1個の終端抵抗が断線した場合は,すべての通信が停止する。

(2)　CAN-Hが3.5V,CAN-Lが1.5Vの状態をドミナントという。

(3)　各ECUは,各センサの情報などをデータ・フレームとして,バス・ライン上に送信(定期送信データ)している。

(4)　CAN通信は,一つのECUが複数のデータ・フレームを送信したり,バス・ライン上のデータを必要とする複数のECUが同時にデータ・フレームを受信することができる。

【解説】

答え（1）

1個の終端抵抗が断線していても<u>通信は継続される</u>が，耐ノイズ性が低下する。このとき，ダイアグノーシス・コードが出力されることがある。

点検の結果，終端抵抗の破損が発見された場合は，終端抵抗を内蔵しているECUを交換することとなる。

問題

【No.21】 タイヤに関する記述として，**適切なもの**は次のうちどれか。

(1) タイヤの回転に伴う空気抵抗とは，タイヤが回転するごとに路面により圧縮され，再び原形に戻ることを繰り返すことにより発生する抵抗をいう。

(2) 静荷重半径とは，タイヤを適用リム幅のホイールに装着して規定のエア圧を充填し，静止した状態で平板に対して垂直に置き，規定の荷重を加えたときのタイヤの軸中心から接地面までの最短距離をいう。

(3) タイヤに10mmの縦たわみを与えるために必要な静的縦荷重を静的縦ばね定数という。

(4) 静的縦ばね定数が大きいほど路面から受ける衝撃を吸収しやすく，乗り心地がよい。

【解説】

答え（2）

タイヤの静荷重半径の説明は，問題文の通り。

他の問題文を訂正すると以下のようになる。

(1) <u>タイヤの変形による抵抗</u>とは，タイヤが回転するごとに路面により圧縮され，再び原形に戻ることを繰り返すことにより発生する抵抗をいう。

(3) タイヤに<u>1mm</u>の縦たわみを与えるために必要な静的縦荷重を静的縦ばね定数という。

(4) 静的縦ばね定数が<u>小さいほど</u>路面から受ける衝撃を吸収しやすく，乗り心地がよい。

【問題】

【No.22】　図に示すインテグラル型油圧式パワー・ステアリング(ロータリ・バルブ式)に関する記述として、**不適切なもの**は次のうちどれか。

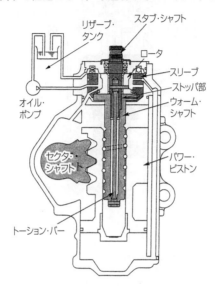

(1) ロータリ・バルブはスリーブとロータで構成されている。

(2) ロータは、スリーブにかん合している。

(3) ハンドルの操舵力は、ウォーム・シャフト、トーション・バー、スタブ・シャフトの順に伝達される。

(4) 操舵時は、トーション・バーのねじれ角に応じてロータが回転し、油路を切り替える。

【解説】

答え (3)

ハンドルの操舵力は、<u>スタブ・シャフト</u>、トーション・バー、<u>ウォーム・シャフト</u>の順に伝達される。

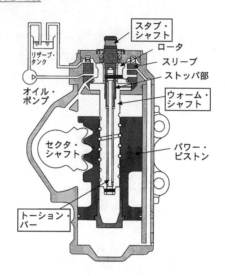

図中のラベル：
スタブ・シャフト
ロータ
スリーブ
ストッパ部
リザーブ・タンク
オイル・ポンプ
ウォーム・シャフト
セクタ・シャフト
パワー・ピストン
トーション・バー

問題

【No.23】 マニュアル・トランスミッションのクラッチの伝達トルク容量に関する記述として，**適切なもの**は次のうちどれか。

(1) 一般にエンジンの最大トルクの1.2～2.5倍に設定されており，ジーゼル車よりもガソリン車の方が余裕係数は大きい。

(2) エンジンのトルクに比べて過大であると，クラッチ・フェーシングの摩耗量が急増しやすい。

(3) クラッチ・スプリングによる圧着力及びクラッチ・フェーシングの摩擦係数，摩擦面の有効半径，摩擦面の面積に関係する。

(4) エンジンのトルクに比べて過小であると，クラッチの操作が難しく，接続が急になりがちでエンストしやすい。

【解説】

答え（3）

クラッチの伝達トルク容量とは，エンジン側からトランスミッション側に動力を伝えることができるトルクの最大値のことである。この容量は，クラッチ・スプリングによる圧着力，クラッチ・フェーシングの摩擦係数，摩擦面の有効半径，摩擦面の面積に関係する。

他の問題文を訂正すると以下のようになる。

(1) 一般にエンジンの最大トルクの1.2〜2.5倍に設定されており，<u>ガソリン車</u>よりもジーゼル車の方が余裕係数は大きい。

(2) エンジンのトルクに比べて<u>過小</u>であると，クラッチ・フェーシングの摩耗量が急増しやすい。

(4) エンジンのトルクに比べて<u>過大</u>であると，クラッチの操作が難しく，接続が急になりがちでエンストしやすい。

問題

【No.24】 サスペンションから発生する異音のうち，ダンパ打音に関する記述として，**適切なもの**は次のうちどれか。

(1) ショック・アブソーバ内部でオイルが狭いバルブ穴（オリフィス）を高速で通過する際，オイルがスムーズに流れないときに「シュッ，シュッ」と発生する音をいう。

(2) かなり荒れた道路を走行時に，サスペンションが大きく上下にストロークする際，ピッチ間のクリアランスが減少して，スプリング同士が接触するために起こる「ガチャン」，「ガキン」などの金属音をいう。

(3) 低温時に発生しやすく，ショック・アブソーバのオイル漏れやガス抜けなどにより，不正な振動が発生し，「コロコロ」，「ポコポコ」などボデー・パネル面で発生する音をいう。

(4) スプリング上下のスプリング・シートとスプリング間のがたにより発生する「カタ，カタ」などの音で，サスペンションが伸びきったときに発生する音をいう。

【解説】

答え（3）

「ダンパ打音」の説明は，（3）の記述の通り。

（1）は「スイッシュ音」，（2）はスプリングの「接触音」，（4）は「かた音」の記述である。

問題

【No.25】 図に示す電子制御式ABSの油圧回路において，保持ソレノイド・バルブと減圧ソレノイド・バルブに関する記述として，**適切なもの**は次のうちどれか。ただし，図の油圧回路は，通常制動時を表す。

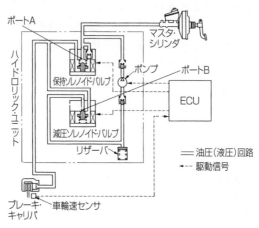

(1) 保持作動時は，減圧ソレノイド・バルブが通電ONとなり，ポート
　　Bは開く。

(2) 減圧作動時は，保持ソレノイド・バルブが通電ONとなり，ポート
　　Aは閉じる。

(3) 増圧作動時は，減圧ソレノイド・バルブが通電ONとなり，ポート
　　Bは閉じる。

(4) 保持作動時は，保持ソレノイド・バルブが通電OFFとなり，ポー
　　トAは開く。

【解説】

　答え（2）

　ABSのハイドリック・ユニットは，ECUからの制御信号により，各ブ
レーキの液圧を制御するものである。ブレーキの作動圧力の制御は"増圧
作動"，"保持作動"，"減圧作動"の３段階があり，ポートAの開閉を行う"保
持ソレノイド"，ポートBの開閉を行う"減圧ソレノイド"とリザーバに
たまったブレーキ液をマスタ・シリンダ側に戻す"ポンプ・モータ"に対
し各作動に応じた通電が行われる。

　解答をするにあたっては，保持ソレノイド・バルブのポートAは常開，減
圧ソレノイド・バルブのポートBは常閉であることに注意が必要である。各
作動時のソレノイド・バルブの作動とポート開閉の状態を下表にまとめる。

	保持ソレノイド・バルブ		減圧ソレノイド・バルブ	
	通電状態	ポートA	通電状態	ポートB
増圧作動時	OFF	開く	OFF	閉じる
保持作動時	ON	閉じる	OFF	閉じる
減圧作動時	ON	閉じる	ON	開く

　問題文の中で，表の状態に該当するのは（2）である。

問題

【No.26】　ブレーキのフェード現象に関する記述として，**適切なもの**は次の
うちどれか。

(1) ブレーキ・パッド又はブレーキ・ライニングが過熱して，材質が一
　　時的に変化し，摩擦係数が下がるため，次第にブレーキの効きが悪く
　　なることをいう。

(2) 配管内のエア抜きが不完全なためにブレーキの効きが悪くなること
　　をいう。

(3) ブレーキ液が沸騰してブレーキの配管内及びホイール・シリンダな
　　どに気泡が生じ，ブレーキの効きが悪くなることをいう。

(4) ブレーキ液に含まれる水分の量が多くなり，ブレーキ液の沸点が低
　　下することをいう。

【解説】

　答え（1）

　フェード現象の発生は，ブレーキの過度の使用により，ブレーキ・ライ
ニングが過熱して，材質が一時的に変化し，摩擦係数が小さくなることに
起因する。よって，フェード現象に関する記述として適切なものは（1）
である。

　（2）は配管内のエア抜き不良という作業ミスの状態，（3）はベーパーロ
ック現象の記述である。

　また，ブレーキ液に含まれるグリコール・エーテル類は水分を吸収しや
すい性質をもっており，走行期間が増すに連れて（4）の記述にある現象
が発生する。これにより（3）のベーパ・ロック現象が発生しやすくなる。

問題

【No.27】 エアコンに関する記述として，**不適切なもの**は次のうちどれか。

(1) エキスパンション・バルブは，エバポレータ内における冷媒の気化状態に応じて噴射する冷媒の量を調節する。

(2) サブクール式のコンデンサでは，レシーバ部でガス状冷媒と液状冷媒に分離して，液状冷媒をサブクール部に送る。

(3) コンデンサは，コンプレッサから圧送された高温・高圧のガス状冷媒を冷却して液状冷媒にする。

(4) エア・ミックス方式では，ヒータ・コアに流れるエンジン冷却水の流量をウォータ・バルブによって変化させることで，吹き出し温度の調整を行う。

【解説】

答え（4）

エア・ミックス方式の熱交換器の温度調整は，エバポレータとラジエータの間にエア・ミックス・ダンパがあり，ダンパの開き具合により，エバポレータで冷やされた空気がラジエータの側に流れる量と，吹き出し口の方に流れる量を制御し，両方の空気をエア・ミックス・チャンバで混合して温度調整を行なっている。また，問題文は，リヒート方式を表す文章である。

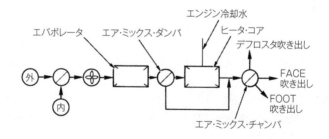

エア・ミックス式

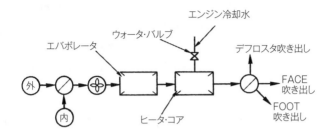

リヒート式

【問題】

【No.28】　フレーム及びボデーに関する記述として，**適切なもの**は次のうちどれか。

(1) モノコック・ボデーは，1箇所に力が集中すると比較的簡単にひびが入ったり，割れてしまうなどの弱点がある。

(2) フレームの亀裂部分に電気溶接をする場合は，フレームの板厚，溶接電流の大きさなどに関係なく，溶接棒はできるだけ太いものを選ぶ必要がある。

(3) モノコック・ボデーは，サスペンションなどからの振動や騒音が伝わりにくいので，防音や防振に優れている。

(4) ボデーの安全構造は，衝突時のエネルギを効率よく吸収し，客室を最大限に変形させることにより，衝突エネルギを軽減している。

【解説】

答え（1）

モノコック・ボデーは，ボデー自体がフレームの役目を担う構造で，薄鋼板を使用しスポット溶接を多用して組み上げられているため，1箇所に力が集中すると比較的簡単にひびが入ったり，割れてしまう弱点がある。そこで，力が掛かる部位には補強が必要となる。

他の問題文を訂正すると以下のようになる。

(2) フレームの亀裂部分に電気溶接をする場合は，フレームの板厚，溶接電流の大きさなどを十分考慮して，<u>適切な溶接棒の太さを選ぶ必要</u>がある。

(3) モノコック・ボデーは，サスペンションなどからの<u>振動や騒音が伝わりやすく，防音や防振のための工夫が必要</u>である。

(4) ボデーの安全構造は，衝突時のエネルギを効率よく吸収し，ボデー骨格全体に効果的に分散させることにより，<u>客室の変形を最小限に抑えるように</u>している。

問題

【No.29】 ホイール・アライメントに関する記述として，**不適切なもの**は次のうちどれか。

(1) フロント・ホイールを横方向から見て，キング・ピンの頂部が，進行方向(前進)に対して後方に傾斜しているものをプラス・キャスタという。

(2) 旋回時に車体が傾斜した場合のキャンバ変化は，独立懸架式ではほとんど変化しないが，車軸懸架式では大きく変化する。

(3) キャスタにより，車両の荷重によって車体をもとの水平状態(ホイールを直進状態)に戻そうとする復元力が生まれ直進性が保たれる。

(4) キャンバ・スラストは，キャンバ角が大きくなるに伴って増大する。

【解説】

答え (2)

旋回時に車体が傾斜した場合のキャンバ変化は，<u>車軸懸架式ではほとんど変化しないが，独立懸架式では大きく変化する。</u>

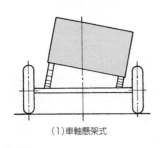
(1)車軸懸架式

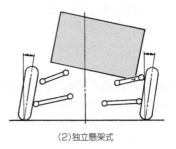
(2)独立懸架式

問題

【No.30】 外部診断器(スキャン・ツール)に関する記述として，**適切なもの**は次のうちどれか。

(1) フリーズ・フレーム・データを確認することで，ダイアグノーシス・コードを記憶した原因の究明が容易になる。

(2) アクティブ・テストは，整備作業の補助やECUの学習値を初期化することなどができ，作業の効率化が図れる。

(3) 外部診断器でダイアグノーシス・コードの消去作業を行うと，ダイアグノーシス・コードとフリーズ・フレーム・データが消去されるため，時計及びラジオの再設定が必要となる。

(4) 作業サポートは，外部診断器からECUに指令を出して，アクチュエータを任意に駆動及び停止ができ，機能点検などが容易に行える。

【解説】

答え　(1)

フリーズ・フレーム・データとは，ダイアグノーシス・コードを記憶した時点でのECUデータ・モニタ値のことである。これを確認することで異常検知時の運転状態が分かるため，ダイアグノーシス・コードを記憶した原因の究明が容易になる。

他の問題文を訂正すると以下のようになる。

(2) 作業サポートは，整備作業の補助やECUの学習値を初期化することなどができ，作業の効率化が図れる。

(3) 外部診断器でダイアグノーシス・コードの消去作業を行うと，ダイアグノーシス・コードとフリーズ・フレーム・データのみが消去することができ，(電源の遮断操作をしないため)時計及びラジオの再設定が必要ない。

(4) アクティブ・テストは，外部診断器からECUに指令を出して，アクチュエータを任意に駆動及び停止ができ，機能点検などが容易に行える。

問題

【No.31】 エンジン・オイルの添加剤に関する記述として，**不適切なもの**は次のうちどれか。

(1) 清浄分散剤は，エンジン・オイル中に混入する炭素やスラッジを油中に遊離させる作用がある。

(2) 油性向上剤は，オイルの金属表面に対するなじみを良くし，強固な

油膜を張らせる添加剤である。

(3) 流動点降下剤は，エンジン・オイルが冷却された際，オイルに含まれるろう（ワックス）分の結晶化を促進させて，オイルの流動性を保つ作用がある。

(4) 粘度指数向上剤は，温度変化に対して適正な粘度を保って潤滑を完全にし，寒冷時のエンジンの始動性を良好にする。

【解説】

答え（3）

流動点降下剤は，エンジン・オイルが冷却された際，オイルに含まれるろう（ワックス）分の結晶化を抑えて，オイルの流動性を保つ作用がある。このためオイルの流動点が低くなる。

問題

【No.32】 図に示す電気回路において，電流計A が示す電流値として，**適切なもの**は次のうちどれか。ただし，バッテリ，配線等の抵抗はないものとする。

(1) 0.5 A

(2) 4 A

(3) 8 A

(4) 24 A

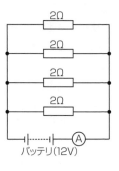

【解説】

答え（4）

問題の回路は，2Ωの抵抗を4つ並列に接続した回路で，その合成抵抗Rは

$$\frac{1}{R} = \frac{1}{2} + \frac{1}{2} + \frac{1}{2} + \frac{1}{2}$$

$$\frac{1}{R} = \frac{4}{2}$$

$$R = \frac{2}{4}$$

$$= 0.5\,\Omega$$

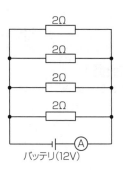

　　合成抵抗0.5Ωに12Vの電源を接続したときの回路に流れる電流 I は，オームの法則より

$$I = \frac{V}{R}（I：電流A，\quad V：電圧V，\quad R：抵抗Ω）$$

$$= \frac{12V}{0.5Ω}$$

$$= 24（A）$$

となる。

問題

【No.33】　鋼の熱処理に関する記述として，**適切なもの**は次のうちどれか。

(1) 焼き戻しとは，焼き入れした鋼をある温度まで加熱した後，徐々に冷却する操作をいう。

(2) 浸炭とは，鋼の表面層の炭素量を増加させて軟化させる操作をいう。

(3) 窒化とは，鋼を浸炭剤の中で焼き入れ，焼き戻し操作を行う加熱処理をいう。

(4) 高周波焼き入れとは，高周波電流で鋼の表面層から内部まで全体を加熱処理する焼き入れ操作をいう。

【解説】

答え　(1)

「焼き戻し」とは，焼き入れによるもろさを緩和し，粘り強さを増すため，焼き入れした鋼をある温度まで加熱した後，徐々に冷却する操作をいう。

他の問題文を訂正すると以下のようになる。

(2) 浸炭とは，鋼を浸炭剤の中で焼き入れ，焼き戻し操作を行う加熱処理をいう。

(3) 窒化とは，鋼の表面層に窒素を染み込ませ硬化させる操作をいう。

(4) 高周波焼き入れとは，高周波電流で鋼の表面層を加熱処理する焼き入れ操作をいう。

問題

【No.34】図に示すギヤ（歯車）に関する次の文章の（イ）と（ロ）に当てはまるものとして，下の組み合わせのうち，**適切なもの**はどれか。

図1は，（イ）と呼ばれ　ディファレンシャル・ギヤなどに用いられており，図2は，（ロ）と呼ばれ　ファイナル・ギヤなどに用いられている。

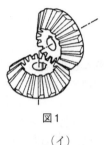

図1　　　　　　　　　　　　　　図2

（イ）	（ロ）
(1)　ストレート・ベベル・ギヤ	スパイラル・ベベル・ギヤ
(2)　ストレート・ベベル・ギヤ	ハイポイド・ギヤ
(3)　ヘリカル・ギヤ	スパイラル・ベベル・ギヤ
(4)　ヘリカル・ギヤ	ハイポイド・ギヤ

【解説】

答え（2）

図1は，（ストレート・ベベル・ギヤ）と呼ばれ，ディファレンシャル・ギヤなどに用いられており，図2は，（ハイポイド・ギヤ）と呼ばれ，ファイナル・ギヤなどに用いられている。

「ストレート・ベベル・ギヤ」軸が交わり，歯すじが直線のギヤでディファレンシャル・ギヤなどに用いられる。「ヘリカル・ギヤ」は2つの軸が平行で，歯すじが斜めのギヤでトランスミッションなどに用いられる。

また，「ハイポイド・ギヤ」と「スパイラル・ベベル・ギヤ」の違いは，二つの軸が交わるか，オフセットするかの違いがある。

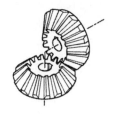

ストレート・ベベル・ギヤ

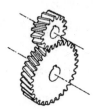

ヘリカル・ギヤ

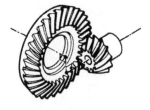

ハイポイド・ギヤ

スパイラル・ベベル・ギヤ

問題

【No.35】 エンジン回転速度3,000min^{-1}，ピストン・ストロークが100mmのエンジンの平均ピストン・スピードとして，**適切なもの**は次のうちどれか。

(1) 10m／s

(2) 8 m／s

(3) 5 m／s

(4) 4 m／s

【解説】

答え（1）

問題のピストン・ストロークの単位がmmとなっているため，mに変換。

100mm＝0.1m

クランクシャフト1回転でピストンが往復するため，クランクシャフト1回転あたりのピストンの移動距離は

0.1m×2

となる。

　また，選択肢のピストン・スピードが秒速で表されるため，エンジン回転速度も毎分回転速度から毎秒回転速度に変換する必要がある。

　よって，ピストン・ストロークL（m），エンジン回転速度N（min⁻¹）からピストン・スピードv（m／s）を求めると，以下の式となる。

$$V（m/s）= \frac{2 \times L（m） \times N（min^{-1}）}{60}$$

　問題の数値を代入して求めると

$$= \frac{2 \times 0.1（m） \times 3000（min^{-1}）}{60}$$

$$= 10（m/s）$$

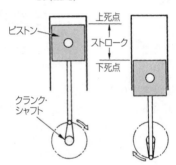

ピストン・ストローク

【問題】

【No.36】 「自動車点検基準」の「自家用乗用自動車等の日常点検基準」に規定されている点検内容として，**適切なもの**は次のうちどれか。

(1) ブレーキ・ディスクに摩耗及び損傷がないこと。

(2) バッテリのターミナル部の接続状態が不良でないこと。

(3) 原動機のかかり具合が不良でなく，かつ，異音がないこと。

(4) 冷却装置のファン・ベルトの緩み及び損傷がないこと。

【解説】

　答え（3）

「自家用乗用自動車の日常点検基準」に規定される点検内容は以下のとおりである。

点検箇所	点検内容
1　ブレーキ	1　ブレーキ・ペダルの踏みしろが適当で，ブレーキのききが十分であること。 2　ブレーキの液量が適当であること。 3　駐車ブレーキ・レバーの引きしろが適当であること。
2　タイヤ	1　タイヤの空気圧が適当であること。 2　亀裂及び損傷がないこと。 3　異常な摩耗がないこと。 4　溝の深さが十分であること。
3　バッテリ	液量が適当であること。
4　原動機	1　冷却水の量が適当であること。 2　エンジン・オイルの量が適当であること。 3　原動機のかかり具合が不良でなく，且つ，異音がないこと。 4　低速及び加速の状態が適当であること。
5　灯火装置及び方向指示器	点灯又は点滅具合が不良でなく，かつ，汚れ及び損傷がないこと。
6　ウインド・ウォッシャ及びワイパー	1　ウインド・ウォッシャの液量が適当であり，かつ，噴射状態が不良でないこと。 2　ワイパーの払拭状態が不良でないこと。
7　運行において異常が認められた箇所	当該箇所に異常がないこと。

(1)「ブレーキ・ディスクの摩耗及び損傷」は，自家用乗用自動車の定期点検基準における2年(24ヶ月)ごとに行う点検項目である。

(2)(4)「バッテリのターミナル部の接続状態」「冷却装置のファン・ベルトの緩み及び損傷」は，自家用乗用自動車の定期点検基準における1年(12ヶ月)ごとに行う点検項目である。

問題

【No.37】「道路運送車両法」及び「道路運送車両の保安基準」に照らし，次の文章の（　）に当てはまるものとして，**適切なもの**はどれか。

車両総重量は，車両重量，最大積載量及び（　）に乗車定員を乗じて得た重量の総和をいう。

(1) 55kg　　　　(2) 60kg　　　　(3) 65kg　　　　(4) 70kg

【解説】

答え（1）

車両総重量は，車両重量，最大積載量及び(55kg)に乗車定員を乗じて得た重量の総和をいう。

（道路運送車両法　第40条）

問題

【No.38】「道路運送車両の保安基準」及び「道路運送車両の保安基準の細目を定める告示」に照らし，最高速度が100km／hである四輪小型自動車の前照灯等の基準に関する記述として，**適切なもの**は次のうちどれか。

(1) 走行用前照灯の数は，1個又は2個であること。

(2) すれ違い用前照灯の数は，1個又は2個であること。

(3) 走行用前照灯の数は，2個又は4個であること。

(4) すれ違い用前照灯の数は，2個又は4個であること。

【解説】

答え（3）

走行用前照灯の数は，2個又は4個であること。

すれ違い用前照灯の数は，2個であること。

（保安基準　第32条　細目告示第198条の3，7）

問題

【No.39】「道路運送車両の保安基準」及び「道路運送車両の保安基準の細目を定める告示」に照らし，非常信号用具の基準に関する次の文章の（イ）と（ロ）に当てはまるものとして，下の組み合わせのうち，**適切なもの**はどれか。

非常信号用具は，（イ）の距離から確認できる（ロ）の灯光を発するものであること。

	（イ）	（ロ）
(1)	昼間200m	橙色又は黄色
(2)	夜間200m	赤　色
(3)	昼間100m	赤　色
(4)	夜間100m	橙色又は黄色

【解説】

答え（2）

非常信号用具は，（夜間200m）の距離から確認できる（赤色）の灯光を発するものであること。

（保安基準　第43条の2　細目告示第220条）

問題

【No.40】「道路運送車両法」及び「道路運送車両法施行規則」に照らし，次の文章の（イ）と（ロ）に当てはまるものとして，下の組み合わせのうち，**適切なもの**はどれか。

自動車の特定整備に従事する従業員（整備主任者を含む。）の人数が（イ）の自動車特定整備事業の認証を受けた事業場には，一級，二級又は三級の自動車整備士の技能検定に合格した者が（ロ）以上いること。

	（イ）	（ロ）
(1)	5人	1人
(2)	8人	2人
(3)	15人	3人
(4)	20人	4人

【解説】

答え（2）

事業場において分解整備に従事する従業員のうち，少なくとも一人の自動車整備士技能検定規則による一級又は二級の自動車整備士の技能検定に合格したものを有し，かつ，一級，二級又は三級の自動車整備士の技能検定に合格した者の数が，従業員の数を4で除して得た数（その数に1未満の端数があるときは，これを1とする。）以上であること。（道路運送車両法施行規則　第57条6）

に照らした場合、設問の従業員数に対する技能検定に合格した者の数は

(1)　従業員数5人：5÷4＝1・・・1　⇒2人

(2)　従業員数8人：8÷4＝2　　　　⇒2人

(3)　従業員数15人：15÷4＝3・・・1　⇒4人

(4)　従業員数21人：21÷4＝5・・・1　⇒6人

よって，適切なものは（2）となる。

04・3　試験問題（登録）

問題

【No.1】 シリンダ・ヘッドとピストンで形成されるスキッシュ・エリアに関する記述として，**不適切なもの**は次のうちどれか。

(1) 斜めスキッシュ・エリアは，斜め形状により吸入通路からの吸気がスムーズになり，強い渦流の発生が得られる。

(2) スキッシュ・エリアの面積が大きくなるほど混合気の渦流の流速は高く（速く）なる。

(3) スキッシュ・エリアの厚み（クリアランス）が小さくなるほど混合気の渦流の流速は高く（速く）なる。

(4) スキッシュ・エリアによる渦流は，燃焼行程における火炎伝播の速度を低く（遅く）し，混合気の燃焼時間を延長することで最高燃焼ガス温度の上昇を促進させる役目を担っている。

【解説】

答え　(4)

スキッシュ・エリアとは，参考図のように，シリンダ・ヘッド底面とピストン頂部との間に形成される間隙部のことをいう。圧縮行程でピストンが上死点に近づくと，スキッシュ・エリア部の混合気が押し出されて渦流が発生する。この渦流は，燃焼行程における火炎伝播の速度を<u>高く（早く）</u>し，混合気の燃焼時間を<u>短縮</u>することで最高燃焼ガス温度の上昇を抑制させる役目を担っている。

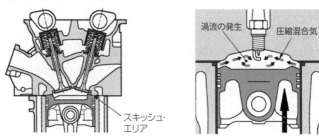

渦流の発生　圧縮混合気

スキッシュ・エリア

スキッシュ・エリア

【問題】

【No.2】 ピストン・リングに関する記述として，**不適切なもの**は次のうちどれか。

(1) アンダ・カット型のコンプレッション・リングは，外周下面がカットされた形状になっており，一般にセカンド・リングに用いられている。

(2) ピストン・リングには，耐摩耗性，強じん性，耐熱性及びオイル保持性などが要求されるため，一般にコンプレッション・リングの材料はアルミニウム合金で，オイル・リングはケルメット又はアルミニウム合金で作られている。

(3) スカッフ現象は，オイルの不良や過度の荷重が加わったとき，あるいはオーバヒートした場合などに起こりやすい。

(4) フラッタ現象が起きると，ピストン・リングの機能が損なわれガス漏れによるエンジン出力の低下，オイル消費量の増大，リング溝やリング上下面の異常摩耗などが促進される。

【解説】

答え（2）

ピストン・リングには,耐摩耗性，強じん性，耐熱性及びオイル保持性などが要求され，一般にコンプレッション・リングの材料は，特殊鋳鉄又は炭素鋼で，オイル・リングは炭素鋼で作られている。

問題文中の「ケルメット又はアルミニウム合金」を材料とする部品の例としては，コンロッド・ベアリングや，クランクシャフトのジャーナル・ベアリングに使用されるメタルがある。

【問題】

【No.3】 エンジンの性能に関する記述として，**適切なもの**は次のうちどれか。

(1) 熱損失は，燃焼室壁を通して冷却水へ失われる冷却損失，排気ガスにもち去られる排気損失，ふく射熱として周囲に放散されるふく射損失からなっている。

(2) 機械損失は，潤滑油の粘度やエンジン回転速度による影響は大きいが，冷却水の温度による影響は受けない。

(3) ポンプ損失（ポンピング・ロス）は，ピストン，ピストン・リング，各ベアリングなどの摩擦損失と，ウォータ・ポンプ，オイル・ポンプ，オルタネータなど補機駆動の損失からなっている。

(4) 体積効率と充填効率は，平地や高山など気圧の低い場所でも差はほとんどない。

【解説】

答え（1）

熱損失とは，燃焼ガスの熱量が冷却水や冷却空気などによって失われることをいい，燃焼室壁を通して冷却水へ失われる「冷却損失」，排気ガスにもち去られる「排気損失」，ふく射熱として周囲に放散される「ふく射損失」からなっている。

他の問題文を訂正すると以下のようになる。

(2) 機械損失は，潤滑油の粘度やエンジンの回転速度のほか，<u>冷却水の温度の影響が大きい</u>。

(3) ポンプ損失（ポンピング・ロス）は，燃焼ガスの排出及び混合気を吸入するための動力損失をいう。問題文中の，「摩擦損失」や「補機駆動の損失」は，エンジンの「機械損失」に分類される。

(4) 体積効率と充填効率は，平地ではほとんど同じであるが，<u>高山など気圧の低い場所では差を生じる</u>。

問題

【No.4】 コンロッド・ベアリングに要求される性質に関する記述として，**不適切なもの**は次のうちどれか。

(1) 非焼き付き性とは，ベアリングとクランク・ピンとに金属接触が起きた場合に，ベアリングが焼き付きにくい性質をいう。

(2) 耐食性とは，酸などにより腐食されにくい性質をいう。

(3) なじみ性とは，ベアリングに繰り返し荷重が加えられても，その機械的性質が変化しにくい性質をいう。

(4) 埋没性とは，異物などをベアリングの表面に埋め込んでしまう性質をいう。

【解説】

答え（3）

　コンロッド・ベアリングに要求される「なじみ性」とは，ベアリングをクランク・ピンに組み付けた場合に，最初は当たりが幾分悪くても，すぐにクランク・ピンになじむ性質をいう。

　問題文の，ベアリングに繰り返し荷重が加えられても，その機械的性質が変化しにくい性質は「耐疲労性」という。

問題

【No.5】　電子制御式スロットル装置の制御等に関する記述として，**不適切なもの**は次のうちどれか。

(1) 電子制御式スロットル・バルブは，一つのスロットル・バルブで，通常のスロットル・バルブの機能とISCV（アイドル・スピード・コントロール・バルブ）の機能を併せもっている。

(2) トラクション・コントロール制御は，ブレーキECUなどからの信号によりスロットル・バルブを開閉し，エンジン出力を制御して走行安定性を確保している。

(3) スロットル・バルブの開度制御が通常モードのときは，スロットル・バルブ開度とアクセル・ペダルの踏み込み角度は比例しない。

(4) スロットル・ポジション・センサは，スロットル・バルブ・シャフトの同軸上に取り付けられアクセル・ペダルの踏み込み角度を検出している。

【解説】

　答え（4）

　スロットル・ポジション・センサは，参考図のようにスロットル・ボデーのスロットル・バルブと同軸上に取り付けられており，スロットル・バルブの開度を検出するもので，ECUが，この信号を燃料噴射量，点火時期，アイドル回転速度などの制御に使用している。

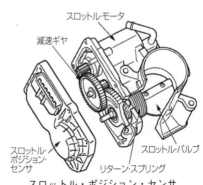

スロットル・モータ
減速ギヤ
スロットル・ポジション・センサ
リターン・スプリング
スロットル・バルブ

スロットル・ポジション・センサ

問題

【No.6】 電子制御式燃料噴射装置のセンサに関する記述として，**適切なも
のは**次のうちどれか。

(1) ホール素子式のスロットル・ポジション・センサは，スロットル・
バルブ開度の検出にホール効果を用いて行っている。

(2) バキューム・センサは，インテーク・マニホールド圧力が高くなる
と出力電圧が小さくなる特性がある。

(3) 空燃比センサの出力は，理論空燃比より大きい(薄い)と低くなり，
小さい(濃い)と高くなる。

(4) ジルコニア式 O_2 センサのジルコニア素子は，高温で内外面の酸素
濃度の差が小さいと起電力を発生する性質がある。

【解説】

答え (1)

ホール素子式のスロットル・ポジション・センサは，スロットル・バル
ブ開度の検出にホール効果を用いて行っている。

ホール効果とは,参考図のようにホール素子に流れている電流に対して,
垂直方向に磁束を加えると，電流と磁束の両方に直交する方向に起電力が
発生する現象であり，この加える磁束の密度が大きくなると発生する起電
力も大きくなる。

スロットル・バルブ開度が変化すると，スロットル・バルブと同軸上に
取り付けられたマグネットとセンサ内に固定されたホール素子の位置が変
わり，ホール素子を通る磁束密度が変化するため起電力が変化する。この
起電力の変化をスロットル・バルブの開度として検出しECUに入力する。

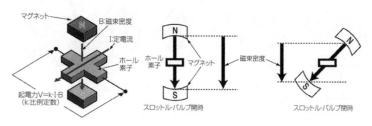

ホール効果

他の問題文を訂正すると以下のようになる。

(2) バキューム・センサは，インテーク・マニホールド圧力が高くなると，出力電圧は<u>大きくなる</u>特性がある。

(3) 空燃比センサの出力は，理論空燃比より大きい(薄い)と<u>高くなり</u>，小さい(濃い)と<u>低くなる</u>。

(4) ジルコニア式O$_2$センサのジルコニア素子は，高温で内外面の酸素濃度差が<u>大きい</u>と起電力を発生する性質がある。

問題

【No.7】 低熱価型スパーク・プラグに関する記述として，**適切なもの**は次のうちどれか。

(1) 冷え型と呼ばれる。

(2) 高熱価型に比べて碍子脚部が長い。

(3) 高熱価型に比べて中心電極の温度が上昇しにくい。

(4) 高熱価型に比べてガス・ポケットの容積が小さい。

【解説】

答え (2)

低熱価型スパーク・プラグは，参考図に示すように高熱価型に比べて碍子脚部(T)が長い特徴をもつ。

低熱価型とはスパーク・プラグが受ける熱を放熱する度合いが小さいことをいう。碍子脚部が長いことで，火炎にさらされる部分の表面積及びガス・ポケットの容積が大きく，碍子脚部からハウジングに至る放熱経路が長くなるため，放熱する度合いが小さい。

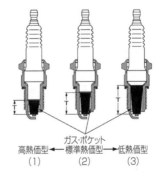

高熱価型　標準熱価型　低熱価型
(1)　　(2)　　(3)
高熱価型，標準熱価型及び低熱価型の相違点

他の問題文を訂正すると以下のようになる。

(1) <u>焼け型</u>と呼ばれる。冷え型と呼ばれるのは高熱価型スパーク・プラグである。

(3) 高熱価型に比べて中心電極の温度が<u>上昇しやすい</u>。

(4) 高熱価型に比べてガス・ポケットの容積が<u>大きい</u>。

【問題】

【No.8】 点火順序が1-5-3-6-2-4の4サイクル直列6シリンダ・エンジンの第2シリンダが吸入下死点にあり，この位置からクランクシャフトを回転方向に回転させ，第3シリンダのバルブをオーバラップの上死点状態にするために必要な回転角度として，**適切なもの**は次のうちどれか。

(1) 300°

(2) 480°

(3) 600°

(4) 720°

【解説】

答え（1）

点火順序が1-5-3-6-2-4の4サイクル直列6気筒シリンダ・エンジンの第2シリンダが吸入下死点にあるときの点火順序が左図の通りとなる。この位置からクランクシャフトを回転方向に60°回転させると，点火順序にしたがって中央図の通り，第1シリンダがオーバラップ（排気上死点)となる。第3シリンダがオーバラップとなるのは，クランクシャフトを更に240°回転させた位置で，最初の状態から300°（60°＋240°）回転させた場合である。

点火順序　1-5-3-6-2-4

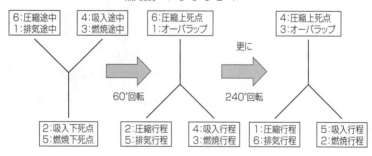

問題

【No.9】 直巻式スタータの出力特性に関する記述として，**不適切なものは**次のうちどれか。

(1) スタータの駆動トルクは，ピニオン・ギヤの回転速度の上昇とともに小さくなる。

(2) スタータの回転速度が上昇すると，アーマチュア・コイルに発生する逆向きの誘導起電力が増えるので，アーマチュア・コイルに流れる電流が減少する。

(3) 始動時のスタータの駆動トルクは，ピニオン・ギヤの回転速度がゼロのとき最大である。

(4) 始動時のアーマチュア・コイルに流れる電流の大きさは，ピニオン・ギヤの回転速度がゼロのとき最小である。

【解説】

答え（4）

始動時のアーマチュア・コイルに流れる電流の大きさは，ピニオン・ギヤの回転速度がゼロのとき最大となる。

スタータの出力特性を参考図に示す。スタータの駆動トルクは，ピニオン・ギヤの回転速度がゼロのときに最大となり，回転速度の上昇とともに小さくなる。これは，スタータの回転速度が上昇すると，アーマチュア・コイルに発生する逆向きの誘導起電力が増えることによって，アーマチュア・コイルに流れる電流が減少するためである。よって，スタータに流れる電流は，逆向きの誘導起電力が発生しない回転速度ゼロのときに最大となる。

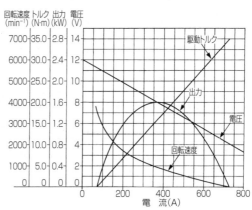

直巻式スタータの出力特性

問題

【No.10】 点火時期制御に関する記述として，**適切なもの**は次のうちどれか。

(1) アイドル安定化補正は，アイドル回転速度が低くなると点火時期を遅角し，高い場合は進角してアイドル回転速度の安定化を図っている。

(2) ECUは，クランク角センサ，カム角センサ，スロットル・ポジション・センサなどからの信号をもとに，そのときのエンジン回転速度や負荷を計算して点火すべき気筒及び点火時期を算出する。

(3) エンジン始動後のアイドリング時の基本進角は，インテーク・マニホールド圧力信号又は吸入空気量信号により，あらかじめ設定された点火時期に制御されている。

(4) 通電時間制御は，エンジン回転速度が低くなるに連れて，トランジスタがONする時期(一次電流が流れ始めるとき)を早めている。

【解説】

答え (2)

　ECUは，クランク角センサ，カム角センサなどの信号から演算した各気筒のクランク角度位置と，参考図に示すその他のセンサからの信号をもとに，エンジンの運転状態に応じた最適な通電時間と点火時期になるように，各気筒のイグニション・コイルに点火信号を出力する。

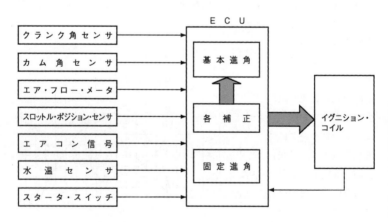

気筒別独立点火方式(ダイレクト・イグニション)

他の問題文を訂正すると以下のようになる。

(1) アイドル安定化補正は，アイドル回転速度が低くなると点火時期を<u>進角</u>し，高い場合は<u>遅角</u>してアイドル回転速度の安定化を図っている。

(3) エンジン始動後のアイドリング時の基本進角は，<u>クランク角度信号（回転信号）</u>により，あらかじめ設定された点火時期に制御されている。問題文にある「インテーク・マニホールド圧力信号又は吸入空気量信号」は，エンジン回転速度信号と合わせて，<u>通常走行時</u>の基本進角制御に利用される。

(4) 通電時間制御は，エンジン回転速度が<u>高く</u>なるに連れて，トランジスタがONする時期（一次電流が流れ始めるとき）を早めている。

【問題】

【No.11】 NOxの低減策に関する記述として，**不適切なもの**は次のうちどれか。

(1) 燃焼室の形状を改良し，燃焼時間を短くすることにより最高燃焼ガス温度を低くする。

(2) エンジンの各制御を電子制御することで，的確にエンジンの運転状況に対応する空燃比制御及び点火時期制御を行い，最高燃焼ガス温度を下げる。

(3) EGR（排気ガス再循環）装置や可変バルブ機構を使って，不活性な排気ガスを一定量だけ吸気側に導入し最高燃焼ガス温度を上げる。

(4) 空燃比制御により，理論空燃比付近の狭い領域に空燃比を制御し，理論空燃比領域で有効に作用する三元触媒を使って排気ガス中のNOxを還元する。

【解説】

答え（3）

EGR（排気ガス再循環）装置や可変バルブ機構を使って，不活性な排気ガスを一定量だけ吸気側に導入し最高燃焼ガス温度を<u>下げる</u>。

【問題】

【No.12】 論理回路に関する記述として，**不適切なもの**は次のうちどれか。

(1) NAND回路は，AND回路にNOR回路を接続した回路である。

(2) NOT回路は，入力の信号に対して反対の出力となる回路である。

(3) NOR回路は，OR回路にNOT回路を接続した回路である。

(4) OR回路は，二つの入力A又はBのいずれか一方，又は両方が"1"
のとき，出力が"1"となる回路である。

【解説】

答え（1）

NAND回路は，参考図の電
気用図記号に示すようにAND
回路にNOT回路を接続した回
路である。

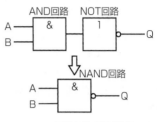

NAND回路電気用図記号

問題

【No.13】 図に示すオルタネータ回路において，発電時（調整電圧以下のと
き）の作動に関する次の文章の（イ）から（ハ）に当てはまるものとし
て，下の組み合わせのうち，**適切なもの**はどれか。

エンジンが始動され，オルタネータの回転が上昇すると，IC内の制
御回路によりP端子の電圧を検出し，Tr_1は間欠的なON・OFF動作か
ら連続（イ）動作となり，十分な励磁電流が（ロ）に流れ，発電電圧が
急速に上昇する。また，P端子電圧の上昇により，ICはTr_2を（ハ）
してチャージ・ランプを消灯させ，B端子電圧がバッテリ電圧を超える
と，バッテリに充電電流が流れる。

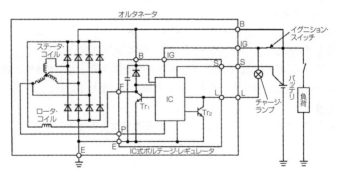

	（イ）	（ロ）	（ハ）
(1)	OFF	ロータ・コイル	OFF
(2)	OFF	ステータ・コイル	OFF
(3)	ON	ステータ・コイル	ON
(4)	ON	ロータ・コイル	OFF

【解説】

答え（4）

エンジンが始動され，オルタネータの回転が上昇すると，IC内の制御回路によりP端子の電圧を検出し，Tr_1は間欠的なON・OFF動作から連続（**ON**）動作となり，十分な励磁電流が（**ロータ・コイル**）に流れ，発電電圧が急速に上昇する。また，P端子電圧の上昇により，ICはTr_2を（**OFF**）してチャージ・ランプを消灯させ，B端子電圧がバッテリ電圧を超えると，バッテリに充電電流が流れる。

問題

【No.14】 吸排気装置の過給機に関する記述として，**適切なもの**は次のうちどれか。

(1) スーパ・チャージャの特徴として，駆動機構が機械的なため作動遅れは小さいが，各部のクリアランスからの圧縮漏れや回転速度の増加とともに，駆動損失も増大するなどの効率の低下がある。

(2) 2葉ルーツ式のスーパ・チャージャでは，ロータ1回転につき1回の吸入・吐出が行われる。

(3) ターボ・チャージャに用いられるコンプレッサ・ホイールの回転速度は，タービン・ホイールの回転速度の2倍である。

(4) ターボ・チャージャの過給圧が規定値以上になると，ウエスト・ゲート・バルブが閉じて，排気ガスの一部がタービン・ホイールをバイパスして排気系統へ流れる。

【解説】

答え（1）

一般に用いられる過給機には，排気ガスの圧力を利用するターボ・チャージャとクランクシャフトの回転力を利用するスーパ・チャージャがある。

スーパ・チャージャの特徴として，駆動機構が機械的なため作動遅れは

小さいが，各部のクリアランスからの圧縮漏れや回転速度の増加と共に駆動損失も増大するなどの効率の低下があげられる。

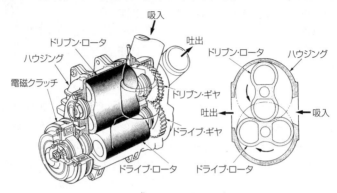

ルーツ式スーパ・チャージャ

他の問題文を訂正すると以下のようになる。

(2) 2葉ルーツ式のスーパ・チャージャでは，ロータ1回転につき<u>4回</u>の吸入・吐出が行われる。

(3) ターボ・チャージャに用いられるコンプレッサ・ホイールの回転速度は，タービン・ホイールの回転速度と<u>同じ</u>である。これは，コンプレッサ・ホイールとタービン・ホイールが同軸上に設けられているためである。

(4) ターボ・チャージャの過給圧が規定値以上になると，ウエスト・ゲート・バルブが<u>開いて</u>，排気ガスの一部がタービン・ホイールをバイパスして排気系へ流れる。

問題

【No.15】 バッテリに関する記述として，**不適切なもの**は次のうちどれか。

(1) アイドリング・ストップ車両用のカルシウム・バッテリは，深い充・放電の繰り返しへの耐久性を向上させている。

(2) カルシウム・バッテリは，低コストが利点であるがメンテナンス・フリー(MF)特性はハイブリッド・バッテリに比べて悪い。

(3) ハイブリッド・バッテリは，正極にアンチモン(Sb)鉛合金，負極にカルシウム(Ca)鉛合金を使用している。

（4）電気自動車やハイブリッド・カーに用いられているニッケル水素バ
　　ッテリは，電極板にニッケルの多孔質金属材料や水素吸蔵合金などが
　　用いられている。

【解説】

答え（2）

カルシウム・バッテリは，正極・負極の両方の電極にカルシウム鉛合金
を使用したもので，自己放電及び電解液の蒸発が比較的少なく，メンテナ
ンスの頻度を抑えることができる。よって，ハイブリッド・バッテリと比
べるとメンテナンス・フリー特性に優れていると言える。また，コスト面
では，低アンチモン・バッテリが最も安価であるため，カルシウム・バッ
テリが低コストとは言い難い。

問題

【No.16】　図に示すタイヤの波状摩耗の主な原因として，**不適切なものは次**
のうちどれか。

（1）ホイール・ベアリングのがた
（2）ホイール・バランスの不良
（3）エア圧の過大
（4）ホイール・アライメントの狂い

【解説】

答え（3）

タイヤが波状摩耗する場合は，ホイール・
バランスの不良，ホイール・ベアリングの
がた及びホイール・アライメントの狂いな
どが考えられる。

（3）のエア圧の過大は，参考図の中央摩
耗の原因として考えられる。

中央摩耗

問題

【No.17】　サスペンションのスプリング（ばね）に関する記述として，**不適切**
なものは次のうちどれか。

(1) エア・スプリングは，金属ばねと比較して，荷重の増減に応じてばね定数が自動的に変化するため，固有振動数をほぼ一定に保つことができる。

(2) エア・スプリングのばね定数は，荷重が大きくなるとレベリング・バルブの作用により小さくなる。

(3) 金属ばねは，最大積載荷重に耐えるように設計されているため，車両が軽荷重のときはばねが硬すぎるので乗り心地が悪い。

(4) 軽荷重のときの金属ばねは，最大積載荷重のときに比べて固有振動数が大きくなる。

【解説】

答え（2）

エア・スプリングのばね定数は，荷重が大きくなるとレベリング・バルブの作用により<u>大きく</u>なる。

荷重が大きくなれば，エア・スプリングが縮み車高が下がろうとするが，このとき，レベリング・バルブの作用によりエア・スプリングにエアが供給され，車高が元の高さに戻される。

エアが追加で供給されたことにより，エア・スプリングは硬くなる。つまり，ばね定数は大きくなる。

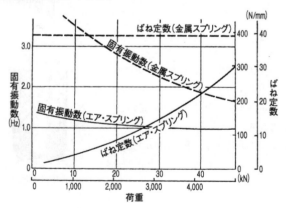

金属ばねとエア・スプリングの比較

問題

【No.18】 電動式パワー・ステアリングに関する記述として，**適切なもの**は次のうちどれか。

(1) コイルを用いたリング式のトルク・センサでは，インプット・シャフトは磁性体でできており，突起状になっている。

(2) ラック・アシスト式では，ステアリング・ギヤのピニオン部にトルク・センサ及びモータが取り付けられている。

(3) トルク・センサは，ステアリング・ホイールの操舵力のみを検出している。

(4) ホールICを用いたトルク・センサは，インプット・シャフトに多極マグネットを配置し，アウトプット・シャフトにはヨークが配置されている。

【解説】

答え （4）

ホールICを用いたトルク・センサは，参考図のように，ステアリング・ホイール側となるインプット・シャフトに多極マグネットが，ステアリング・ギヤ側となるアウトプット・シャフトにはヨークが配置されている。

操舵によってトーション・バーがねじれると，多極マグネットとヨーク歯部の相対位置が変化するため，ホールICを通過する磁束密度と磁束の向きが変化する。これを電圧信号に変換することで操舵力と操舵方向を検出している。

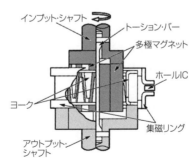

ホールIC式トルク・センサ

他の問題文を訂正すると以下のようになる。

(1) コイルを用いた<u>スリーブ式</u>のトルク・センサでは，インプット・シャフトは磁性体でできており，突起状になっている。

(2) ラック・アシスト式では，ステアリング・ギヤのピニオン部にトルク・センサが取付けられ，<u>ラック部に補助動力を与えるモータが取り付けられている</u>。

(3) トルク・センサにより，ステアリング・ホイールの<u>操舵力と操舵方向</u>を検出している。

【問題】

【No.19】　前進4段のロックアップ機構付き電子制御式ATの構成部品に関する記述として，**適切なもの**は次のうちどれか。

(1) フォワード・クラッチは，2種類のプレート（ドライブ・プレートとドリブン・プレート）が数枚交互に組み付けられており，ピストンに油圧が作用すると両プレートが分離するようになっている。

(2) バンド・ブレーキ機構は，リバース・クラッチ・ドラムを介してフロント・インターナル・ギヤを固定する。

(3) スプラグ式のワンウェイ・クラッチは，インナ・レースとアウタ・レースとの間に設けたスプラグの働きによって，一定の回転方向にだけ動力が伝えられる。

(4) バンド・ブレーキ機構は，ブレーキ・バンド，ディッシュ・プレートなどで構成されている。

【解説】

答え　（3）

スプラグ式のワンウェイ・クラッチは，インナ・レースとアウタ・レースとの間に設けたスプラグの働きによって，一定の回転方向にだけ動力が伝えられる。

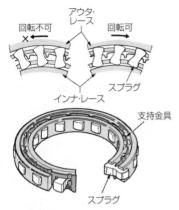

スプラグ式ワンウェイ・クラッチ

他の問題文を訂正すると以下のようになる。

(1) フォワード・クラッチは，2種類のプレート（ドライブ・プレートとドリブン・プレート）が数枚交互に組み付けられており，ピストンに油圧が作用すると両プレートが<u>密着</u>するようになっている。

(2) バンド・ブレーキ機構は，リバース・クラッチ・ドラムを介して<u>フロント・サン・ギヤ</u>を固定するものである。

(4) バンド・ブレーキ機構は，<u>ブレーキ・バンドやサーボ・ピストンなど</u>で構成されている。

問題

【No.20】 ブレーキに関する記述として，**不適切なもの**は次のうちどれか。

(1) 停止距離とは，運転者がアクセル・ペダルから足を離したときから車両が停止するまでに車両が進んだ距離をいい，空走距離と制動距離を合わせたものをいう。

(2) ブレーキは，自動車の熱エネルギを運動エネルギに変えて制動する装置である。

(3) 制動距離とは，ブレーキが作用してから停止するまでに車両が進む距離をいう。

(4) ブレーキ液は，月日が経つに連れて，含まれる水分量が多くなる性質がある。

【解説】

答え（2）

ブレーキは，自動車の<u>運動エネルギを熱エネルギ</u>に変えて制動する装置である。

走行中の自動車の運動エネルギは，減速および停止をする際に，摩擦ブレーキ，エキゾースト・ブレーキ，電磁式リターダなどの装置により，熱エネルギに変化されて放散される。

問題

【No.21】 ホイール及びタイヤに関する記述として，**不適切なもの**は次のうちどれか。

(1) アルミニウム合金製ホイールの３ピース構造は，絞り又はプレス加工したインナ・リムとアウタ・リムに，鋳造又は鍛造されたディスクをボルト・ナットで締め付け，更に溶接したものである。

(2) タイヤの偏平率は，小さくするとタイヤの横剛性が高くなり車両の旋回性能が向上する。

(3) タイヤの転がり抵抗のうちタイヤの変形による抵抗は，速度及びタイヤの種類，構造，エア圧などの影響を受けるが，路面の状況の影響は受けない。

(4) タイヤの走行音のうちスキール音は，タイヤのトレッド部が路面に対してスリップして局部的に振動を起こすことによって発生する。

【解説】

答え（3）

タイヤの変形による抵抗とは，タイヤが回転するごとに接地部が圧縮され，再び原形に戻ることを繰り返すことにより発生する抵抗をいう。この抵抗は，タイヤの転がり抵抗の中で最も大きく，<u>路面の状況</u>，速度及びタイヤの種類，構造，エア圧などの影響を受ける。

問題

【No.22】 ABSに関する記述として，**不適切なもの**は次のうちどれか。

(1) ABSの電子制御機構に断線，短絡，電源の異常などの故障が発生した場合でも，ABSの電子制御機構は継続して作動する。

(2) エンジン始動後の発進時にゆっくりと加速した場合などに，静かな

場所では，エンジン・ルームからABSのモータの作動音が聞こえる場合があるが，これはABSのイニシャル・チェックの音である。

(3) バッテリ上がりを起こした際などに，ブースタ・ケーブルを使用してエンジンを始動したあとに，一時的にABSのウォーニング・ランプが点灯する場合があるが，これはバッテリの電圧不足によるものである。

(4) 自己診断機能により，ABSの電子制御機構に起因する故障が検出されると，ウォーニング・ランプが点灯して運転者に故障の発生を知らせるとともにダイアグノーシス・コードを記憶する。

【解説】

答え (1)

ABSの電子制御機構に断線，短絡，電源の異常などの故障が発生すると，ABSの電子制御機構は作動せず，通常のブレーキ装置の制動作用と同じになる。

問題

【No.23】 回転速度差感応式差動制限型ディファレンシャルに内蔵されたビスカス・カップリングについて，次の文章の (イ) と (ロ) に当てはまるものとして，下の組み合わせのうち，**適切なもの**はどれか。

ビスカス・カップリングは，左右の駆動輪に回転速度差が生じると，プレート間にある (イ) による抵抗が生じ，(ロ) へトルクが伝達される。

	(イ)	(ロ)
(1)	ハイポイド・ギヤ・オイル	高回転側から低回転側
(2)	シリコン・オイル	低回転側から高回転側
(3)	ハイポイド・ギヤ・オイル	低回転側から高回転側
(4)	シリコン・オイル	高回転側から低回転側

【解説】

答え (4)

ビスカス・カップリングは，左右の駆動輪に回転速度差が生じると，プレート間にある（**シリコン・オイル**）による抵抗が生じ，（**高回転側から低回転側**）へトルクが伝達される。

ビスカス・カップリングは，内部に薄い円盤状のアウタ・プレートとインナ・プレートが交互に組み合わされており，その間に高粘度シリコン・

オイルが充填されている。また，アウタ・プレートはハウジングを介して左側サイド・ギヤと，インナ・プレートはインナ・シャフトとドライブ・シャフトを介して右側サイド・ギヤと嵌合している。

ディファレンシャル・ギヤの差動により，左右の駆動輪に回転速度差が生じると，インナ・プレートとアウタ・プレート間にも回転速度差が生じることになる。このとき，プレート間のシリコン・オイルに抵抗が発生し左右輪の差動が制限されるため，高回転側から低回転側にトルクが伝えられる。

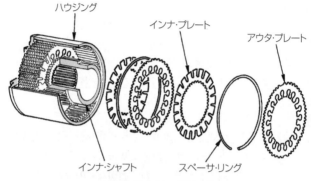

ハウジング　インナ・プレート　アウタ・プレート

インナ・シャフト　スペーサ・リング

ビスカス・カップリング

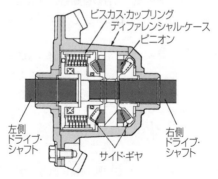

ビスカス・カップリング
ディファレンシャル・ケース
ピニオン

左側
ドライブ・
シャフト

サイド・ギヤ

右側
ドライブ・
シャフト

回転速度差感応式

問題

【No.24】　CVT（スチール・ベルトを用いたベルト式無段変速機）に関する記述として，**適切なもの**は次のうちどれか。

(1) Ｌレンジ時は，変速領域をプーリ比の最High付近にのみ制限することで，強力な駆動力及びエンジン・ブレーキを確保する。

(2) プーリ比が大きい（Low側）ときは，プライマリ・プーリの油圧室に掛かる油圧が低くなり，プライマリ・プーリの溝幅は広くなる。

(3) スチール・ベルトは，エレメントの伸張作用（エレメントの引っ張り）によって動力が伝達される。

(4) プライマリ・プーリの油圧室に掛かる油圧が高くなると，プライマリ・プーリに掛かるスチール・ベルトの接触半径は小さくなる。

【解説】

答え（2）

問題文の「プーリ比が大きい（Low側）とき」とは，参考図の左側の，スチール・ベルト接触半径が，プライマリ・プーリでは小さく，セカンダリ・プーリでは大きい状態をいう。このとき，プライマリ・プーリの油圧室に掛かる油圧が低くなり，プライマリ・プーリの溝幅は広くなっている。

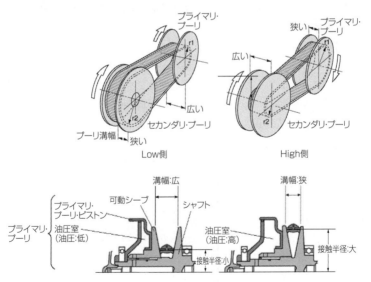

CVTの変速作動

他の問題文を訂正すると以下のようになる。

(1) Lレンジ時は，変速領域をプーリ比の最Low付近にのみ制限することで，強力な駆動力及びエンジン・ブレーキを確保する。

(3) スチール・ベルトは，エレメントの圧縮作用(エレメントの押し出し)によって動力が伝達される。

(4) プライマリ・プーリの油圧室に掛かる油圧が高くなると，プライマリ・プーリに掛かるスチール・ベルトの接触半径は大きくなる。

【問題】

【No.25】 トルク・コンバータに関する記述として，**適切なもの**は次のうちどれか。

(1) トルク比は，タービン・ランナが停止(速度比ゼロ)しているときが最大である。

(2) 速度比がゼロのときの伝達効率は100%である。

(3) 速度比は，タービン軸の回転速度にポンプ軸の回転速度を乗じて求めることができる。

(4) コンバータ・レンジでは，全ての範囲において速度比に比例して伝達効率が上昇する。

【解説】

答え (1)

参考図に，トルク・コンバータの性能曲線を示す。コンバータ・レンジにおけるトルク比は，タービン・ランナが停止(速度比ゼロ)しているとき

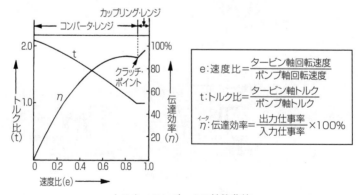

$$e:速度比 = \frac{タービン軸回転速度}{ポンプ軸回転速度}$$

$$t:トルク比 = \frac{タービン軸トルク}{ポンプ軸トルク}$$

$$\eta:伝達効率 = \frac{出力仕事率}{入力仕事率} \times 100\%$$

トルク・コンバータの性能曲線

が最大で，タービン・ランナが回転し始め，速度比が大きくなるにつれて
減少していく。

図を参考に，他の問題文を訂正すると以下のようになる。

(2) 速度比がゼロのときの伝達効率は <u>0 ％</u>である。

(3) 速度比は，タービン軸の回転速度にポンプ軸の回転速度を<u>除して</u>求
めることができる。

(4) コンバータ・レンジでは，全ての範囲において<u>速度比に比例して伝
達効率が上昇するとは言えない</u>。速度比が大きくなるに伴い伝達効率
が上昇するが，タービン・ランナから流出するATFがステータの羽
根の裏側に当たるようになると伝達効率が下がってくるため，比例し
ているとは言えない。

問題

【No.26】 図に示すホイール・アライ
メントに関する次の文章の（イ）
と（ロ）に当てはまるものとして，
下の組み合わせのうち，**適切なも
の**はどれか。

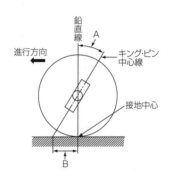

フロント・ホイールを横方向か
ら見たAを（イ）といい，Bの
（ロ）を長くすると直進復元力が
大きくなる反面，ステアリング・
ホイールの操舵力が重くなる。

	（イ）	（ロ）
(1)	プラス・キャスタ	マイナス・キャスタ・トレール
(2)	マイナス・キャスタ	プラス・キャスタ・トレール
(3)	マイナス・キャスタ	マイナス・キャスタ・トレール
(4)	プラス・キャスタ	プラス・キャスタ・トレール

【解説】

答え（4）

フロント・ホイールを横方向から見たAを（**プラス・キャスタ**）といい，
Bの（**プラス・キャスタ・トレール**）を長くすると直進復元力が大きくなる

反面，ステアリング・ホイールの操舵力が重くなる。

　フロント・ホイールを横から見ると，キング・ピンは参考図のように鉛直線に対して前後どちらかに傾いている。この傾斜をキャスタという。問題図中のAは，進行方向に対して後方に傾斜しているのでプラス・キャスタであることが分かる。

　キング・ピン中心線の延長線が路面と交差する点をキャスタ点といい，タイヤの接地中心との距離をキャスタ・トレールというが，問題図中のBは，キャスタ点が接地面の前方に位置するため，プラス・キャスタ・トレールであることが分かる。

　なお，タイヤの転舵中心となるキャスタ点がタイヤ接地中心の前方にあると，走行時に接地中心は転がり抵抗によって後方に引かれるため，タイヤが転舵した方向から直進方向に向き直ろうとする力が発生する。これが直進復元力として作用し，ステアリング・ホイールの操舵は，この復元力に打ち勝って行われることとなる。

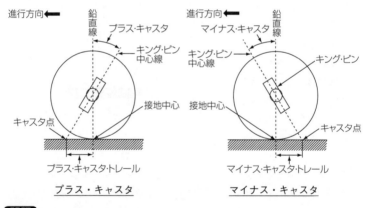

プラス・キャスタ　　　　　　　　マイナス・キャスタ

問題

【No.27】　SRSエアバッグに関する記述として，**適切なもの**は次のうちどれか。
　(1)　インパクト・センサは，衝撃を電気信号に変換してセンサ内の衝突判定回路に入力し，衝突の判定を行う。
　(2)　エアバッグ・アセンブリの抵抗測定は，必ず10秒以内に行う。
　(3)　エアバッグ・アセンブリのコネクタを取り外した場合，コネクタ内

で全ての端子が短絡され，静電気などでSRSエアバッグが誤作動しないようになっている。

(4) 規定値を超えた衝撃が，車両後部に検知された場合に作動する構造となっている。

【解説】

答え（3）

エアバッグ・アセンブリのコネクタを取り外した場合，コネクタ内で全ての端子が短絡され，静電気などでSRSエアバッグが誤作動しないようになっている。

他の問題文を訂正すると以下のようになる。

(1) インパクト・センサは，衝撃を電気信号に変換して<u>ECU内</u>の衝突判定回路に入力し，衝突の判定を行う。

(2) エアバッグ・アセンブリの抵抗測定は，<u>絶対に行わない</u>。サーキット・テスタの抵抗レンジでの測定は，電流を流すので，エアバッグが誤作動するおそれがある。

(4) 規定値を超えた衝撃が，車両<u>前部</u>に検知された場合に作動する構造となっている。

問題

【No.28】 CAN通信に関する記述として，**適切なもの**は次のうちどれか。

(1) 一端の終端抵抗が断線した場合，耐ノイズ性には影響はないが，通信速度に影響を与え，ダイアグノーシス・コードが出力されることがある。

(2) CAN−H，CAN−Lともに2.5Vの状態をドミナントという。

(3) バス・オフ状態とは，エラーを検知し，リカバリ後にエラーが解消し，通信を再開した状態をいう。

(4) CANは，一つのECUが複数のデータ・フレームを送信したり，バス・ライン上のデータを必要とする複数のECUが同時にデータ・フレームを受信することができる。

【解説】

答え（4）

CAN通信システムは，参考図のように，複数のECUをバス・ラインで

結ぶことで，各ECU間の情報共有を可能にしている。

　各ECUは，センサの情報をデータ・フレームとして定期的にバス・ライン上に送信をするが，一つのECUが複数のデータ・フレームを送信したり，バス・ライン上のデータを必要とする複数のECUが同時にデータ・フレームを受信することができる。

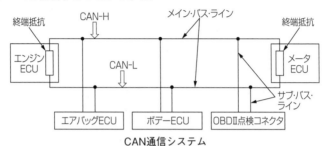

CAN通信システム

他の問題文を訂正すると以下のようになる。

(1) 一端の終端抵抗が破損すると，通信はそのまま継続されるが，<u>耐ノイズ性が低下する</u>。このときダイアグノーシス・コードが出力されることがある。

(2) CAN-H，CAN-Lともに2.5Vの状態を<u>レセシブ</u>という。

(3) バス・オフ状態とは，エラーを検知しリカバリが実行されても，<u>エラーが解消せず，通信が停止してしまう状態</u>をいう。

【問題】

【No.29】 ボデー及びフレームに関する記述として，**適切なもの**は次のうちどれか。

(1) モノコック・ボデーは，サスペンションなどからの振動や騒音が伝わりにくいので，防音や防振に優れている。

(2) モノコック・ボデーは，ボデー自体がフレームの役目を担うため，質量(重量)を小さく(軽く)することができる。

(3) トラックのフレームは，トラックの全長にわたって貫通した左右2本のクロス・メンバが配列されている。

(4) フレームのサイド・メンバを補強する場合，必ずフレームの厚さ以上の補強材を使用する。

【解説】

答え（2）

モノコック・ボデーとは，参考図のように，独立したフレームをもたない一体構造のボデーで，乗用車のボデーとして多く採用されている。ボデー自体がフレームの役目を担うため，質量(重量)を小さく(軽く)することができる。

他の問題文を訂正すると以下のようになる。

モノコック・ボデー

(1) モノコック・ボデーは，サスペンションなどからの<u>振動や騒音が伝わりやすい</u>ので，<u>防音，防振のための工夫が必要</u>となる。

(3) トラックのフレームは，トラックの全長にわたって貫通した左右2本の<u>サイド・メンバ</u>が配列されている。その間に，はしごのようにクロス・メンバを置き，それぞれが溶接などで結合されている。

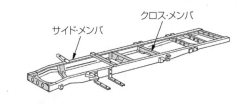

トラック用フレーム

(4) フレームのサイド・メンバを補強する場合，<u>フレームの厚さ以上の補強材を使用しない</u>。

問題

【No.30】 エアコンに関する記述として，**適切なもの**は次のうちどれか。

(1) レシーバは，エバポレータ内における冷媒の気化状態に応じて噴射する冷媒の量を調節する。

(2) エア・ミックス方式では，ヒータ・コアに流れるエンジン冷却水の流量をウォータ・バルブによって変化させることで，吹き出し温度の調整を行う。

(3) 両斜板式のコンプレッサは，シャフトが回転すると，斜板によってピストンが円運動を行う。

(4) エキスパンション・バルブは，レシーバを通ってきた高温・高圧の液状冷媒を，細孔から噴射させることにより，急激に膨張させて，低温・低圧の霧状の冷媒にする。

【解説】

答え（4）

エキスパンション・バルブは，レシーバを通ってきた高温・高圧の液状冷媒を，細孔から噴射させることにより，急激に膨張させて，低温・低圧の霧状の冷媒にする。

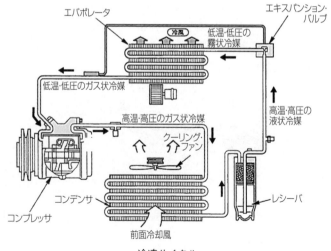

冷凍サイクル

　この霧状の冷媒は，エバポレータ内で急激に膨張して気化し，エバポレータのフィンを通して周囲の空気から熱を奪うため，冷気が得られる。

　他の問題文を訂正すると以下のようになる。

(1) エキスパンション・バルブは，エバポレータ内における冷媒の気化状態に応じて噴射する冷媒の量を調節する。

(2) リヒート方式では，ヒータ・コアに流れるエンジン冷却水の流量をウォータ・バルブによって変化させることで，吹き出し温度の調整を行う。

(3) 両斜板式コンプレッサは，シャフトが回転すると，斜板によってピストンが往復運動を行う。

問題

【No.31】　エンジン・オイルの添加剤のうち，粘度指数向上剤に関する記述として，**適切なもの**は次のうちどれか。

(1) エンジン・オイルが冷却された際，オイルに含まれるろう（ワックス）分が結晶化するのを抑えるための添加剤である。

(2) オイルの金属表面に対するなじみを良くし，強固な油膜を張らせる添加剤である。

(3) 温度変化に対しても適正な粘度を保って潤滑を完全にし，寒冷時のエンジンの始動性も良好にする添加剤である。

(4) 燃焼生成物及びオイルの劣化物のために，シリンダ壁面やその他の摩擦部の腐食を防止するための添加剤である。

【解説】

　答え（3）

　「粘度指数向上剤」の記述は，（3）の通り。

　(1) は「流動点降下剤」，(2) は「油性向上剤」，(4) は「腐食防止剤」の記述である。

問題

【No.32】 合成樹脂と複合材に関する記述として，**不適切なもの**は次のうち
どれか。

(1) 熱可塑性樹脂の種類として，フェノール樹脂，不飽和ポリエステル，
   ポリウレタンなどがある。

(2) FRP（繊維強化樹脂）のうち，GFRP（ガラス繊維強化樹脂）は，不飽
   和ポリエステルをマット状のガラス繊維に含浸させて成形したもので
   ある。

(3) 熱硬化性樹脂は，加熱すると硬くなり，再び軟化しない樹脂である。

(4) FRM（繊維強化金属）は，ピストンやコンロッドなどに使用されて
   いる。

【解説】

答え （1）

「熱可塑性樹脂」とは，加熱すると柔らかくなり，冷えると硬くなる樹
脂で，種類としては，ポリプロピレン，ポリ塩化ビニール，ABS樹脂，
ポリアミド（ナイロン）などがある。

問題文の「フェノール樹脂，不飽和ポリエステル，ポリウレタンなど」
は，熱硬化性樹脂といい，加熱すると硬くなり，再び軟化しない樹脂である。

問題

【No.33】 図に示すバルブ機構において，バルブを全開にしたときに，バル
ブ・スプリングのばね力（荷重）が350N（F_2）とすると，そのときのカム
の頂点に掛かる力（F_1）として，
適切なものは次のうちどれか。

(1) 306N

(2) 400N

(3) 425N

(4) 700N

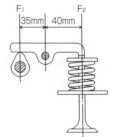

【解説】

答え （2）

バルブ・スプリングのばね力F_2，カムの頂部に掛かる力F_1は，ロッカ・アームの支点からの距離の関係で次式が成り立つ。

$F_1(N) \times 35mm = F_2(N) \times 40mm$

これに，バルブ・スプリングのばね力350Nを代入し，カムの頂部に掛かる力F_1を求めると

$F_1(N) \times 35mm = 350N \times 40mm$

$$F_1(N) = \frac{350N \times 40mm}{35mm}$$

$$= 400N$$

となる。

問題

【No.34】　自動車の材料に用いられる鉄鋼に関する記述として，**不適切なもの**は次のうちどれか。

(1) 普通鋼(炭素鋼)は，硬鋼と軟鋼に分類され硬鋼は軟鋼より炭素を含む量が少ない。

(2) 普通鋳鉄は，破断面がねずみ色で，フライホイールやブレーキ・ドラムなどに使用されている。

(3) 合金鋳鉄は，普通鋳鉄にクロム，モリブデン，ニッケルなどの金属を一種類又は数種類加えたもので，カムシャフトやシリンダ・ライナなどに使用されている。

(4) 球状黒鉛鋳鉄は，普通鋳鉄に含まれる黒鉛を球状化させるために，マグネシウムなどの金属を少量加えて，強度や耐摩耗性などを向上させたものである。

【解説】

答え　(1)

普通鋼(炭素鋼)は，硬鋼と軟鋼に分類され，硬鋼は軟鋼より炭素を含む量が多い。

炭素の含有量が多い硬鋼は，軟鋼より硬くて強い反面，延性及び展性は劣っている。逆に軟鋼は硬鋼より柔らかくて粘り強いため，延性及び展性に優れている。

問題

【No.35】 次の諸元を有するトラックの最大積載時の前軸荷重について，**適切なもの**は次のうちどれか。ただし，乗員１人当たりの荷重は550Nで，その荷重は前車軸の中心に作用し，また，積載物の荷重は荷台に等分布にかかるものとする。

ホイールベース	5,000mm	乗車定員	3人
空車時前軸荷重	32,000N	荷台内側長さ	6,400mm
空車時後軸荷重	25,500N	リア・オーバハング（荷台内側まで）	1,200mm
最大積載荷重	30,000N		

(1) 40,850N

(2) 44,000N

(3) 45,650N

(4) 48,950N

【解説】

答え (3)

諸元中の寸法を図中に表し，荷台後端から中心までの長さとリヤ・オーバハングの差より，荷台オフセットを求めると

（荷台オフセット）＝3,200mm－1,200mm

$\qquad\qquad$ ＝2,000mm

となる。

ホイール・ベースと荷台オフセットの関係から，最大積載荷重30,000Nによる前軸重の増加分を求め，計算すると

（積載時の前軸重）＝（空車時前軸重）＋（乗員3人の重量）＋（最大積載荷重）×$\dfrac{（荷台オフセット）}{（ホイール・ベース）}$

$$= 32,000N + 1,650N + 30,000N \times \frac{2,000mm}{5,000mm}$$

$$= 45,650N$$

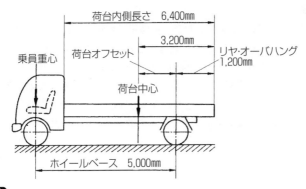

荷台内側長さ　6,400mm

3,200mm

荷台オフセット　　　　　　リヤ・オーバハング
1,200mm

乗員重心

荷台中心

ホイールベース　5,000mm

問題

【No.36】「道路運送車両の保安基準」及び「道路運送車両の保安基準の細
目を定める告示」に照らし，最高速度が100km/hの小型四輪自動車の方
向指示器に関する次の文章の（イ）と（ロ）に当てはまるものとして，
下の組み合わせのうち，**適切なもの**はどれか。

　　自動車には，方向指示器を自動車の車両中心線上の前方及び後方（イ）
の距離から照明部が見通すことのできる位置に少なくとも左右１個ずつ
備えること。また，方向指示器の灯光の色は，（ロ）であること。

　　　　（イ）　　　　　　　（ロ）

(1) 30m　　　　　橙　色

(2) 30m　　　　　白色又は青色

(3) 100m　　　　橙　色

(4) 100m　　　　白色又は青色

【解説】

　　答え（1）

　　自動車には，方向指示器を自動車の車両中心線上の前方及び後方（**30m**）
の距離から照明部が見通すことのできる位置に少なくとも左右１個ずつ備
えること。また，方向指示器の灯光の色は，（**橙色**）であること。

　　（保安基準　第41条　細目告示第215条（1）（2））

問題

【No.37】「道路運送車両法」及び「道路運送車両法施行規則」に照らし，
小型四輪自動車の特定整備に**該当するもの**は次のうちどれか。

(1) 車輪を取り外して行う自動車の整備又は改造

(2) 燃料装置の燃料タンクを取り外して行う自動車の整備又は改造

(3) 緩衝装置のリーフ・スプリングを取り外して行う自動車の整備又は改造

(4) 前輪独立懸架装置のストラットを取り外して行う自動車の整備又は
改造

【解説】

答え（3）

「特定整備の定義」について，道路運送車両法施行規則で以下のように
規定されている。

第3条（中略）

6．緩衝装置のシャシばね（コイルばね及びトーションバー・スプリン
グを除く。）を取り外して行う自動車の整備又は改造。

（道路運送車両法施行規則　第3条6）

よって，緩衝装置のリーフ・スプリングを取り外して行う自動車の整備
又は改造は，特定整備に該当する。ちなみに，同じ"シャシばね"でも，
「コイルばね及びトーションバー・スプリングの取り外し」は適応外。

問題

【No.38】「道路運送車両の保安基準」及び「道路運送車両の保安基準の細
目を定める告示」に照らし，次の文章の（　）に当てはまるものとして，
適切なものはどれか。

燃料タンクの注入口及びガス抜口は，露出した電気端子及び電気開閉
器から（　）以上離れていること。

(1) 150mm

(2) 200mm

(3) 250mm

(4) 300mm

【解説】

答え　(2)

燃料タンクの注入口及びガス抜口は，露出した電気端子及び電気開閉器から（**200mm**）以上離れていること。

（保安基準　第15条　細目告示第174条(2)）

問題

【No.39】「道路運送車両の保安基準」及び「道路運送車両の保安基準の細目を定める告示」に照らし，小型四輪自動車の前部霧灯に関する基準の記述として，**不適切なもの**は次のうちどれか。

(1)　前部霧灯は，白色又は淡黄色であり，その全てが同一であること。

(2)　前部霧灯は，同時に３個以上点灯しないように取り付けられていること。

(3)　前部霧灯の点灯操作状態を運転者席の運転者に表示する装置を備えること。

(4)　前部霧灯の照明部の最外縁は，自動車の最外側から600mm以内となるように取り付けられていること。

【解説】

答え　(4)

前部霧灯の照明部の最外縁は，自動車の最外側から400mm以内となるように取り付けられていること。

（保安基準　第33条　細目告示第199条３(4)）

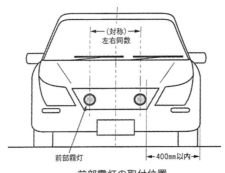

前部霧灯の取付位置

問題

【No.40】「道路運送車両法」及び「道路運送車両法施行規則」に照らし,
国土交通大臣の行う検査を受け,有効な自動車検査証の交付を受けているものでなければ,運行の用に供してはならない自動車に**該当しないもの**は次のうちどれか。

(1) 普通自動車

(2) 検査対象軽自動車

(3) 小型特殊自動車

(4) 四輪の小型自動車

【解説】

答え (3)

自動車(国土交通省令で定める軽自動車及び小型特殊自動車を除く。)は,国土交通大臣の行う検査を受け,有効な自動車検査証の交付を受けなければ,これを運行の用に供してはならない。

(道路運送車両法 第58条)

検査の対象となる自動車は,

・普通自動車

・小型自動車(二輪の小型自動車も含む)

・検査対象軽自動車

であり,小型特殊自動車と国土交通省令で定める軽自動車(検査対象外軽自動車)は対象から除かれる。

04・10　試験問題（登録）

【問題】

【No.1】　ピストン及びピストン・リングに関する記述として，**適切なもの**は次のうちどれか。

(1) コンプレッション・リングは，シリンダ壁面とピストンとの間の気密を保つ働きと，燃焼によりピストンが受ける熱をシリンダに伝える役目をしている。

(2) ピストン・ヘッド部には，騒音の低減を図るため，バルブの逃げを設けている。

(3) バレル・フェース型のピストン・リングは，しゅう動面がテーパ状になっており，シリンダ壁面と線接触するため，なじみやすく気密性が優れている。

(4) ピストン・スカート部に条こん(すじ)仕上げをし，さらに樹脂コーティング又はすずめっきを施しているのは，混合気に渦流を発生させるためである。

【解説】

答え　(1)

コンプレッション・リングの役目は，問題文の通り。

他の問題文を訂正すると以下のようになる。

(2) ピストン・ヘッド部には，参考図のようなバルブ逃げを設けているものがあるが，これは圧縮比を高めるためピストンを極限まで上昇させた場合に，<u>バルブとピストン頭部がぶつからない工夫</u>である。

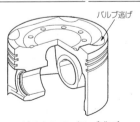

ピストンのバルブ逃げ

(3) <u>テーパ・フェース型</u>のピストン・リングは，しゅう動面がテーパ状になっており，シリンダ壁面と線接触するため，なじみやすく気密性が優れている。問題文中の，"バレル・フェース型"は，しゅう動面が円弧状になっており，初期なじみの際の異常摩耗が少ない。

(4) ピストン・スカート部に条こん(すじ)仕上げをし，更に樹脂コーティング又はすずめっきを施しているのは，<u>オイルの保持を高め，初期なじみの向上，ピストンの焼き付き防止，騒音，摩擦などの低減を図るためである。</u>

【問題】

【No.2】 エンジンの性能に関する記述として，**適切なもの**は次のうちどれか。

(1) 体積効率と充填効率は，平地ではほとんど同じであるが，高山など気圧の低い場所では差を生じる。

(2) 平均有効圧力は，行程容積を1サイクルの仕事で除したもので，排気量や作動方式の異なるエンジンの性能を比較する場合などに用いられる。

(3) 熱効率のうち図示熱効率とは，理論サイクルにおいて仕事に変えることのできる熱量と，供給する熱量との割合をいう。

(4) 実際にエンジンのクランクシャフトから得られる動力を図示仕事率という。

【解説】

答え (1)

体積効率と充填効率は，平地ではほとんど同じであるが，高山など気圧の低い場所では差を生じる。ガソリン・エンジンの体積効率は，一般に0.8ぐらいである。

他の問題文を訂正すると以下のようになる。

(2) 平均有効圧力は，<u>1サイクルの仕事を行程容積で除した</u>もので，排気量や作動方式の異なるエンジンの性能を比較する場合などに用いられる。

(3) 熱効率のうち<u>理論熱効率</u>とは，理論サイクルにおいて仕事に変えることのできる熱量と，供給する熱量との割合をいう。

(4) 実際にエンジンのクランクシャフトから得られる動力を<u>正味仕事率</u>という。

問題

【No.3】 コンロッド・ベアリングに関する記述として，**適切なもの**は次のうちどれか。

(1) アルミニウム合金メタルで，すずの含有率の低いものは，熱膨張率が大きいのでオイル・クリアランスを大きくとる必要がある。

(2) コンロッド・ベアリングに要求される性質のうち耐疲労性とは，異物などをベアリングの表面に埋め込んでしまう性質をいう。

(3) トリメタル(三層メタル)は，アルミニウムに10％～20％のすずを加えた合金である。

(4) クラッシュ・ハイトが大き過ぎると，ベアリングにたわみが生じて局部的に荷重が掛かるので，ベアリングの早期疲労や破損の原因となる。

【解説】

答え (4)

クラッシュ・ハイトとは，参考図に示す寸法であり，ベアリングの締め代となるものである。

クラッシュ・ハイトが大き過ぎると，ベアリングにたわみが生じて局部的に荷重が掛かるため，ベアリングの早期疲労や破損の原因となる。

逆に小さ過ぎると，ベアリング・ハウジングとベアリングの裏金との密着が悪くなり，熱伝導が不良となるので，焼き付きを起こす原因となる。

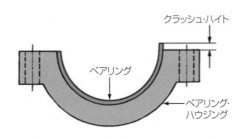

クラッシュ・ハイト

他の問題文を訂正すると以下のようになる。

(1) アルミニウム合金メタルで，すずの含有率の高いものは，熱膨張率が大きいのでオイル・クリアランスを大きくとる必要がある。

(2) コンロッド・ベアリングに要求される性質のうち，異物などをベアリングの表面に埋め込んでしまう性質は"埋没性"という。問題文中の"耐疲労性"とは，ベアリングに繰り返し荷重が加えられても，その機械的性質が変化しにくい性質をいい，コンロッド・ベアリングなどのように力の方向が変化する場合は，耐疲労性が重要である。

(3) トリメタル(三層メタル)は，銅に20～30％の鉛を加えた合金(ケルメット・メタル)を鋼製裏金に焼結し，その上に鉛とすずの合金又は鉛とイリジウムの合金をめっきしたものである。問題文中のアルミニウムに10％～20％のすずを加えた合金は"アルミニウム合金メタル"である。

【問題】

【No.4】 シリンダ・ヘッドとピストンで形成されるスキッシュ・エリアに関する記述として，**適切なもの**は次のうちどれか。

(1) 吸入混合気に渦流を与えて，燃焼時間を長くすることで最高燃焼ガス温度の上昇を促進させている。

(2) スキッシュ・エリアの厚み(クリアランス)が小さくなるほど，混合気の渦流の流速は低くなる。

(3) 吸入混合気に渦流を与えて，燃焼行程における火炎伝播の速度を高めている。

(4) 斜めスキッシュ・エリアは，斜め形状により吸入通路からの吸気がスムーズになることで渦流の発生を防ぐことができる。

【解説】

答え (3)

スキッシュ・エリアとは，参考図のように，シリンダ・ヘッド底面とピストン頂部との間に形成される間隙部のことをいう。圧縮行程でピストンが上死点に近づくと，スキッシュ・エリア部の混合気が押し出されて渦流が発生する。この渦流により燃焼行程における火炎伝播速度が高まり燃焼時間が短縮されるため，最高燃焼ガス温度の上昇が抑制される。

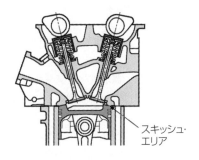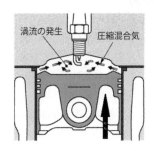

スキッシュ・エリア

他の問題文を訂正すると以下のようになる。

(1) 吸入混合気に渦流を与えて，燃焼時間を<u>短く</u>することで最高燃焼ガス温度の上昇を<u>抑制している</u>。

(2) スキッシュ・エリアの厚み(クリアランス)が小さくなるほど，混合気の渦流の流速は<u>高くなる</u>。

(4) 斜めスキッシュ・エリアは，一般的なスキッシュ・エリアをさらに発展させたもので，斜め形状により吸入通路からの吸気がスムーズになり，<u>強い渦流の発生が得られる</u>。

問題

【No.5】 電子制御式燃料噴射装置のセンサに関する記述として，**不適切なもの**は次のうちどれか。

(1) ジルコニア式O_2センサのジルコニア素子は，高温で内外面の酸素濃度の差がないときに起電力が発生する性質がある。

(2) 空燃比センサの出力は，理論空燃比より小さい(濃い)と低くなり，大きい(薄い)と高くなる。

(3) バキューム・センサの出力電圧は，インテーク・マニホールド圧力が高くなるほど大きくなる(増加する)特性がある。

(4) ホール素子式のアクセル・ポジション・センサは，制御用センサと異常検出用センサの二重系統になっており，ECUは二つの信号の電圧差により異常を検出している。

【解説】

答え（1）

ジルコニア式O₂センサのジルコニア素子は，高温で内外面の<u>酸素濃度差が大きいとき</u>に起電力を発生する性質がある。

ジルコニア式O₂センサは，参考図のように，試験管状のジルコニア素子の表面に白金をコーティングした構造で，内面に大気が導入され，外面は排気ガス中にさらされている。

「内外面の酸素濃度差が大きい」とは，外面の排気ガス中に酸素がない状態を指し，これは空燃比の小さい（濃い）状態であることがわかる。このとき，参考図のように，O₂センサは起動力を発生する。

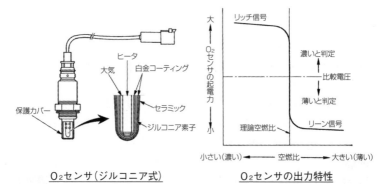

O₂センサ（ジルコニア式）　　　O₂センサの出力特性

【問題】

【No.6】　鉛バッテリに関する記述として，**適切なもの**は次のうちどれか。

(1) バッテリの電解液温度が50℃未満におけるバッテリの容量は，電解液温度が高いほど減少し，低いほど増加する。

(2) バッテリから取り出し得る電気量は，放電電流が大きいほど小さくなる。

(3) バッテリの放電終止電圧は，一般に放電電流が大きくなるほど，高く定められている。

(4) 起電力は，一般に電解液の温度が高くなると小さくなり，その値は，電解液温度が1℃上昇すると0.0002V～0.0003V程度低くなる。

【解説】

　答え　(2)

　バッテリから取り出し得る電気量，つまり，バッテリの容量は，放電電流が大きいほど小さくなる。

　バッテリを放電していくと，両極板とも硫酸鉛に変化するが，硫酸基の吸収は極板表面層から起こり，徐々に極板細孔内に浸透していく。取り出し得る電気量が小さくなるのは，放電電流が大きいと極板細孔内への拡散浸透する硫酸基の補給速度が遅れて化学反応が追い付かず，早く放電終止電圧に到達しまうことに起因する。

　他の問題文を訂正すると以下のようになる。

(1)　バッテリの電解液温度が50℃未満におけるバッテリの容量は，電解液温度が高いほど増加し，低いほど減少する。

(3)　自動車用バッテリの放電終止電圧は，一般に放電電流が大きくなるほど，低く定められている。

　　なお，自動車用バッテリでよく用いられる5時間率放電電流（5時間で放電終止電圧となる放電電流）で放電した場合，一般に放電終止電圧は10.5V（1セル当たり1.75V）と定められている。

(4)　起電力は，一般に電解液温度が高くなると大きくなり，その値は，電解液温度が1℃上昇すると0.0002〜0.0003V程度高くなる。

問題

【No.7】 電子制御装置に用いられるスロットル・ポジション・センサに関する記述として，**不適切なもの**は次のうちどれか。

(1)　ホール素子式のスロットル・ポジション・センサは，スロットル・バルブ開度の検出にホール効果を用いて行っている。

(2)　スロットル・ボデーのスロットル・バルブと同軸上に取り付けられている。

(3)　センサ信号は，燃料噴射量，点火時期，アイドル回転速度などの制御に使用している。

(4)　ホール素子に加わる磁束の密度が小さくなると，発生する起電力は大きくなる。

【解説】

答え（4）

ホール効果とは,参考図のようにホール素子に流れている電流に対して,垂直方向に磁束を加えると，電流と磁束の両方に直交する方向に起電力が発生する現象であり，この加える<u>磁束の密度が大きくなると発生する起電力も大きくなる。</u>

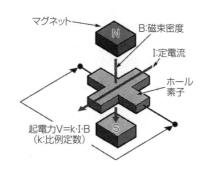

マグネット
B:磁束密度
I:定電流
ホール素子
起電力V=k·I·B
（k:比例定数）

ホール効果

問題

【No.8】 NOxの低減策に関する記述として，**適切なもの**は次のうちどれか。

(1) EGR（排気ガス再循環）装置や可変バルブ機構を使って，不活性な排気ガスを一定量だけ吸気側に導入し最高燃焼ガス温度を上げる。

(2) 空燃比制御により，理論空燃比付近の狭い領域に空燃比を制御し，理論空燃比領域で有効に作用する三元触媒を使って排気ガス中のNOxを還元する。

(3) インテーク・マニホールドの形状を改良して，各シリンダへの混合気配分の均質化を図る。

(4) エンジンの運転状況に対応する空燃比制御及び点火時期制御を的確に行うことで，最高燃焼ガス温度を上げる。

【解説】

答え（2）

NOxの低減策における空燃比制御の説明は，問題文の通り。

他の問題文を訂正すると以下のようになる。

(1) EGR(排気ガス再循環)装置や可変バルブ機構を使って，不活性な排気ガスを一定量だけ吸気側に導入し最高燃焼ガス温度を<u>下げる</u>。

(3) インテーク・マニホールドの形状を改良して，各シリンダへの混合気配分の均質化を図ることは，やや薄い混合気での燃焼が安定するため，NOxよりもCO，HCの低減策と考える方が妥当である。

(4) エンジンの運転状況に対応する空燃比制御及び点火時期制御を的確に行うことで，最高燃焼ガス温度を<u>下げる</u>。

問題

【No.9】 点火順序が1－5－3－6－2－4の4サイクル直列6シリンダ・エンジンに関する次の文章の（イ）と（ロ）に当てはまるものとして，下の組み合わせのうち，**適切なもの**はどれか。

　　第6シリンダが吸入下死点にあり，この位置からクランクシャフトを回転方向に回転させ，第3シリンダのバルブをオーバラップの上死点状態にするために必要な回転角度は（イ）である。

　　その状態から更にクランクシャフトを回転方向に180°回転させたとき，圧縮行程途中にあるのは（ロ）である。

　　（イ）　　　　　（ロ）

(1) 420°　　　　第3シリンダ

(2) 540°　　　　第1シリンダ

(3) 420°　　　　第5シリンダ

(4) 540°　　　　第6シリンダ

【解説】

答え（3）

　　第6シリンダが吸入下死点にあり，この位置からクランクシャフトを回転方向に回転させ，第3シリンダのバルブをオーバラップの上死点状態にするために必要な回転角度は（**420°**）である。（中央図参照）その状態から更にクランクシャフトを回転方向に180°回転させたとき，圧縮行程途中にあるのは（**第5シリンダ**）である。（次頁図参照）

点火順序　1-5-3-6-2-4

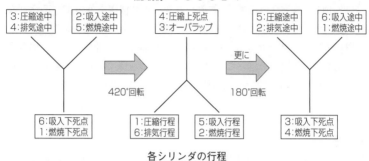

各シリンダの行程

【問題】

【No.10】　図に示す論理回路用の電気用図記号として，下の（イ）と（ロ）の組み合わせのうち，**適切なもの**はどれか。

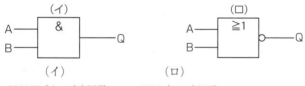

	（イ）	（ロ）
(1)	NAND（ナンド）回路	NOR（ノア）回路
(2)	AND（アンド）回路	OR（オア）回路
(3)	NAND（ナンド）回路	OR（オア）回路
(4)	AND（アンド）回路	NOR（ノア）回路

【解説】

答え（4）

（イ）がAND（アンド）回路で（ロ）はNOR（ノア）回路である。

AND回路とは，二つの入力のAと（AND）Bが共に"1"のときのみ出力が"1"となる回路をいう。

NOR回路とは，OR回路にNOT回路を接続した回路である。OR回路で，二つの入力のA又は（OR）Bのいずれか一方，又は両方が"1"のとき，出力が"1"となるが，NOT回路が接続され，出力が反対の"0"となる回路である。

【問題】

【No.11】 吸排気装置の過給機に関する記述として，**適切なもの**は次のうちどれか。

(1) 2葉ルーツ式のスーパ・チャージャでは，過給圧が規定値になると，過給圧の一部を吸入側へ逃がし，過給圧を規定値に制御するエア・バイパス・バルブが設けられている。

(2) ターボ・チャージャは，タービン・ハウジング，タービン・ホイール，コンプレッサ・ハウジング，コンプレッサ・ホイール及びドライブ・ギヤなどで構成されている。

(3) 2葉ルーツ式のスーパ・チャージャでは，ロータ1回転につき1回の吸入・吐出が行われる。

(4) ターボ・チャージャに用いられるコンプレッサ・ホイールの回転速度は，タービン・ホイールの回転速度の2倍である。

【解説】

答え (1)

参考図はルーツ式スーパ・チャージャの構成を示す。

2葉ルーツ式のスーパ・チャージャでは，必要以上に過給圧が高くなるとノッキングなどの弊害が発生するため，過給圧が規定値になると，過給圧の一部を吸入側へ逃がし，過給圧を規定値に制御するエア・バイパス・バルブが設けられている。

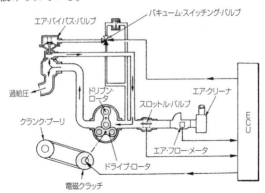

ルーツ式スーパ・チャージャの構成図

なお，エンジン負荷が小さいときは燃費や騒音の低減を図るため，駆動を停止できるようにプーリ部に電磁クラッチを設けている。

他の問題文を訂正すると以下のようになる。

(2) ターボ・チャージャは，タービン・ハウジング，タービン・ホイール，コンプレッサ・ハウジング，コンプレッサ・ホイール及びセンタ・ハウジングなどで構成されている。ターボ・チャージャの構成部品にドライブ・ギヤはない。

(3) 2葉ルーツ式のスーパ・チャージヤでは，ロータ1回転につき4回の吸入・吐出が行われる。

(4) ターボ・チャージャに用いられるコンプレッサ・ホイールの回転速度は，タービン・ホイールの回転速度と同速度である(両ホイールが同軸上にあるため)

問題

【No.12】 バッテリに関する記述として，**不適切なもの**は次のうちどれか。

(1) ハイブリッド・バッテリは，正極にアンチモン(Sb)鉛合金，負極にカルシウム(Ca)鉛合金を使用している。

(2) アイドリング・ストップ車両用のカルシウム・バッテリは，深い充・放電の繰り返しへの耐久性を向上させている。

(3) カルシウム・バッテリは，低コストが利点であるが，メンテナンス・フリー特性はハイブリッド・バッテリに比べて悪い。

(4) 電気自動車やハイブリッド・カーに用いられているニッケル水素バッテリは，電極板にニッケルの多孔質金属材料や水素吸蔵合金などが用いられている。

【解説】

答え (3)

カルシウム・バッテリは，正極・負極の両方の電極にカルシウム鉛合金を使用したもので，自己放電及び電解液の蒸発が比較的少なく，メンテナンスの頻度を抑えることができる。よって，ハイブリッド・バッテリと比べるとメンテナンス・フリー特性に優れていると言える。また，コスト面では，低アンチモン・バッテリが最も安価であるため，カルシウム・バッテリが低コストとは言い難い。

問題

【No.13】　インテーク側に用いられる油圧式の可変バルブ・タイミング機構に関する記述として，**適切なもの**は次のうちどれか。

(1) 進角時は，インテーク・バルブの開く時期が早くなるので，オーバラップ量が多くなり中速回転時の体積効率が高くなる。

(2) 遅角時は，インテーク・バルブの閉じる時期を早くして高速回転時の体積効率を高めている。

(3) 油圧制御によりカムの位相は一定のまま，バルブの作動角を変えてインテーク・バルブの開閉時期を変化させている。

(4) エンジン停止時には，ロック装置により最進角状態で固定される。

【解説】

答え　(1)

進角時は参考図の通り，インテーク・バルブの開く時期が早くなるので，オーバラップ量が多くなり中速回転時の体積効率が高くなる。

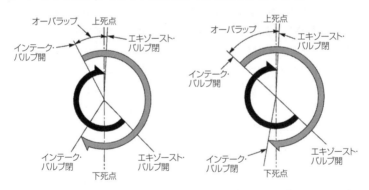

進角前のバルブ・タイミング　　**最大進角時のバルブ・タイミング**

他の問題文を訂正すると以下のようになる。

(2) 遅角時は，インテーク・バルブの閉じる時期を遅くして高速回転時の体積効率を高めている。

(3) 油圧制御によりバルブの作動角は一定のまま，カムの位相を変えてインテーク・バルブの開閉時期を変化させている。

(4) エンジン停止時には，ロック装置により最遅角状態で固定される。

【問題】

【No.14】 スター結線式オルタネータに関する次の文章の（イ）から（ハ）に当てはまるものとして，下の組み合わせのうち，**適切なもの**はどれか。

中性点ダイオード付きオルタネータは，中性点電圧が出力電圧を超えたとき，及び中性点電圧がアース電位を下回ったときの電圧（交流分）を（イ）に加算し，（ロ）における（ハ）の増加を図っている。

	（イ）	（ロ）	（ハ）
(1)	交流出力	高速回転時	出力電圧
(2)	交流出力	低速回転時	出力電圧
(3)	直流出力	低速回転時	出力電流
(4)	直流出力	高速回転時	出力電流

【解説】

答え （4）

中性点ダイオード付きオルタネータは，中性点電圧が出力電圧を超えたとき，及び中性点電圧がアース電位を下回ったときの電圧（**交流分**）を（**直流出力**）に加算し，（高速回転時）における（**出力電流**）の増加を図っている。

オルタネータの駆動時，ステータ・コイル（スター結線）の中性点電圧には，参考図のような第3高調波による交流分が現れる。この中性点電圧はオルタネータが高速で回転するとき，直流電圧を超えるようになる。これを2個のダイオード（中性点ダイオード）を使って整流し直流出力に加算することで，高速回転時における出力電流の増加を図っている。

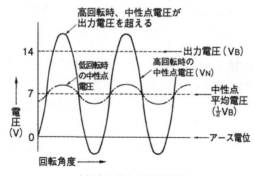

中性点に現れる電圧波形

中性点ダイオード

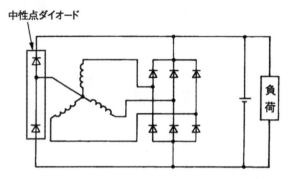

中性点ダイオード付きオルタネータの回路

【問題】

【No.15】 高熱価型スパーク・プラグに関する記述として，**適切なものは次のうちどれか。**

（1）ホット・タイプと呼ばれる。

（2）低熱価型に比べて中心電極の温度が上昇しやすい。

（3）低熱価型に比べてガス・ポケットの容積が小さい。

（4）低熱価型に比べて碍子脚部が長い。

【解説】

答え（3）

高熱価型スパーク・プラグは，低熱価型に比べて（4）碍子脚部が短く，（3）ガス・ポケットの容積が小さい。火炎にさらされる表面積が小さいことと，碍子脚部からの放熱経路が短く熱伝達が良いため，（2）中心電極の温度が上昇しにくい特徴がある。このように放熱する度合いが大きいプラグを，（1）冷え型（コールド・タイプ）という。

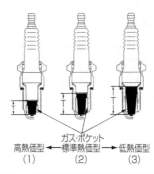

ガス・ポケット
高熱価型 ←―― 標準熱価型 ――→ 低熱価型
(1)　　　　　(2)　　　　　(3)

高熱価型、標準熱価型及び低熱価型の相違点

問題

【No.16】　前進4段のロックアップ機構付き電子制御式ATのトルク・コンバータに関する次の文章の（イ）と（ロ）に当てはまるものとして，下の組み合わせのうち，**適切なもの**はどれか。

　　速度比がゼロのときのトルク比は（イ）となる。また，（ロ）でのトルク比は「1」となる。

　　　　（イ）　　　　　　　（ロ）
（1）　最　大　　　コンバータ・レンジ
（2）　最　大　　　カップリング・レンジ
（3）　最　小　　　コンバータ・レンジ
（4）　最　小　　　カップリング・レンジ

【解説】

　答え（2）

　速度比がゼロのときのトルク比は（**最大**）となる。また，（**カップリング・レンジ**）でのトルク比は「1」となる。

　参考図としてトルク・コンバータの性能曲線を示す。

　「速度比がゼロのときのトルク比」とは，タービン・ランナ停止状態のトルク比を指し，これをストール・トルク比という。その値は一般に2.0〜2.5程度で，速度比が大きくなるに従ってトルク比は小さくなる。クラッチ・ポイント以降のカップリング・レンジでは，トルク増大作用が行われないため，トルク比は「1」となる。

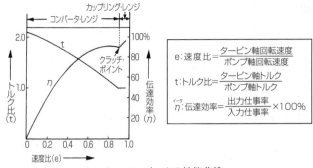

トルク・コンバータの性能曲線

【問題】

【No.17】　前進4段のロックアップ機構付き電子制御式ATの安全装置に関する記述として，**不適切なもの**は次のうちどれか。

(1) シフト・ロック機構は，ブレーキ・ペダルを踏み込んだ状態にしないと，セレクト・レバーをPレンジの位置からはかの位置に操作できないようにしたものである。

(2) インヒビタ・スイッチは，セレクト・レバーの位置がPレンジ又疲Nレンジにあるときのみ，エンジンの始動を可能にしている。

(3) R(リバース)位置警報装置は，セレクト・レバーがRレンジの位置にあるときに，運転者にはインジケータの表示のみで知らせ，歩行者には後退灯及び外部のブザーで知らせるものである。

(4) キー・インタロック機構は，セレクト・レバーをPレンジの位置にしないと，イグニション(キー)・スイッチがハンドル・ロック位置に戻らないようにしたものである。

【解説】

答え　(3)

R(リバース)位置警報装置は，セレクト・レバーがRレンジの位置にあるときに，音で運転者に知らせるものである。

ATの安全装置におけるR(リバース)位置警報装置は，Rレンジのインジケータ表示，後退灯の点灯及び外部にブザーで知らせる機能のことではない。

問題

【No.18】 回転速度差感応式の差動制限型ディファレンシャルに関する記述として，**適切なもの**は次のうちどれか。

(1) インナ・プレートとアウタ・プレートの回転速度差が小さいほど，大きなビスカス・トルクが発生する。

(2) 左右輪の回転速度差が一定値を超えたときには，ビスカス・トルクを解除する。

(3) ビスカス・カップリングには，ハイポイド・ギヤ・オイルが充填されている。

(4) 左右輪に回転速度差が生じたときは，ビスカス・カップリングの作用により，低回転側に大きな駆動力が発生する。

【解説】

答え（4）

左右輪に回転速度差が生じたときは，ビスカス・カップリングの作用により，低回転側に大きな駆動力が発生する。

ディファレンシャル・ギヤの作用により，左右輪に回転速度差が生じたときは，ビスカス・カップリングのインナ・プレートとアウタ・プレートの回転速度にも差が生じる。このとき両プレート間に介在するシリコン・オイルの粘性により，高回転側から低回転側のプレートにビスカス・トルクが伝えられる。これにより，低回転側に駆動力が発生する。

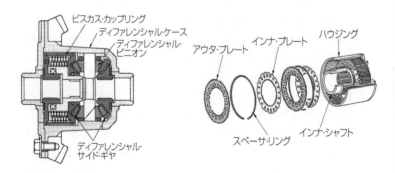

回転速度差感応式ディファレンシャル　　　ビスカス・カップリング

他の問題文を訂正すると以下のようになる。

(1) インナ・プレートとアウタ・プレートの回転速度差が<u>大きい</u>ほど，大きなビスカス・トルクが発生する。

(2) 左右輪の回転速度差が一定値を超えたときには，ビスカス・トルクが<u>発生する</u>。

(3) ビスカス・カップリングには，<u>シリコン・オイル</u>が充填されている。

問題

【No.19】 電動式パワー・ステアリングに関する記述として，**不適切なもの**は次のうちどれか。

(1) コイルを用いたスリーブ式のトルク・センサは，インプット・シャフトが磁性体でできており，突起状になっている。

(2) コラム・アシスト式では，ステアリング・シャフトに対してモータの補助動力が与えられる。

(3) トルク・センサは，操舵力と操舵方向を検出している。

(4) ラック・アシスト式では，ステアリング・ギヤのどこオン部にトルク・センサ及びモータが取り付けられている。

【解説】

答え（4）

ラック・アシスト式では，ステアリング・ギヤのピニオン部にトルク・センサが取付けられ，<u>ラック部にモータが取り付けられている</u>。

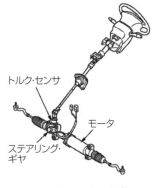

トルク・センサ

モータ

ステアリング・ギヤ

ラック・アシスト式

問題

【No.20】 アクスル及びサスペンションに関する記述として，**不適切なもの**は次のうちどれか。

(1) 一般にロール・センタは，車軸懸架式サスペンションに比べて，独立懸架式サスペンションの方が高い。

(2) ピッチングとは，ボデー・フロント及びリヤの縦揺れのことをいう。

(3) 車軸懸架式サスペンションは，左右のホイールを1本のアクスルでつなぎ，ホイールに掛かる荷重をアクスルで支持している。

(4) 全浮動式の車軸懸架式リヤ・アクスルは，アクスル・ハウジングだけでリヤ・ホイールに掛かる荷重を支持している。

【解説】

答え (1)

ロール・センタとは，ボデーがローリング(横揺れ)するときの中心となる点のことである。その位置は，サスペンション形式によって異なるが，一般に，独立懸架式サスペンションに比べて，車軸懸架式サスペンションの方が高い位置となる。

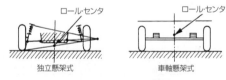

ロール・センタの位置

問題

【No.21】 サスペンションのスプリングに関する記述として，**適切なもの**は次のうちどれか。

(1) 軽荷重のときの金属スプリングは，最大積載荷重のときに比べて固有振動数が小さくなる。

(2) 金属スプリングは，最大積載荷重に耐えるように設計されているため，軽荷重のときはばねが硬すぎるので乗り心地が悪い。

(3) エア・スプリングは，金属スプリングと比較して，荷重の変化に対してばね定数が自動的に変化するので，固有振動数は比例して大きくなる。

(4) エア・スプリングのばね定数は，荷重が大きくなるとレベリング・
　　バルブなどの作用により小さくなる。

【解説】

答え　(2)

　金属スプリングは，参考図のように，荷重が変化してもばね定数(ばね
の硬さ)は一定であるため，最大積載荷重に耐えるようにばね定数が設定
されている。よって，軽荷重のときは，ばねが硬すぎて固有振動数が大き
くなるため，乗り心地が悪い。

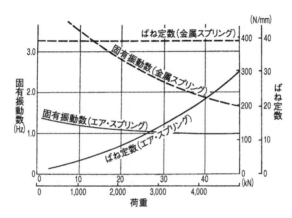

金属ばねとエア・スプリングの比較

他の問題文を訂正すると以下のようになる。

(1) 軽荷重のときの金属スプリングは，最大積載荷重のときに比べて固
　　有振動数が<u>高くなる</u>。

(3) エア・スプリングは，金属スプリングと比較して，荷重の変化に対
　　してばね定数が自動的に変化するので，固有振動数を<u>ほぼ一定に保つ
　　こと</u>ができる。

(4) エア・スプリングのばね定数は，荷重が大きくなるとレベリング・
　　バルブなどの作用により<u>大きくなる</u>。

問題

【No.22】 CVT(スチール・ベルトを用いたベルト式無段変速機)に関する記述として，**不適切なもの**は次のうちどれか。

(1) Dレンジ時は，プーリ比の最Lowから最Highまでの変速領域で変速を行う。

(2) プライマリ・プーリは，動力伝達に必要なスチール・ベルトの張力を制御し，セカンダリ・プーリは，プーリ比(変速比)を制御している。

(3) スチール・ベルトは，動力伝達を行うエレメントと摩擦力を維持するスチール・リングで構成されている。

(4) Lレンジ時は，変速領域をプーリ比の最Low付近にのみ制限することで，強力な駆動力及びエンジン・ブレーキを確保する。

【解説】

答え (2)

プライマリ・プーリは，プーリ比(変速比)を制御し，セカンダリ・プーリは，動力伝達に必要なスチール・ベルトの張力を制御している。

問題

【No.23】 図のように，タイヤのトレッド部が全周にわたってピット状(くぼみ状)に摩耗する主な原因として，**適切なもの**は次のうちどれか。

(1) 左右フロント・ホイールの切れ角の不良

(2) 急激な制動

(3) 空気圧の過大

(4) ホイール・バランスの不良

【解説】

答え (4)

タイヤのトレッド部が全周にわたってピット状(くぼみ状)に摩耗する主な原因としては，ホイール・バランスの不良が考えられる。

(1) 左右フロント・ホイールの切れ角の不良は"段差摩耗"，(2) 急激な制動は"局部摩耗"，(3) 空気圧の過大は"中央摩耗"の原因として考えられる。

問題

【No.24】 CAN通信に関する記述として，**適切なもの**は次のうちどれか。

(1) 一端の終端抵抗が断線していても通信はそのまま継続され，耐ノイ
ズ性にも影響はないが，ダイアグノーシス・コードが出力されること
がある。

(2) "バス・オフ"状態とは，エラーを検知した結果，リカバリが実行
され，エラーが解消されて通信を再開した状態をいう。

(3) CAN通信では，バス・ライン上のデータを必要とする複数のECU
は同時にデータ・フレームを受信することができない。

(4) CAN-H，CAN-Lともに2.5Vの状態をレセシブといい，CAN-H
が3.5V，CAN-Lが1.5Vの状態をドミナントという。

【解説】

答え (4)

CAN通信システムにおけるデータ・フレームをバス・ラインに送信す
るときの電圧変化を参考図に示す。

送信側ECUはバス・ラインに，CAN-H側は2.5～3.5V，CAN-L側は
1.5～2.5Vの電圧変化として出力し，受信側ECUはCAN-HとCAN-Lの
電位差から情報を読み取るようになっている。

CAN-H，CAN-Lとも2.5Vの状態をレセシブといい，CAN-Hが3.5V，
CAN-Lが1.5Vの状態をドミナントという。

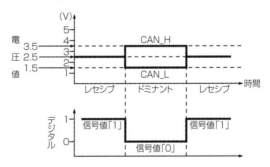

バス・ライン上の電圧変化

他の問題文を訂正すると以下のようになる。

(1) 一端の終端抵抗が断線していても，通信はそのまま継続されるが，<u>耐ノイズ性が低下する</u>。このときダイアグノーシス・コードが出力されることがある。

(2) "バス・オフ"状態とは，エラーを検知しリカバリが実行されても，<u>エラーが解消せず，通信が停止してしまう状態</u>をいう。

(3) CAN通信では，バス・ライン上のデータを必要とする複数のECUは同時にデータ・フレームを受信することが<u>できる</u>。

問題

【No.25】 タイヤに関する記述として，**適切なもの**は次のうちどれか。

(1) タイヤ(ホイール付き)の一部が他の部分より重い場合，タイヤをゆっくり回転させると重い部分が下になって止まり，このときのアンバランスをダイナミック・アンバランスという。

(2) スキール音とは，タイヤの溝の中の空気が，路面とタイヤの間で圧縮され　排出されるときに出る音をいう。

(3) 一般に寸法，剛性及び質量などすべてを含んだ広い意味でのタイヤの均一性(バランス性)をユニフォミティと呼ぶ。

(4) タイヤの偏平率を大きくすると，タイヤの横剛性が高くなり，車両の旋回性能及び高速時の操縦性能は向上する。

【解説】

答え (3)

ユニフォミティの説明は，問題文の通り。

他の問題文を訂正すると以下のようになる。

(1) タイヤ(ホイール付き)の一部が他の部分より重い場合，タイヤをゆっくり回転させると重い部分が下になって止まり，このときのアンバランスを<u>スタティック・アンバランス</u>という。

(2) <u>パターン・ノイズ</u>とは，タイヤの溝の中の空気が，路面とタイヤの間で圧縮され，排出されるときに出る音をいう。

　　問題文中のスキール音とは，急発進，急制動，急旋回などのときに発する"キー"という鋭い音をいう。

(4) タイヤの偏平率を<u>小さく</u>すると，タイヤの横剛性が高くなり，車両

の旋回性能及び高速時の操縦性能は向上する。

【問題】

[No.26] 電子制御式ABSに関する記述として，**不適切なもの**は次のうちどれか。

(1) ECUは，各車輪速センサ，スイッチなどからの信号により，路面の状況などに応じて，ホイール・シリンダに作動信号を出力する。

(2) 車輪速センサの車輪速度検出用ロータは，各ドライブ・シャフトなどに取り付けられており，車輪と同じ速度で回転している。

(3) ECUは，センサの信号系統，アクチュエータの作動信号系統及びECU自体に異常が発生した場合に，ABSウォーニング・ランプを点灯させ運転者に異常を知らせる。

(4) ABSは，制動力とコーナリング・フォースの両方を確保するため，タイヤのスリップ率を20％前後に収めるように制動力を制御する装置である。

【解説】

答え　(1)

ECUは，各車輪速センサ，スイッチなどからの信号により，路面の状況などに応じて，<u>ハイドロリック・ユニット</u>に作動信号を出力する。

ハイドロリック・ユニットは，ECUからの制御信号により各ブレーキの液圧を制御するもので，ポンプ・モータ，ポンプ，ソレノイド・バルブ，リザーバなどが一体となっている。

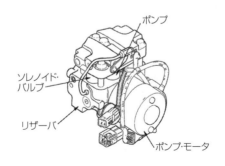

ハイドロリック・ユニット

問題

【No.27】 SRSエアバッグに関する記述として，**適切なもの**は次のうちどれか。

(1) エアバッグ・アセンブリの交換時は，必ず新品を使用し，他の車で使用したものは絶対に使用しない。

(2) 車両の変形量が規定値を超えた場合に作動する構造となっている。

(3) インフレータは，電気点火装置（スクイブ），着火剤，ガス発生剤，ケーブル・リール，フィルタなどを金属の容器に収納している。

(4) エアバッグ・アセンブリの点検をするときは，誤作動を防止するため，抵抗測定は短時間で行う。

【解説】

答え （1）

エアバッグ・アセンブリの交換時は，必ず新品を使用し，他の車で使用したものは絶対に使用しない。

他の問題文を訂正すると以下のようになる。

(2) 前面衝突時の衝撃が規定値を超えた場合に作動する構造となっている。

　　衝突時の衝撃は，車両前部に取付けられたインパクト・センサとECU内のGセンサで検出している。

(3) インフレータは，電気点火装置（スクイブ），着火剤，窒素ガス発生剤，フィルタなどを金属容器に収納している。

　　問題中のケーブル・リールは，このインフレータとSRSユニットを接続するケーブルのことで，運転席側のエアバッグに用いられ，内部に渦巻状のケーブルを納めることで，ステアリングを回した際もケーブルが引っ張られないようにする構造となっている。これは，インフレータ容器とは別に装着されている。

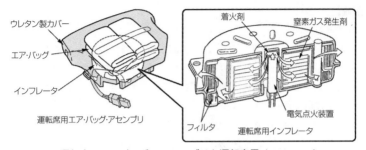

運転席エア・バッグ・アセンブリと運転席用インフレータ

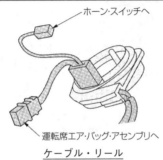

ケーブル・リール

(4) エアバッグ・アセンブリの点検をするときは，誤作動する恐れがあるので，抵抗測定は絶対に行わないこと。

【問題】

【No.28】 オート・エアコンの吹き出し温度の制御に関する記述として，**不適切なもの**は次のうちどれか。

(1) 外気温センサは，室外に取り付けられており，サーミスタによって外気温度を検出してECUに入力している。

(2) エバポレータ後センサは，エバポレータを通過後の空気の温度をサーミスタによって検出しECUに入力しており，主にエバポレータの霜付きなどの防止に利用されている。

(3) 内気温センサは，室内の空気をセンサ内部に取り入れて，室内の温度の変化をサーミスタによって検出しECUに入力している。

(4) 日射センサは，日射量によって出力電流が変化する発光ダイオードを用いて，日射量をECUに入力している。

【解説】

　答え（4）

　日射センサは，日射量によって出力電流が変化するフォト・ダイオードを用いて，日射量をECUに入力している。

　日射センサは，一般に，日射の影響を受けやすいインストルメント・パネル上部に取り付けられている。

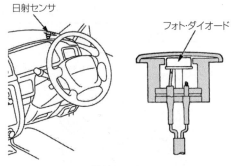

日射センサ

問題

【No.29】　図に示すタイヤと路面間の摩擦係数とタイヤのスリップ率の関係を表した特性曲線図において，「路面の摩擦係数が低いブレーキ特性曲線」として，AからDのうち，**適切なもの**は次のうちどれか。

(1)　A

(2)　B

(3)　C

(4)　D

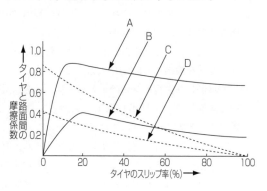

【解説】

答え　(2)

「タイヤと路面間の摩擦係数とタイヤのスリップ率の関係を表した特性曲線」を参考図に示す。

問題の「路面の摩擦係数が低いブレーキ特性曲線」は，図中のBである。

ブレーキ特性曲線は，おおよそスリップ率20％前後で摩擦係数が最大となり，以後スリップ率が増すに伴い減少する特性がある。このことから，ブレーキ特性曲線はAとBに絞れるが，問題は，「路面の摩擦係数が低い」を選択するようになっていることから，摩擦係数値が小さい方の図中のBが該当する。

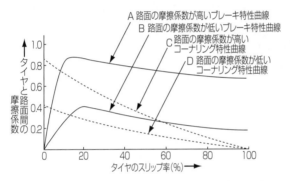

A 路面の摩擦係数が高いブレーキ特性曲線
B 路面の摩擦係数が低いブレーキ特性曲線
C 路面の摩擦係数が高いコーナリング特性曲線
D 路面の摩擦係数が低いコーナリング特性曲線

タイヤと路面間の摩擦係数とタイヤのスリップ率の関係

問題

【No.30】 外部診断器(スキャン・ツール)に関する記述として，**不適切なもの**は次のうちどれか。

(1) フリーズ・フレーム・データを確認することで，ダイアグノーシス・コードを記憶した原因の究明につながる。

(2) 外部診断器でダイアグノーシス・コードの消去作業を行うと，ダイアグノーシス・コードとフリーズ・フレーム・データのみ消去することができ，時計及びラジオなどの再設定の必要がない。

(3) アクティブ・テストでは，整備作業の補助やECUの学習値を初期化することなどができ，作業の効率化が図れる。

(4) データ・モニタとは，ECUにおけるセンサからの入力値やアクチュエータへの出力値などを複数表示することができ，それらを比較・確認することで迅速な点検・整備ができる。

【解説】

答え（3）

問題文の"アクティブ・テスト"とは，外部診断器からECUに指令を出して，アクチュエータを任意に駆動及び停止ができ，機能点検などを行う機能のことである。「整備作業の補助やECUの学習値を初期化する」機能は，"作業サポート"という。

問題

【No.31】 ばね定数の単位として，**適切なもの**は次のうちどれか。

(1) N

(2) N/mm

(3) Pa/mm^2

(4) N・m

【解説】

答え（2）

ばね定数とは，ばねを単位長さだけ圧縮または伸長するのに要する力を示し，単位はN/mmを用いる。この値が大きいほど"ばね"は硬く強くなる。

問題

【No.32】 次の諸元の自動車がトランスミッションのギヤを第3速にして，エンジンの回転速度3,000min^{-1}，エンジン軸トルク160N・mで走行しているとき，駆動輪の駆動力として，**適切なもの**は次のうちどれか。ただし，伝達による機械損失及びタイヤのスリップはないものとする。

(1) 234N

(2) 936N

(3) 2,340N

(4) 3,744N

第3速の変速比	：1.300
ファイナル・ギヤの減速比	：4.500
駆動輪の有効半径	：40cm

【解説】

答え（3）

　エンジン軸トルクと動力伝達機構の減速比から，駆動輪における駆動トルク $T(N \cdot m)$ を求めると

　　$T(N \cdot m) = 160(N \cdot m) \times 1.3 \times 4.5$

となる。

　駆動輪の駆動力 $F(N)$，駆動トルク $T(N \cdot m)$，駆動輪の有効半径 $r(m)$ の関係は以下の式で表される。

$$F(N) = \frac{T(N \cdot m)}{r(m)}$$

これに，数値を代入すると

$$F(N) = \frac{160(N \cdot m) \times 1.3 \times 4.5}{0.4(m)}$$

$$= 2340N$$

【問題】

【No.33】　ギヤ・オイルに用いられる添加剤に関する記述として，**適切なものは次のうちどれか。**

　(1)　ギヤ・オイルには性能を向上させるため，種々の添加剤が加えられており，ギヤ・オイル特有の添加剤には，油性向上剤と極圧添加斉摘号ある。

　(2)　腐食防止剤は，高荷重・高速の歯車に重要な役割を果たしており，耐圧性の向上，極圧下での油膜切れや摩耗の防止などの作用がある。

　(3)　酸化防止剤はオイルに含まれる，ろう（ワックス）分が結晶化するのを抑えて，低温時の流動性を向上させる作用がある。

　(4)　粘度指数向上剤は，温度変化に対して粘度変化を大きくする作用がある。

【解説】

　答え　(1)

　ギヤ・オイル特有の添加剤には油性向上剤と極圧添加剤がある。"油性向上剤"は，摩擦係数を減少させるもので，ウォーム・ギヤなど滑りの多い歯車に対して重要な役割を果たすものである。また"極圧添加剤"は，耐圧性の向上，摩擦の防止などの作用がある。

他の問題文を訂正すると以下のようになる。

(2) 腐食防止剤は，金属の錆と腐食を防止する。(2) の記述は "極圧添加剤" を表している。

(3) 酸化防止剤は高温における酸化を防止し，寿命を延長させる作用をする。(3) の記述は "流動点降下剤" を表している。

(4) 粘度指数向上剤は，温度変化に対して粘度変化を小さくする作用がある。

【問題】

【No.34】 ボデーやフレームなどに用いられる塗料の成分に関する記述として，**適切なもの**は次のうちどれか。

(1) 添加剤は，顔料と樹脂の混合を容易にする働きをする。

(2) 樹脂は，顔料と顔料をつなぎ，塗膜に光沢や硬さなどを与える。

(3) 溶剤は，塗膜に着色などを与えるものである。

(4) 顔料は，塗装の仕上がりなどの作業性や塗料の安定性を向上させる。

【解説】

答え (2)

"樹脂" は，顔料と顔料をつなぎ，塗膜に光沢や硬さなどを与えるものである。

(1) の "添加剤" は，塗装の仕上がりなどの作業性や塗料の安定性を向上させるものである。

(2) の "溶剤" は，顔料と樹脂の混合を容易にする働きをするものである。

(3) の "顔料" は，塗膜に着色などを与えるものである。

【問題】

【No.35】 図に示す電気回路において，次の文章の (　) に当てはまるものとして，**適切なもの**はどれか。ただし，バッテリ，配線等の抵抗はないものとする。

ランプを12Vの電源に接続したときの電気抵抗が 4 Ωである場合，この状態で 3 時間使用したときの電力量は (　) である。

(1) 36Wh

(2) 48Wh

(3) 108Wh

(4) 144Wh

ランプ

バッテリ(12V)

【解説】

答え (3)

4Ωの電球に12Vの電源を接続したときの回路に流れる電流Iは，オームの法則より

$$I = \frac{V}{R}（I：電流A，\quad V：電圧V，\quad R：抵抗Ω）$$

$$= \frac{12V}{4Ω}$$

$$= 3（A）$$

この時の電力P(W)は，電圧と電流の積に相当し，次式で表される。

$$P = V・I$$

$$= 12V × 3A$$

$$= 36W$$

電力量はワット時(Wh)で表され，電力と時間の積に相当し，次式で表される。

$$Wp = P・t（Wp：電力量Wh，\quad P：電力W，\quad t：時間h）$$

よって3時間使用した場合の電力量は

$$Wp = 36W × 3h$$

$$= 108Wh$$

となる。

問題

【No.36】「道路運送車両の保安基準」及び「道路運送車両の保安基準の細目を定める告示」に照らし，長さ4.69m，車幅1.69m，乗車定員5人である四輪小型自動車の後退灯の基準に関する記述として，**適切なもの**は次のうちどれか。

(1) 後退灯の灯光の色は，白色又は淡黄色であること。

(2) 後退灯の数は，1個又は2個であること。

(3) 後退灯は，その照明部の上線の高さが地上1.8m以下，下線の高さが0.2m以上となるように取り付けられなければならない。

(4) 後退灯は，昼間にその後方200mの距離から点灯を確認できるものであり，かつ，その照射光線は，他の交通を妨げないものであること。

【解説】

答え (2)

自動車に備える後退灯の数は，次に掲げるものとする。

イ 長さが6mを超える自動車(専ら乗用の用に供する自動車であって乗車定員10人以上の自動車及び貨物の運送の用に供する自動車に限る)にあっては，2個，3個又は4個。

ロ それ以外の自動車にあっては1個又は2個。(保安基準 細目告示第214条3 (1))

設問には，長さ4.69mとあるため，後退灯の数は，1個又は2個が該当する。

他の問題文を訂正すると以下のようになる。

(1) 後退灯の灯火の色は，<u>白色</u>であること。

(3) 後退灯は，その照明部の上縁の高さが地上<u>1.2m</u>以下，下縁の高さが<u>0.25m</u>以上となるように取り付けられなければならない。

(4) 後退灯は，昼間にその後方<u>100m</u>の距離から点灯を確認できるものであり，かつ，その照射光線は，他の交通を妨げないものであること。

問題

【No.37】「道路運送車両の保安基準」及び「道路運送車両の保安基準の細目を定める告示」に照らし，かじ取装置において基準に適合しないものに関する次の文章の ( ) に当てはまるものとして，**適切なもの**はどれか。

4輪以上の自動車のかじ取車輪をサイドスリップ・テスタを用いて計測した場合の横滑り量が，走行1mについて ( ) を超えるもの。ただし，その輪数が4輪以上の自動車のかじ取車輪をサイドスリップ・テスタを用いて計測した場合に，その横滑り量が，指定自動車等の自動車製作者等がかじ取装置について安全な運行を確保できるものとして指定す

る横滑り量の範囲内にある場合にあっては，この限りでない。

(1)　4 mm

(2)　5 mm

(3)　6 mm

(4)　7 mm

【解説】

答え　(2)

　4輪以上の自動車のかじ取車輪をサイドスリップ・テスタを用いて計測した場合の横滑り量が，走行1 mについて(**5 mm**)を超えるもの。ただし，その輪数が4輪以上の自動車のかじ取車輪をサイドスリップ・テスタを用いて計測した場合に，その横滑り量が，指定自動車等の自動車製作者等がかじ取装置について安全な運行を確保できるものとして指定する横滑り量の範囲内にある場合にあっては，この限りでない。(保安基準　第11条細目告示第169条 (1))

問題

【No.38】「道路運送車両法」に照らし，自動車の種別として，**適切なもの**は次のうちどれか。

(1)　大型自動車，小型自動車，大型特殊自動車及び小型特殊自動車

(2)　大型自動車，普通自動車，小型自動車，軽自動車，大型特殊自動車及び小型特殊自動車

(3)　普通自動車，小型自動車，軽自動車，大型特殊自動車及び小型特殊自動車

(4)　大型自動車，小型自動車，軽自動車，大型特殊自動車及び小型特殊自動車

【解説】

答え　(3)

　この法律に規定する普通自動車，小型自動車，軽自動車，大型特殊自動車及び小型特殊自動車の別は，自動車の大きさ及び構造並びに原動機の種類及び総排気量又は定格出力を基準として国土交通省令で定める。(道路運送車両法3条)

　道路運送車両法の自動車の種別に“大型自動車”は存在しない。

問題

【No.39】「道路運送車両の保安基準」及び「道路運送車両の保安基準の細目を定める告示」に照らし，尾灯の点灯が確認できる距離の基準として，**適切なもの**は次のうちどれか。

(1) 尾灯は，昼間にその後方150mの距離

(2) 尾灯は，夜間にその後方150mの距離

(3) 尾灯は，昼間にその後方300mの距離

(4) 尾灯は，夜間にその後方300mの距離

【解説】

答え (4)

尾灯は，夜間にその後方(**300m**)の距離から点灯を確認できるものであり，かつ，その照射光線は，他の交通を妨げないものであること。(保安基準 第37条，細目告示206条 (1))

問題

【No.40】「自動車点検基準」の「自家用乗用自動車等の定期点検基準」に照らし，1年ごとに必要な点検項目として，**不適切なもの**は次のうちどれか。

(1) バッテリの液量が適当であること

(2) かじ取り装置のパワー・ステアリング装置のベルトの緩み及び損傷

(3) 制動装置のブレーキ・ペダルの遊び及び踏み込んだときの床板とのすき間

(4) 原動機の潤滑装置の油漏れ

【解説】

答え (1)

「バッテリの液量が適当であること」は，自家用乗用自動車等の日常点検基準における点検項目である。

05・3 試験問題（登録）

問題

【No.1】 コンロッド・ベアリングに関する記述として, **不適切なものは**次のうちどれか。

(1) アルミニウム合金メタルのうち, すずの含有率が高いものは, 低いものに比べてオイル・クリアランスを大きくしている。

(2) トリメタル(三層メタル)は, 銅に20%〜30%の鉛を加えた合金(ケルメット・メタル)を鋼製裏金に焼結し, その上に鉛とすずの合金又は鉛とインジウムの合金をめっきしたものである。

(3) クラッシュ・ハイトが小さ過ぎると, ベアリングにたわみが生じて局部的に荷重が掛かるので, ベアリングの早期疲労や破損の原因となる。

(4) コンロッド・ベアリングの張りは, ベアリングを組み付ける際, 圧縮されるに連れてベアリングが内側に曲がり込むのを防止するためのものである。

【解説】

　答え (3)

　クラッシュ・ハイトとは, 参考図に示す寸法であり, ベアリングの締め代となるものである。

　クラッシュ・ハイトが<u>大き過ぎると</u>, ベアリングにたわみが生じて局部的に荷重が掛かるため, ベアリングの早期疲労や破損の原因となる。

　逆に小さ過ぎると, ベアリング・ハウジングとベアリングの裏金との密着が悪くなり, 熱伝導が不良となるので, 焼き付きを起こす原因となる。

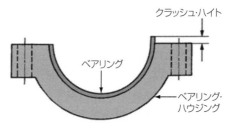

クラッシュ・ハイト

問題

【No.2】 ピストン・リングに関する記述として，**適切なもの**は次のうちどれか。

(1) フラッタ現象は，ピストン・リングの拡張力が小さいほど，ピストン・リング幅が厚いほど，また，ピストン速度が速いほど起こりやすい。

(2) スカッフ現象とは，カーボンやスラッジ(燃焼生成物)が固まってリングが動かなくなることをいう。

(3) テーパ・フェース型は，しゅう動面が円弧状になっており，初期なじみの際の異常摩耗が少ない。

(4) アンダ・カット型のコンプレッション・リングは，外周下面がカットされた形状になっており，一般にトップ・リングに用いられている。

【解説】

答え (1)

フラッタ現象とは，ピストン・リングがリング溝と密着せずにバタバタと浮き上がる現象をいう。

この現象は，コンプレッション・リングやシリンダ壁面が摩耗した場合に起こりやすく，ピストン・リングの拡張力が小さいほど，ピストン・リング幅が厚いほど，また，ピストン速度が速いほど起こりやすい。

他の問題文を訂正すると以下のようになる。

(2) <u>スティック現象</u>とは，カーボンやスラッジ(燃焼生成物)が固まってリングが動かなくなることをいう。

　問題文の"スカッフ現象"とは，シリンダ壁面の油膜が切れてリングとシリンダ壁面が直接接触し，リングやシリンダの表面に引っかき傷ができることをいう。

(3) <u>バレル・フェース型</u>は，しゅう動面が円弧状になっており，初期なじみの際の異常摩耗が少ない。

　問題文の"テーパ・フェース型"は，しゅう動面がテーパ状になっており，シリンダ壁と線接触する。

(4) アンダ・カット型のコンプレッション・リングは，外周下面がカットされた形状になっており，一般に<u>セカンド・リング</u>に用いられている。

【問題】

【No.3】　シリンダ・ヘッドとピストンで形成されるスキッシュ・エリアに
　関する記述として，**適切なもの**は次のうちどれか。

(1)　吸入混合気に渦流を与えて，燃焼時間を長くすることで最高燃焼ガ
　　ス温度の上昇を促進させている。

(2)　スキッシュ・エリアの厚み（クリアランス）が小さくなるほど渦流の
　　流速は高くなる。

(3)　斜めスキッシュ・エリアは，斜め形状により吸入通路からの吸気が
　　スムーズになることで，渦流の発生を防ぐことができる。

(4)燃焼ガスに渦流を与えて，排気行程における排気効率を高めている。

【解説】

　答え　(2)

　スキッシュ・エリアにより発生した混合気の流速は，このスキッシュ・
エリアの面積と厚み（クリアランス）に大きく影響され，面積が大きいほど，
また，厚みが小さいほど高くなる。

　他の問題文を訂正すると以下のようになる。

(1)　吸入混合気に渦流を与えて，燃焼時間を<u>短縮する</u>ことで最高燃焼ガ
　　ス温度の上昇を<u>抑制している</u>。

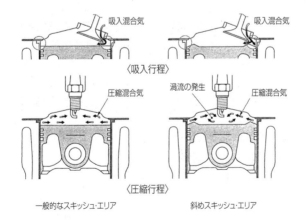

吸入混合気　　　　　　　　　　　吸入混合気

〈吸入行程〉

圧縮混合気　　　渦流の発生　　　圧縮混合気

〈圧縮行程〉

一般的なスキッシュ・エリア　　　斜めスキッシュ・エリア

スキッシュ・エリア

(3) 斜めスキッシュ・エリアは，一般的なスキッシュ・エリアをさらに発展させたもので，斜め形状により吸入通路からの吸気がスムーズになり，強い渦流の発生が得られる。

(4) 吸入混合気に渦流を与えて，燃焼行程における火炎伝播速度を高めている

【問題】

【No.4】 エンジンの性能に関する記述として，**適切なもの**は次のうちどれか。

(1) 熱効率のうち図示熱効率とは，理論サイクルにおいて仕事に変えることのできる熱量と，供給する熱量との割合をいう。

(2) 熱損失は，ピストン，ピストン・リング，各ベアリングなどの摩擦損失と，ウォータ・ポンプ，オイル・ポンプ，オルタネータなどの補機駆動の損失からなっている。

(3) 平均有効圧力は，行程容積を1サイクルの仕事量で除したもので，排気量や作動方式の異なるエンジンの性能を比較する場合などに用いられる。

(4) 実際にエンジンのクランクシャフトから得られる動力を正味仕事率又は軸出力という。

【解説】

答え （4）

熱機関における仕事率には，図示仕事率と正味仕事率があるが，その違いは，作動ガスがピストンに与えた仕事量から算出したものを図示仕事率，実際にエンジンのクランクシャフトから得られる動力を正味仕事率という。よって，その差に相当するものが，エンジン内部の摩擦や補機駆動に費やされる損失となる。

他の問題文を訂正すると以下のようになる。

(1) 熱効率のうち理論熱効率とは，理論サイクルにおいて仕事に変えることのできる熱量と，供給する熱量との割合をいう。

問題文中の "図示熱効率" とは，実際のエンジンにおいて，シリンダ内の作動ガスがピストンに与えた仕事を熱量に換算したものと，供給した熱量との割合を言う。

(2) <u>機械損失</u>は，ピストン，ピストン・リング，各ベアリングなどの摩擦損失と，ウォータ・ポンプ，オイル・ポンプ，オルタネータなどの補機駆動の損失からなっている。

　　問題文中の"熱損失"とは，燃焼ガスの熱量が冷却水や冷却空気などによって失われることをいい，冷却損失，排気損失，ふく射損失からなっている。

(3) 平均有効圧力は，<u>1サイクルの仕事を行程容積で除したもの</u>で，排気量や作動方式の異なるエンジンの性能を比較する場合などに用いられる。

問題

【No.5】　図に示す4サイクル直列4シリンダ・エンジンのバランサ機構に関する次の文章の（　）に当てはまるものとして，**適切なもの**はどれか。

　　バランス・シャフトの回転速度は，クランクシャフトの（　）である。

(1) 1／2の回転速度
(2) 同じ回転速度
(3) 2倍の回転速度
(4) 4倍の回転速度

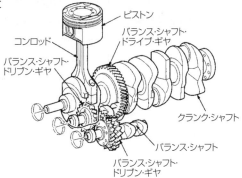

【解説】

　答え（3）

　バランス・シャフトの回転速度は，クランクシャフトの（**2倍の回転速度**）である。

　直列4シリンダ・エンジンから発生する二次慣性力（クランクシャフト1回転につき2サイクル発生する慣性力）を低減するため，クランクシャフトの2倍で回転するバランス・シャフトを設け，二次慣性力に対して逆位相の慣性力を発生させることで打ち消している。

問題

【No.6】 インテーク側に設けられた油圧式の可変バルブ・タイミング機構に関する記述として，**適切なもの**は次のうちどれか。

(1) 遅角時には，インテーク・バルブの開く時期が早くなるので，オーバラップ量が多くなり中速回転時の体積効率が高くなる。

(2) 可変バルブ・タイミング機構は，バルブの作動角は一定のまま，カムの位相を変えてインテーク・バルブの開閉時期を変化させている。

(3) 進角時には，オーバラップ量を少なくしてアイドリング時の安定化を図っている。

(4) エンジン停止時には，ロック装置により最進角状態で固定されている。

【解説】

答え (2)

可変バルブ・タイミング機構は，油圧制御によりバルブの作動角は一定のまま，カムの位相を変えてインテーク・バルブの開閉時期を変化させている。

他の問題文を訂正すると以下のようになる。

(1) 進角時には，インテーク・バルブの開く時期が早くなるので，オーバラップ量が多くなり中速回転時の体積効率が高くなる。

(3) 遅角時には，オーバラップ量を少なくしてアイドリング時の安定化を図っている。

(4) エンジン停止時には，ロック装置により最遅角状態で固定されている。

問題

【No.7】 吸排気装置における過給機に関する記述として，**適切なもの**は次のうちどれか。

(1) ルーツ式のスーパ・チャージャには，過給圧が高くなって規定値以上になると，過給圧の一部を排気側へ逃がし，過給圧を規定値に制御するエア・バイパス・バルブが設けられている。

(2) 一般に，ターボ・チャージャに用いられているシャフトの周速は，フル・フローティング・ベアリングの周速の約半分である。

(3) ターボ・チャージャは，過給圧が高くなって規定値以上になると，ウエスト・ゲート・バルブが閉じて，排気ガスの一部がタービン・ホイールをバイパスして排気系統へ直接流れる。

(4) スーパ・チャージャの特徴として，駆動機構が機械的なため作動遅れは小さいが，各部のクリアランスからの圧縮漏れや回転速度の増加とともに，駆動損失も増大するなどの効率の低下があげられる。

【解説】

答え（4）

一般に用いられる過給機には，排気ガスの圧力を利用するターボ・チャージャとクランクシャフトの回転力を利用するスーパ・チャージャがある。

スーパ・チャージャの特徴として，駆動機構が機械的なため作動遅れは小さいが，各部のクリアランスからの圧縮漏れや回転速度の増加と共に駆動損失も増大するなどの効率の低下があげられる。

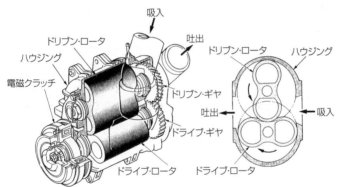

ルーツ式スーパ・チャージャ

他の問題文を訂正すると以下のようになる。

(1) ルーツ式のスーパ・チャージャには，過給圧が高くなって規定値以上になると，過給圧の一部を<u>吸気側</u>へ逃がし，過給圧を規定値に制御するエア・バイパス・バルブが設けられている。

(2) 一般に，ターボ・チャージャに用いられている<u>フル・フローティング・ベアリング</u>の周速は，シャフトの周速の約半分である。

(3) ターボ・チャージャは，過給圧が高くなって規定値以上になると，ウエスト・ゲート・バルブが開いて，排気ガスの一部がタービン・ホイールをバイパスして排気系統へ直接流れる。

問題

【No.8】 点火順序が 1 − 5 − 3 − 6 − 2 − 4 の4サイクル直列6シリンダ・エンジンの第6シリンダが圧縮上死点にあり，この位置からクランクシャフトを回転方向に回転させ，第2シリンダのバルブをオーバラップの上死点状態にするために必要な回転角度として，**適切なもの**は次のうちどれか。

(1) 240°

(2) 360°

(3) 480°

(4) 600°

【解説】

答え（3）

点火順序が 1 − 5 − 3 − 6 − 2 − 4 の4サイクル直列6気筒シリンダ・エンジンの第6シリンダが圧縮上死点にあるとき，オーバラップの上死点（以後，オーバラップとする。）は第1シリンダである。この位置からクランクシャフトを回転方向に120°回転させると，点火順序にしたがって第5シリンダがオーバラップとなる。第2シリンダがオーバラップとなるのは，クランクシャフトを更に360°回転させた位置で，最初の状態から480°（120°＋360°）回転させた場合である。

点火順序 1−5−3−6−2−4

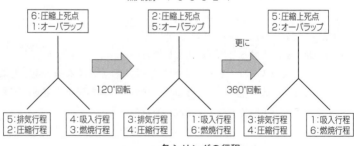

各シリンダの行程

【問題】

【No.9】　全流ろ過圧送式の潤滑装置に関する記述として，**適切なものは次**のうちどれか。

(1) オイル・フィルタは，オイル・ストレーナとオイル・ポンプの間に設けられている。

(2) トロコイド式オイル・ポンプに設けられたリリーフ・バルブは，エンジンの回転速度が上昇して油圧が規定値に達すると，バルブが閉じる。

(3) ガソリン・エンジンに装着されているオイル・クーラは，一般に空冷式のものが用いられている。

(4) エンジン・オイルは，一般に油温が125℃〜130℃以上になると，急激に潤滑性を失う。

【解説】

答え（4）

エンジン・オイルは，一般的に90℃を超えないことが望ましく，その温度が125〜130℃以上になると，急激に潤滑性を失うようになる。

他の問題文を訂正すると以下のようになる。

(1) オイル・フィルタは，<u>オイル・ポンプとオイル・ギャラリの間に設けられている</u>。よってオイルは，オイル・パン→オイル・ストレーナ→オイル・ポンプ→オイル・フィルタ→オイル・ギャラリの順に送られる。

(2) トロコイド式オイル・ポンプに設けられたリリーフ・バルブ（逃し弁）は，エンジン回転が上昇して油圧が規定値に達するとバルブが<u>開き</u>，オイルの一部をオイル・パンやオイル・ポンプ吸入側に戻して油圧を制御している。

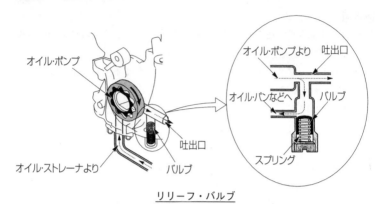

リリーフ・バルブ

(3) オイル・クーラは，水冷式と空冷式とがあるが，一般に<u>水冷式</u>が用いられている。構造は参考図のようにオイルが流れる通路と冷却水が流れる通路を交互に数段積み重ねて一体化したものとなっている。

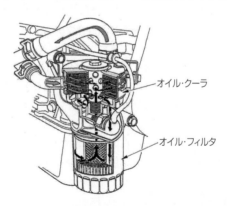

➡：冷却水の流れ　➡：オイルの流れ

水冷式オイル・クーラ

問題

【No.10】　図に示すオルタネータ回路において，B端子が外れたときの次の文章の（イ）と（ロ）に当てはまるものとして，下の組み合わせのうち，**適切なもの**はどれか。

オルタネータが回転中にB端子が解放状態(外れ)になり，バッテリ電圧(S端子の電圧)が調整電圧以下になると，Tr₁が（イ）する。そしてS端子の電圧よりB端子の電圧が規定値より（ロ），IC内の制御回路が異常を検出し，チャージ・ランプを点灯させるとともに，B端子の電圧を調整電圧より高めになるように制御する。

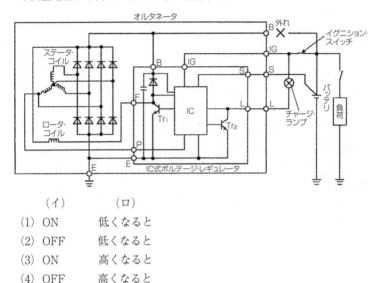

	（イ）	（ロ）
(1)	ON	低くなると
(2)	OFF	低くなると
(3)	ON	高くなると
(4)	OFF	高くなると

【解説】

答え (3)

オルタネータ回転中にB端子が解放状態(外れ)になり，バッテリ電圧(S端子の電圧)が調整電圧以下になると，Tr₁が(**ON**)する。そしてS端子の電圧よりB端子の電圧が規定値より(**高くなると**)，IC内の制御回路が異常を検出し，チャージ・ランプを点灯させると共に，B端子の電圧を調整電圧より高めになるように制御する。

異常検出機能付きのオルタネータは充電系統に異常が生じたときに，チャージ・ランプを点灯させることで，運転者に異常を知らせる。また，問題の状態では，制御によりB端子電圧が高めに調整されるが，B端子が外れているためバッテリに充電がされるわけではない。

【問題】

【No.11】 低熱価型スパーク・プラグに関する記述として，**不適切なものは**次のうちどれか。

(1) 冷え型プラグと呼ばれる。

(2) 高熱価型に比べて碍子脚部が長い。

(3) 高熱価型に比べてガス・ポケットの容積が大きい。

(4) 高熱価型に比べて低速回転でも自己清浄温度に達しやすい。

【解説】

答え（1）

低熱価型スパーク・プラグは，焼け型プラグと呼ばれる。

スパーク・プラグの熱価（ヒート・レンジ）とは，スパーク・プラグが受ける熱を放熱する度合いをいい，この熱を放熱する度合いが大きいプラグを高熱価型（コールド・タイプ，冷え型）プラグ，熱を放熱する度合が小さいプラグを低熱価型（ホット・タイプ，焼け型）プラグと呼んでいる。

【問題】

【No.12】 電子制御式燃料噴射装置のセンサに関する記述として，**不適切なものは**次のうちどれか。

(1) バキューム・センサは，インテーク・マニホールド圧力が高くなると出力電圧は大きくなる特性がある。

(2) ホール素子式のスロットル・ポジション・センサは，スロットル・バルブ開度の検出にホール効果を用いて行っている。

(3) ジルコニア式O_2センサは，比較電圧よりもO_2センサの出力が高いときは理論空燃比より小さい（濃い）と判定し，逆に出力が低いときは理論空燃比より大きい（薄い）と判定する。

(4) カム角センサは，エンジン回転速度を検出している。

【解説】

答え（4）

エンジン回転速度を検出しているのは，クランク角センサである。

カム角センサは，参考図のように，シリンダ・ヘッドに取り付けられカム位置を検出している。ECUはクランク角センサ信号とカム角センサ信号を比較することで，点火時期制御などの基本信号となるクランク角度基

準位置（気筒判別）を求めている。

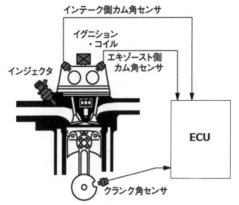

クランク角センサとカム角センサ

問題

【No.13】 バッテリに関する記述として，**不適切なもの**は次のうちどれか。

(1) 電気自動車やハイブリッド・カーに用いられているニッケル水素バッテリは，電極板にニッケルの多孔質金属材料や水素吸蔵合金などが用いられている。

(2) ハイブリッド・バッテリは，正極にカルシウム(Ca)鉛合金，負極にアンチモン(Sb)鉛合金を使用している。

(3) カルシウム・バッテリは，メンテナンス・フリー(MF)特性を向上させるために電極(正極・負極)にカルシウム鉛合金を使用している。

(4) 低アンチモン・バッテリは低コストが利点であるが，MF特性はハイブリッド・バッテリに比べて悪い。

【解説】

答え (2)

ハイブリッド・バッテリは，正極に<u>アンチモン(Sb)鉛合金</u>，負極に<u>カルシウム(Ca)鉛合金</u>を使用している。

問題

【No.14】 半導体に関する記述として，**不適切なもの**は次のうちどれか。

(1) LC発振器は，抵抗とコンデンサを使い，コンデンサの放電時間で

発振周期を決める。

(2) 発振とは，入力に直流の電流を流し，出力で一定周期の交流電流が流れている状態をいう。

(3) NAND回路は，二つの入力がともに"1"のときのみ出力が"0"となる。

(4) NPN型トランジスタのベース電流が2mA，コレクタ電流が200mA流れた場合の電流増幅率は100である。

【解説】

答え　(1)

LC発振器は，<u>コイルとコンデンサの共振回路を利用し，発振周期を決める方法</u>。

問題文の，抵抗とコンデンサを使い，コンデンサの放電時間で発振周期を決める方法は"CR発振器"である。

 問題

【No.15】 スタータ本体の点検に関する記述として，**適切なもの**は次のうちどれか。

(1) フィールド・コイルの点検では，サーキット・テスタの抵抗測定レンジを用いてブラシとヨーク間の導通を確認する。

(2) フィールド・コイルの点検では，メガーを用いてコネクティング・リードのターミナルとブラシ間の絶縁抵抗を確認する。

(3) アーマチュアの点検では，メガーを用いてコンミュテータとアーマチュア・コア間及びコンミュテータとアーマチュア・シャフト間の絶縁抵抗を確認する。

(4) オーバランニング・クラッチの点検では，ピニオン・ギヤを駆動方向に回転させたときにロックし，逆方向に回転させたときにスムーズに回転することを確認する。

【解説】

答え　(3)

アーマチュアの点検では，参考図のようにメガーを用いてコンミュテータとアーマチュア・コア間，コンミュテータとアーマチュア・シャフト間の絶縁抵抗が規定値にあることを確認する。

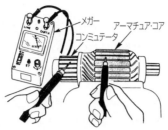

アーマチュア・コイルの絶縁点検

他の問題文を訂正すると以下のようになる。

(1) フィールド・コイルの点検では，サーキット・テスタの抵抗測定レンジを用いて<u>コネクティング・リードのターミナルとブラシ間の導通</u>を点検する(参考図)。

(2) フィールド・コイルの点検では，メガーを用いて<u>ブラシとヨーク間が絶縁されていること</u>を確認する。

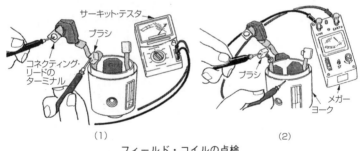

(1) 　　　　　　　　　　　　　　　　　　(2)

フィールド・コイルの点検

(4) オーバランニング・クラッチの点検では，ピニオン・ギヤを駆動方向に回転させたときにスムーズに回転し，逆方向に回転させたときにロックすることを確認する(参考図)。

オーバランニング・クラッチの点検

【問題】

【No.16】 前進4段のロックアップ機構付き電子制御式ATの構成部品に関する記述として，**適切なもの**は次のうちどれか。

(1) バンド・ブレーキ機構は，ブレーキ・バンド，ディッシュ・プレートなどで構成されている。

(2) スプラグ式のワンウェイ・クラッチは，インナ・レースとアウタ・レースとの間に設けたローラの働きによって，一定の回転方向にだけ動力が伝えられる。

(3) バンド・ブレーキ機構は，リバース・クラッチ・ドラムを介してフロント・インターナル・ギヤを固定する。

(4) ハイ・クラッチは，2種類のプレート(ドライブ・プレートとドリブン・プレート)が数枚交互に組み付けられており，ピストンに油圧が作用すると両プレートが密着するようになっている。

【解説】

答え (4)

ハイ・クラッチは，参考図のように，2種類のプレート(ドライブ・プレートとドリブン・プレート)が数枚交互に組み付けられており，ピストンに油圧が作用すると両プレートが密着して動力伝達するようになっている。

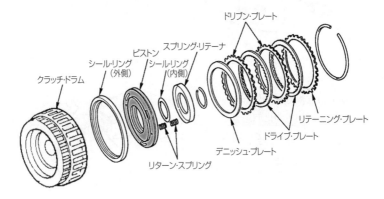

ハイ・クラッチ

他の問題文を訂正すると以下のようになる。

(1) バンド・ブレーキ機構は，<u>ブレーキ・バンドやサーボ・ピストンなど</u>で構成されている。

(3) スプラグ式のワンウェイ・クラッチは，インナ・レースとアウタ・レースとの間に設けた<u>スプラグ</u>の働きによって，一定の回転方向にだけ動力が伝えられる。

　　問題文の"ローラ"を用いたものは，ローラ式のワンウェイ・クラッチという。

(2) バンド・ブレーキ機構は，リバース・クラッチ・ドラムを介して<u>フロント・サン・ギヤ</u>を固定する。

問題

【No.17】　トルク・コンバータの性能に関する記述として，**不適切なもの**は次のうちどれか。

(1) トルク比は，タービン軸トルクをポンプ軸トルクで除して求めることができる。

(2) カップリング・レンジにおけるトルク比は，2.0〜2.5である。

(3) トルク比は，速度比がゼロのとき最大である。

(4) 速度比がゼロからクラッチ・ポイントまでの間をコンバータ・レンジという。

【解説】

答え（2）

カップリンク・レンジにおけるトルク比は，<u>1</u>である。

参考図としてトルク・コンバータの性能曲線を示す。

速度比が小さいコンバータ・レンジでは，ステータの働きによりトルク増大作用が行われトルク比が1よりも大きいが，クラッチ・ポイントを超えたカップリング・レンジでは，ステータが空転することでトルク増大作用が行われなくなるため，トルク比は"1"となる。

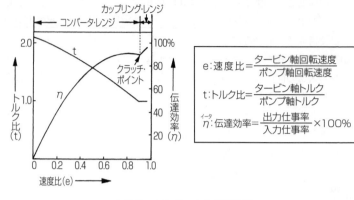

$$e：速度比 = \frac{タービン軸回転速度}{ポンプ軸回転速度}$$

$$t：トルク比 = \frac{タービン軸トルク}{ポンプ軸トルク}$$

$$\overset{イータ}{\eta}：伝達効率 = \frac{出力仕事率}{入力仕事率} \times 100\%$$

トルク・コンバータの性能曲線

問題

【No.18】 マニュアル・トランスミッションのクラッチに関する記述として，**不適切なもの**は次のうちどれか。

(1) 一般にクラッチの伝達トルク容量は，エンジンの最大トルクの1.2倍〜2.5倍に設定されており，トラックやバスよりも乗用車の方が，ジーゼル車よりもガソリン車の方が余裕係数は大きい。

(2) クラッチの伝達トルク容量が，エンジンのトルクに比べて過小であると，クラッチ・フェーシングの摩耗量が急増しやすい。

(3) ダイヤフラム・スプリングを用いたクラッチ・スプリングは，コイル・スプリングを用いたクラッチ・スプリングと比較して，クラッチ・フェーシングの摩耗によるスプリング力の変化が少ない。

(4) クラッチの伝達トルク容量が，エンジンのトルクに比べて過大であると，クラッチの操作が難しく，接続が急になりがちでエンストしやすい。

【解説】

答え (1)

　クラッチの伝達トルク容量は，エンジンの最大トルク，自動車の種類などを考慮して，一般にエンジンの最大トルクの1.2〜2.5倍(これを余裕係数という。)に設定している。自動車質量が大きいほど，エンジンの慣性モ

ーメントが大きいほどクラッチへの負荷は大きくなるため，乗用車よりも
トラックやバスの方が，ガソリン自動車よりもジーゼル自動車の方が余裕
係数を大きくしてある。

問題

【No.19】 CVT（スチール・ベルトを用いたベルト式無段変速機）に関する
記述として，**不適切なもの**は次のうちどれか。

(1) Ｌレンジ時は，変速領域をプーリ比の最Ｌｏｗ付近にのみ制限する
ことで，強力な駆動力及びエンジン・ブレーキを確保する。

(2) スチール・ベルトは，エレメントの引っ張り作用によって動力が伝
達されている。

(3) プーリ比が小さい（High側）ときは，プライマリ・プーリの油圧室
に掛かる油圧を高めてプーリの溝幅を狭くすることでスチール・ベル
トの接触半径を大きくしている。

(4) プライマリ・プーリはプーリ比（変速比）を制御し，セカンダリ・プ
ーリはスチール・ベルトの張力を制御している。

【解説】

答え（2）

スチール・ベルトは，参考図のように，多数のエレメントと多層のスチ
ール・リング２本で構成されている。

一般のゴム・ベルトなどが引張り作用で動力を伝達するのに対して，
CVTのスチール・ベルトは，エレメントの圧縮作用（エレメントの押し出
し）によって動力が伝達される。

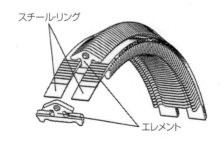

スチール・リング

エレメント

スチール・ベルト

問題

【No.20】 タイヤに関する記述として，**適切なもの**は次のうちどれか。

(1) タイヤの変形による抵抗とは，タイヤが回転するごとに路面により圧縮され，再び原形に戻ることを繰り返すことにより発生する抵抗をいう。

(2) ダイナミック・アンバランスとは，タイヤ(ホイール付き)の一部が他の部分より重い場合，ゆっくり回転させると重い部分が下になって止まることをいう。

(3) タイヤの偏平率(%)とは，「断面幅」を「断面高さ」で除したものに，100を乗じた値をいう。

(4) タイヤに10mmの縦たわみを与えるために必要な静的縦荷重を静的縦ばね定数といい，この値が小さいほど路面から受ける衝撃を吸収しやすく，乗り心地がよい。

【解説】

答え (1)

タイヤの変形による抵抗とは，タイヤが回転するごとに接地部が路面により圧縮され，再び原形に戻ることを繰り返すことにより発生する抵抗をいう。この抵抗は，タイヤの転がり抵抗の中で最も大きく，路面の状況，速度及びタイヤの種類，構造，エア圧などの影響を受ける。

他の問題文を訂正すると以下のようになる。

(2) スタティック・アンバランスとは，タイヤ(ホイール付き)の一部が他の部分より重い場合，ゆっくり回転させると重い部分が下になって止まることをいう。

(3) タイヤの偏平率(%)とは，「断面高さ」を「断面幅」で除したものに，100を乗じた値をいう。

(4) タイヤに1mmの縦たわみを与えるために必要な静的縦荷重を静的縦ばね定数といい，この値が小さいほど路面から受ける衝撃を吸収しやすく，乗り心地がよい。

問題

【No.21】 図に示すインテグラル型油圧式パワー・ステアリング(ロータリ・バルブ式)に関する記述として，**不適切なもの**は次のうちどれか。

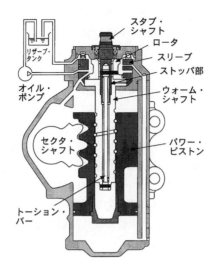

(1) 操舵時は，トーション・バーのねじれ角に応じてロータが回転し，油路を切り替える。

(2) ハンドルの操舵力は，ウォーム・シャフト，トーション・バー，スタブ・シャフトの順に伝達される。

(3) ロータは，スリーブにかん合している。

(4) ロータリ・バルブはスリーブとロータで構成されている。

【解説】

答え（2）

ハンドルの操舵力は，スタブ・シャフト，トーション・バー，ウォーム・シャフトの順に伝達される。

問題

【No.22】 CAN通信に関する記述として，**不適切なもの**は次のうちどれか。

(1) 一端の終端抵抗が断線していても通信はそのまま継続されるが，耐ノイズ性は低下する。

(2) 複数のECUが同時に送信を始めてしまった場合には，データ・フレーム同士が衝突してしまうため，各ECUは，アイデンティファイヤ・フィールドにより優先度が高いデータ・フレームを優先して送信する。

(3) 各ECUは，各センサの情報などをデータ・フレームとして，バス・ラ イン上に送信（定期送信データ）している。

(4) CAN通信は，一つのECUが複数のデータ・フレームを送信したり， バス・ライン上のデータを必要とする複数のECUが同時にデータ・ フレームを受信することができない。

【解説】

答え （4）

CAN通信システムは，参考図のように，複数のECUをバス・ラインで 結ぶことで，各ECU間の情報共有を可能にしている。

各ECUは，センサの情報をデータ・フレームとして定期的にバス・ラ イン上に送信をするが，一つのECUが複数のデータ・フレームを送信し たり，バス・ライン上のデータを必要とする複数のECUが同時にデータ・ フレームを受信することが<u>できる</u>。

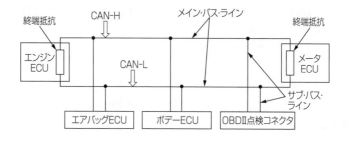

CAN通信システム

問題

【No.23】 差動制限型ディファレンシャルに関する記述として，**適切なもの** は次のうちどれか。

(1) 回転速度差感応式に用いられているビスカス・カップリングは，イ ンナ・プレートとアウタ・プレートの差動回転速度が小さいほど大き なビスカス・トルクが発生する。

(2) 回転速度差感応式の差動制限力の発生は，ピニオンの歯先とディフ ァレンシャル・ケース内周面との摩擦により行っている。

(3) トルク感応式のヘリカル・ギヤを用いたものは、左右輪の回転速度に差が生じた場合、高回転側から低回転側に駆動力が伝えられ、低回転側に大きな駆動力が発生する。

(4) トルク感応式のヘリカル・ギヤを用いたものは、ディファレンシャル・ケース内に高粘度のシリコン・オイルが充填されている。

【解説】

答え (3)

トルク感応式は、参考図のようにサイド・ギヤと長・短の二種類のピニオンにヘリカル・ギヤ(はすば歯車)を用いた方式のものである。

左右のサイド・ギヤ(左右輪)の回転速度に差が生じた場合、ピニオンとサイド・ギヤのかみ合いの反力により、ピニオン・ギヤがディファレンシャル・ケースの内周面に押し付けられ摩擦力を発生する。これにより、回転速度差のあるサイド・ギヤは互いにディファレンシャル・ケースの回転速度に近づくため、高速側から低速側に駆動力が伝えられる。

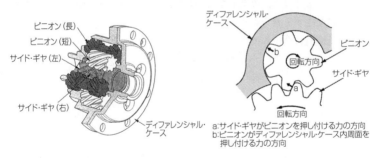

ピニオン(長)
ピニオン(短)
サイド・ギヤ(左)
サイド・ギヤ(右)
ディファレンシャル・ケース

ディファレンシャル・ケース
ピニオン
回転方向
サイド・ギヤ
回転方向
a:サイド・ギヤがピニオンを押し付ける力の方向
b:ピニオンがディファレンシャル・ケース内周面を
　押し付ける力の方向

トルク感応式差動制限型ディファレンシャル　**ピニオンによる摩擦力の発生**

他の問題文を訂正すると以下のようになる。

(1) 回転速度差感応式に用いられているビスカス・カップリングは、インナ・プレートとアウタ・プレートの差動回転速度が大きいほど大きなビスカス・トルクが発生する。

(2) トルク感応式のヘリカル・ギヤを用いたものの差動制限力の発生は、ピニオンの歯先とディファレンシャル・ケース内周面との摩擦により行っている。

(3) トルク感応式のヘリカル・ギヤを用いたものは，ディファレンシャル・ケース内にギヤ・オイルが入っている。高粘度のシリコン・オイルが充填されているのは，回転速度差感応式のビスカス・カップリング内である。

問題

【No.24】 サスペンションから発生する異音のうち，ダンパ打音に関する記述として，**適切なもの**は次のうちどれか。

(1) かなり荒れた道路を走行時に，サスペンションが大きく上下にストロークする際，ピッチ間のクリアランスが減少して，スプリング同士が接触するために起こる「ガチャン」,「ガキン」などの金属音をいう。

(2) ショック・アブソーバ内部でオイルが狭いバルブ穴（オリフィス）を高速で通過する際，オイルがスムーズに流れないときに「シュッ，シュッ」と発生する音をいう。

(3) スプリング上下のスプリング・シートとスプリング間のがたにより発生する「カタ，カタ」などの音で，サスペンションが伸びきったときに発生する音をいう。

(4) 低温時に発生しやすく，ショック・アブソーバのオイル漏れやガス抜けなどにより，不正な振動が発生し，「コロコロ」,「ポコポコ」などボデー・パネル面で発生する音をいう。

【解説】

答え（4）

"ダンパ打音"の説明は，（4）の記述の通り。

（1）は"接触音"，（2）はスプリングの"スウィッシュ音"，（4）は"がた音"の記述である。

問題

【No.25】 図に示す電子制御式ABSの油圧回路において，保持ソレノイド・バルブと減圧ソレノイド・バルブに関する記述として，**適切なもの**は次のうちどれか。ただし，図の油圧回路は，通常制動時を表す。

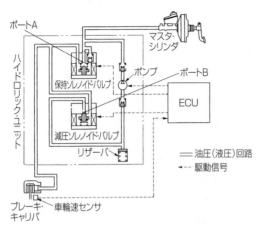

(1) 保持ソレノイド・バルブは，減圧作動時に通電ONとなり，ポートAを閉じる。

(2) 保持ソレノイド・バルブは，増圧作動時に通電ONとなり，ポートAを閉じる。

(3) 減圧ソレノイド・バルブは，保持作動時に通電ONとなり，ポートBを開く。

(4) 減圧ソレノイド・バルブは，増圧作動時に通電ONとなり，ポートBを開く。

【解説】

答え（1）

ABSのハイドリック・ユニットは，ECUからの制御信号により，各ブレーキの液圧を制御するものである。ブレーキの作動圧力の制御は"増圧作動"，"保持作動"，"減圧作動"の3段階があり，ポートAの開閉を行う"保持ソレノイド"，ポートBの開閉を行う"減圧ソレノイド"とリザーバにたまったブレーキ液をマスタ・シリンダ側に戻す"ポンプ・モータ"に対し各作動に応じた通電が行われる。

解答をするにあたっては，保持ソレノイド・バルブのポートAは常開，減圧ソレノイド・バルブのポートBは常閉であることに注意が必要である。各作動時のソレノイド・バルブの作動とポート開閉の状態を下表にまとめる。

	保持ソレノイド・バルブ		減圧ソレノイド・バルブ	
	通電状態	ポートA	通電状態	ポートB
増圧作動時	OFF	開く	OFF	閉じる
保持作動時	ON	閉じる	OFF	閉じる
減圧作動時	ON	閉じる	ON	開く

問題文の中で，表の状態に該当するのは（1）である。

問題

【No.26】 エアコンに関する記述として，**不適切なものは**次のうちどれか。

(1) サブクール式のコンデンサでは，レシーバ部でガス状冷媒と液状冷媒に分離して，液状冷媒をサブクール部に送り，更に冷却することで冷房性能の向上を図っている。

(2) エキスパンション・バルブは，エバポレータ内における冷媒の液化状態に応じて噴射する冷媒の量を調節する。

(3) ハイブリッド自動車や電気自動車（EV）などに用いられている電動式コンプレッサは，一般にスクロール式が採用されている。

(4) リヒート方式では，ヒータ・コアに流れるエンジン冷却水の流量をウォータ・バルブによって変化させることで，吹き出し温度の調整を行う。

【解説】

答え（2）

エキスパンション・バルブは，エバポレータ内における冷媒の気化状態に応じて噴射する冷媒の量を調節する。

エバポレータは，噴射された霧状冷媒が内部で気化することで周囲から熱を奪う働きをするため，エバポレータ出口付近では，常に気化が完了する程度の冷媒量に調節されなければならない。

エキスパンション・バルブが噴射する冷媒量を調節する仕組みは，参考図のように，エバポレータ出口付近の冷媒圧力（B室圧）と温度変化（A室圧）よって作動するダイヤフラムを設け，それに直結したニードル・バルブを開閉することで行っている。

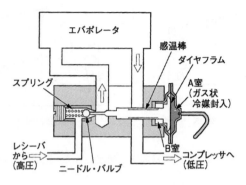

エキスパンション・バルブの作動

【問題】

【No.27】　ホイール・アライメントに関する記述として，**不適切なものは**次のうちどれか。

(1) キャンバ・スラストは，キャンバ角が大きくなるに伴って増大する。

(2) キャスタにより，車両の荷重によって車体をもとの水平状態(ホイールを直進状態)に戻そうとする復元力が生まれ直進性が保たれる。

(3) 旋回時に車体が傾斜した場合のキャンバ変化は，独立懸架式ではほとんど変化しないが，車軸懸架式では大きく変化する。

(4) フロント・ホイールを横方向から見て，キング・ピンの頂部が，進行方向(前進)に対して後方に傾斜しているものをプラス・キャスタという。

【解説】

答え　(3)

　旋回時に車体が傾斜した場合のキャンバ変化は，<u>車軸懸架式ではほとんど変化しないが，独立懸架式では大きく変化する</u>。

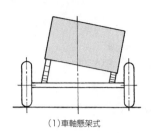

(1)車軸懸架式

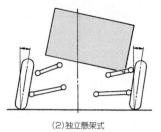

(2)独立懸架式

【問題】

【No.28】 フレーム及びボデーに関する記述として，**適切なもの**は次のうちどれか。

(1) モノコック・ボデーは，１箇所に力が集中すると比較的簡単にひびが入ったり，割れてしまう弱点がある。

(2) トラックに用いられるフレームは，トラックの全長にわたって貫通した左右２本のクロス・メンバが平行に配列されている。

(3) モノコック・ボデーは，ボデー自体がフレームの役目を担うため，質量を小さくすることができない。

(4) モノコック・ボデーが衝撃により破損した場合，構造が簡単なため修理が容易である。

【解説】

答え（1）

モノコック・ボデーは，ボデー自体がフレームの役目を担う構造で，薄鋼板を使用しスポット溶接を多用して組み上げられているため，１箇所に力が集中すると比較的簡単にひびが入ったり，割れてしまう弱点がある。そこで，力が掛かる部位には補強が必要となる。

他の問題文を訂正すると以下のようになる。

(2) トラックに用いられるフレームは，トラックの全長にわたって貫通した左右２本の<u>サイド・メンバ</u>が平行に配列されている。

(3) モノコック・ボデーは，ボデー自体がフレームの役目を担うため，<u>質量を小さくすることができる</u>。

(4) モノコック・ボデーが衝撃により破損した場合，<u>構造が複雑なために修理が難しい</u>。

【問題】

【No.29】　ブレーキのフェード現象に関する記述として，**適切なもの**は次の
うちどれか。

(1) ブレーキ液が沸騰してブレーキの配管内及びホイール・シリンダな
　　どに気泡が生じ，ブレーキの効きが悪くなることをいう。

(2) ブレーキ液に含まれる水分の量が多くなり，ブレーキ液の沸点が低
　　下することをいう。

(3) ブレーキ・パッド又はブレーキ・ライニングが過熱して，材質が一
　　時的に変化し，摩擦係数が下がるため，次第にブレーキの効きが悪く
　　なることをいう。

(4) 配管内のエア抜きが不完全なためにブレーキの効きが悪くなること
　　をいう。

【解説】

答え（3）

　フェード現象の発生は，ブレーキの過度の使用により，ブレーキ・パッ
ド又はブレーキ・ライニングが過熱して，材質が一時的に変化し，摩擦係
数が小さくなることに起因する。よって，フェード現象に関する記述とし
て適切なものは（3）である。

　（4）は配管内のエア抜き不良という作業ミスの状態，（1）はベーパ・ロッ
ク現象の記述である。また，ブレーキ液に含まれるグリコール・エーテ
ル類は水分を吸収しやすい性質をもっており，使用期間が長くなるに連れ
て（2）の現象が発生する。これにより（1）のベーパ・ロック現象が発生
しやすくなる。

【問題】

【No.30】　外部診断器(スキャン・ツール)に関する記述として，**適切なもの**
は次のうちどれか。

(1) フリーズ・フレーム・データを確認することで，ダイアグノーシス・
　　コードを記憶した原因の究明につながる。

(2) アクティブ・テストは，整備作業の補助やECUの学習値を初期化
　　することなどができ，作業の効率化が図れる。

(3) 外部診断器でダイアグノーシス・コードの消去作業を行うと，ダイ

アグノーシス・コードとフリーズ・フレーム・データが消去されるため，時計及びラジオの再設定が必要となる。

(4) 作業サポートは，外部診断器からECUに指令を出して，アクチュエータを任意に駆動及び停止ができ，機能点検などが容易に行える。

【解説】

答え（1）

フリーズ・フレーム・データとは，ダイアグノーシス・コードを記憶した時点でのECUデータ・モニタ値のことである。これを確認することで異常検知時の運転状態が分かるため，ダイアグノーシス・コードを記憶した原因の究明が容易になる。

他の問題文を訂正すると以下のようになる。

(2) 作業サポートは，整備作業の補助やECUの学習値を初期化することなどができ，作業の効率化が図れる。

(3) 外部診断器でダイアグノーシス・コードの消去作業を行うと，ダイアグノーシス・コードとフリーズ・フレーム・データのみ消去されるため（電源の遮断操作をしないため），時計及びラジオの再設定が必要ない。

(4) アクティブ・テストは，外部診断器からＥＣＵに指令を出して，アクチュエータを任意に駆動及び停止ができ，機能点検などが容易に行える。

問題

【No.31】 図に示す電気回路において，電流計Ａが示す電流値として，**適切なもの**は次のうちどれか。ただし，バッテリ，配線等の抵抗はないものとする。

(1) 2 A

(2) 4 A

(3) 6 A

(4) 32A

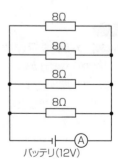

バッテリ(12V)

【解説】

答え　(3)

問題の回路は，8Ωの抵抗を4つ並列に接続した回路で，その合成抵抗Rは

$$\frac{1}{R} = \frac{1}{8} + \frac{1}{8} + \frac{1}{8} + \frac{1}{8}$$

$$= \frac{4}{8}$$

$$R = \frac{8}{4}$$

$$= 2\,\Omega$$

合成抵抗2Ωに12Vの電源を接続したときの回路に流れる電流Iは，オームの法則より

$$I = \frac{V}{R}\ (I：電流A，\quad V：電圧V，\quad R：抵抗\Omega)$$

$$= \frac{12V}{2\,\Omega}$$

$$= 6\,(A)$$

となる。

問題

【No.32】 ボデーやフレームなどに用いられる塗料の成分のうち，溶剤に関する記述として，**適切なもの**は次のうちどれか。

(1) 顔料と樹脂の混合を容易にする働きをする。

(2) 顔料と顔料をつなぎ，塗膜に光沢や硬さなどを与える。

(3) 塗膜に着色などを与える。

(4) 塗装の仕上がりなどの作業性や塗料の安定性を向上させる。

【解説】

答え　(1)

"溶剤"は，顔料と樹脂の混合を容易にする働きをするものである。

(2)は"樹脂"を，(3)は"顔料"，(4)は"添加剤"を表す記述である。

問題

【No.33】 図に示すギヤ（歯車）に関する次の文章の（イ）と（ロ）に当てはまるものとして，下の組み合わせのうち，**適切なもの**はどれか。

図1は，（イ）と呼ばれ，ディファレンシャル・ギヤなどに用いられており，図2は，（ロ）と呼ばれ，ファイナル・ギヤなどに用いられている。

図1

図2

（イ）	（ロ）
(1) ヘリカル・ギヤ	ハイポイド・ギヤ
(2) ストレート・ベベル・ギヤ	スパイラル・ベベル・ギヤ
(3) ヘリカル・ギヤ	スパイラル・ベベル・ギヤ
(4) ストレート・ベベル・ギヤ	ハイポイド・ギヤ

【解説】

答え（4）

図1は，（**ストレート・ベベル・ギヤ**）と呼ばれ，ディファレンシャル・ギヤなどに用いられており，図2は，（**ハイポイド・ギヤ**）と呼ばれ，ファイナル・ギヤなどに用いられている。

"ストレート・ベベル・ギヤ"は軸が交わり，歯すじが直線のギヤでディファレンシャル・ギヤなどに用いられる。"ヘリカル・ギヤ"は2つの軸が平行で，歯すじが斜めのギヤでトランスミッションなどに用いられる。

また，"ハイポイド・ギヤ"と"スパイラル・ベベル・ギヤ"の違いは，二つの軸が交わるか，オフセットするかの違いがある。

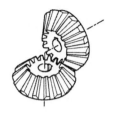

ストレート・ベベル・ギヤ

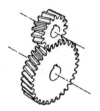

ヘリカル・ギヤ

ハイポイド・ギヤ

スパイラル・ベベル・ギヤ

問題

【No.34】 ギヤ・オイルに用いられる添加剤に関する記述として，**不適切な
もの**は次のうちどれか。

(1) 流動点降下剤は，オイルに含まれる，ろう（ワックス）分が結晶化す
るのを抑えて，低温時の流動性を向上させる作用がある。

(2) 酸化防止剤は，温度変化に対する粘度変化を少なくする作用がある。

(3) 油性向上剤は，金属に対する吸着性及び油膜の形成力を向上させ，
摩擦係数を減少させる作用がある。

(4) 極圧添加剤は，耐圧性の向上，極圧下での油膜切れや摩耗の防止な
どをする作用がある。

【解説】

答え（2）

ギヤ・オイルに用いられる酸化防止剤は，高温における酸化を防止し，
寿命を延長させる作用をする。（2）の記述は"粘度指数向上剤"を表して
いる。

【問題】

【No.35】 図に示す油圧装置でピストンAの直径が14mm，ピストンBの直径が56mmの場合，ピストンAを0.5kNの力で押したとき，ピストンBにかかる力として，適切なものは次のうちどれか。

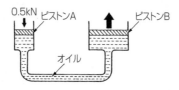

(1) 392N

(2) 1,568N

(3) 2,000N

(4) 8,000N

【解説】

　答え（4）

　　図に示す油圧装置についてピストンAの断面積S_Aに，押す力F_Aを加えると，ピストンBにかかる力F_Bは，パスカルの原理によりピストンBの断面積S_Bとの関係で，次の関係式が成立つ。

$$\frac{F_A(N)}{S_A(m^2)} = \frac{F_B(N)}{S_B(m^2)}$$

この関係式に，問題の数値を代入すると

$$\frac{500N}{\frac{\pi}{4}(0.014m)^2} = \frac{F_B}{\frac{\pi}{4}(0.056m)^2}$$

$$F_B = 500 \times 16$$
$$= 8000(N)$$

問題

【No.36】 「道路運送車両の保安基準」及び「道路運送車両の保安基準の細目を定める告示」に照らし，最高速度が100km/hの四輪小型自動車の番号灯の基準に関する記述として，**不適切なもの**は次のうちどれか。

(1) 番号灯の灯光の色は，橙色であること。

(2) 番号灯は，夜間後方20mの距離から自動車登録番号標，臨時運行許可番号標，回送運行許可番号標又は車両番号標の数字等の表示を確認できるものであること。

(3) 番号灯は，灯器が損傷し，又はレンズ面が著しく汚損しているものでないこと。

(4) 番号灯は，点滅しないものであること。

【解説】

答え（1）

番号灯の灯光の色は，<u>白色</u>であること。（保安基準第36条　告示205条(2)）

問題

【No.37】 「自動車点検基準」の「自家用乗用自動車等の日常点検基準」に規定されている点検内容として，**適切なもの**は次のうちどれか。

(1) パワー・ステアリング装置のベルトの緩み及び損傷がないこと。

(2) 冷却装置のファン・ベルトの緩み及び損傷がないこと。

(3) 灯火装置及び方向指示器の点灯又は点滅具合が不良でなく，かつ，汚れ及び損傷がないこと。

(4) バッテリのターミナル部の接続状態が不良でないこと。

【解説】

答え（3）

「自家用乗用自動車等の日常点検基準」に規定される点検内容は以下のとおりである。

点検箇所	点検内容
1 ブレーキ	1 ブレーキ・ペダルの踏みしろが適当で，ブレーキのききが十分であること。 2 ブレーキの液量が適当であること。 3 駐車ブレーキ・レバーの引きしろが適当であること。
2 タイヤ	1 タイヤの空気圧が適当であること。 2 亀裂及び損傷がないこと。 3 異常な摩耗がないこと。 4 溝の深さが十分であること。
3 バッテリ	液量が適当であること。
4 原動機	1 冷却水の量が適当であること。 2 エンジン・オイルの量が適当であること。 3 原動機のかかり具合が不良でなく，且つ，異音がないこと。 4 低速及び加速の状態が適当であること。
5 灯火装置及び方向指示器	点灯又は点滅具合が不良でなく，かつ，汚れ及び損傷がないこと。
6 ウインド・ウォッシャ及びワイパー	1 ウインド・ウォッシャの液量が適当であり，かつ，噴射状態が不良でないこと。 2 ワイパーの払拭状態が不良でないこと。
7 運行において異常が認められた箇所	当該箇所に異常がないこと。

　(1)　(2)　(4)「パワー・ステアリング装置のベルトの緩み及び損傷」「冷却装置のファン・ベルトの緩み及び損傷」「バッテリのターミナル部の接続状態」は，自家用乗用自動車等の定期点検基準における1年(12ヶ月)ごとに行う点検項目である。

問題

【No.38】「道路運送車両の保安基準」に照らし，次の文章の（イ）と（ロ）に当てはまるものとして，下の組み合わせのうち，**適切なもの**はどれか。

　「輪荷重」とは，自動車の（イ）の車輪を通じて路面に加わる鉛直荷重をいう。また，自動車の輪荷重は，（ロ）を超えてはならない。ただし，牽引自動車のうち告示で定めるものを除く。

	（イ）	（ロ）
(1)	1　個	1 t
(2)	1　個	5 t
(3)	2　個	10 t
(4)	すべて	20 t

【解説】

　答え　(2)

　「輪荷重」とは，自動車の(**1個**)の車輪を通じて路面に加わる鉛直荷重をいう。また，自動車の輪荷重は，(**5 t**)を超えてはならない。ただし，牽引自動車のうち告示で定めるものを除く。(保安基準　第1条の17，第4条の2)

問題

【No.39】「道路運送車両の保安基準」及び「道路運送車両の保安基準の細目を定める告示」に照らし，車幅が1.69m，最高速度が100km/hの四輪小型自動車の走行用前照灯に関する記述として，**不適切なもの**は次のうちどれか。

(1) 走行用前照灯の数は，2個又は4個であること。

(2) 走行用前照灯の灯光の色は，白色であること。

(3) 走行用前照灯の最高光度の合計は，430,000cdを超えないこと。

(4) 走行用前照灯は，そのすべてを照射したときには，夜間にその前方40mの距離にある交通上の障害物を確認できる性能を有するものであること。

【解説】

　答え　(4)

　走行用前照灯は，そのすべてを照射したときには、夜間にその前方<u>100m</u>の距離にある交通上の障害物を確認できる性能を有するものであること。(保安基準　第32条，細目告示第198条2(1))

問題

【No.40】「道路運送車両法」及び「道路運送車両の保安基準」に照らし，次の文章の(　　)に当てはまるものとして，**適切なもの**はどれか。

　車両総重量とは，車両重量，最大積載量及び(　　)に乗車定員を乗じて得た重量の総和をいう。

(1) 50kg

(2) 55kg

(3) 60kg

(4) 65kg

【解説】

答え（2）

車両総重量は，車両重量，最大積載量及び(**55kg**)に乗車定員を乗じて得た重量の総和をいう。

（道路運送車両法　第40条（3））

05・10 試験問題（登録）

問題

【No.1】 ピストン・リングに関する記述として，**不適切なもの**は次のうちどれか。

(1) フラッタ現象が起きると，ピストン・リングの機能が損なわれ，ガス漏れによるエンジン出力の低下，オイル消費量の増大，リング溝やリング上下面の異常摩耗などが促進される。

(2) ピストン・リングには，耐摩耗性，強じん性，耐熱性及びオイル保持性などが要求されるため，一般にコンプレッション・リングの材料は特殊鋳鉄又は炭素鋼で，オイル・リングは炭素鋼で作られている。

(3) スカッフ現象は，オイルの不良や過度の荷重が加わったとき，あるいはオーバヒートした場合などに起こりやすい。

(4) バレル・フェース型のピストン・リングは，吸入行程では，シリンダ壁面と線接触し，また，燃焼(膨張)行程では，高い面圧でシリンダ壁面に密着しており，一般にセカンド・リングに用いられている。

【解説】

答え (4)

(4) は，アンダ・カット型ピストン・リングの説明である。

アンダ・カット型のピストン・リングは，外周下面がカットされた形状になっており，吸入行程では，参考図 (1) のようにシリンダ壁面と線接触し，また，燃焼(膨張)行程では，参考図 (2) のように高い面圧でシリンダ壁面に密着するため，オイルをかき落とす作用があり，オイル上がりを防ぐ役目をしている。

なお，このリングは，一般にセカンド・リングに用いられている。

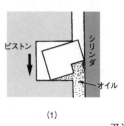
(1)

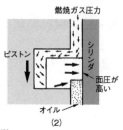
燃焼ガス圧力

面圧が高い

(2)

アンダ・カット型の作動

【問題】

【No.2】 エンジンの性能に関する記述として，**適切なもの**は次のうちどれか。

(1) 機械損失は，潤滑油の粘度やエンジン回転速度による影響は大きいが，冷却水の温度による影響は受けない。

(2) 熱損失は，燃焼室壁を通して冷却水へ失われる冷却損失排気ガスにもち去られる排気損失，ふく射熱として周囲に放散されるふく射損失からなっている。

(3) 体積効率と充填効率は，平地や高山など気圧の低い場所でも差はほとんどない。

(4) ポンプ損失(ポンピング・ロス)は，ピストン，ピストン・リング，各ベアリングなどの摩擦損失とウォータ・ポンプ，オイル・ポンプ，オルタネータなど補機駆動の損失からなっている。

【解説】

答え (2)

熱損失は，燃焼ガスの熱量が冷却水や冷却空気などによって失われることをいい，燃焼室壁を通して冷却水へ失われる冷却損失，排気ガスにもち去られる排気損失，ふく射熱として周囲に放散されるふく射損失からなっている。

他の問題文を訂正すると以下のようになる。

(1) 機械損失は，潤滑油の粘度やエンジン回転速度による影響のほか，<u>冷却水の温度による影響も受ける。</u>

(3) 体積効率と充填効率は，平地ではほとんど同じであるが，<u>高山など</u>

気圧の低い場所では差を生じる。

(4) 機械損失は，ピストン，ピストン・リング，各ベアリングなどの摩擦損失と，ウォータ・ポンプ，オイル・ポンプ，オルタネータなど補機駆動の損失からなっている。

【問題】

【No.3】 シリンダ・ヘッドとピストンで形成されるスキッシュ・エリアに関する記述として，**適切なもの**は次のうちどれか。

(1) 吸入混合気に渦流を与えて，吸入行程における火炎伝播の速度を高めている。

(2) 斜めスキッシュ・エリアは，斜め形状により吸入通路からの吸気がスムーズになることで渦流の発生を防ぐことができる。

(3) 吸入混合気に渦流を与えて，燃焼時間を短縮することで最高燃焼ガス温度の上昇を抑制する。

(4) スキッシュ・エリアの厚み（クリアランス）が小さくなるほど，混合気の渦流の流速は低くなる。

【解説】

答え（3）

スキッシュ・エリアとは，参考図のように，シリンダ・ヘッド底面とピストン頂部との間に形成される間隙部のことをいう。圧縮行程でピストンが上死点に近づくと，スキッシュ・エリア部の混合気が押し出されて渦流が発生する。この渦流により火炎伝播速度が高まり燃焼時間が短縮されるため，最高燃焼ガス温度の上昇が抑制される。

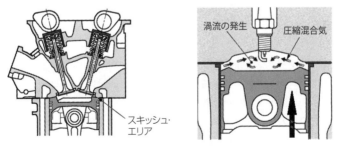

渦流の発生　　　圧縮混合気

スキッシュ・エリア

スキッシュ・エリア

他の問題文を訂正すると以下のようになる。

(1) 吸入混合気に渦流を与えて，燃焼行程における火炎伝播の速度を高めている。

(2) 斜めスキッシュ・エリアは，一般的なスキッシュ・エリアを改良したもので，斜め形状により吸入通路からの吸気がスムーズになり，強い渦流の発生が得られる。

(4) スキッシュ・エリアにより発生した混合気の流速は，このスキッシュ・エリアの面積と厚み（クリアランス）に大きく影響され，面積が大きいほど，また，厚みが小さいほど高くなる。

問題

【No.4】 電子制御式スロットル装置の制御等に関する記述として，**不適切なものは次のうちどれか。**

(1) スロットル・ポジション・センサは，スロットル・バルブ・シャフトの同軸上に取り付けられアクセル・ペダルの踏み込み角度を検出している。

(2) スロットル・バルブの開度制御が通常モードのときは，スロットル・バルブ開度とアクセル・ペダルの踏み込み角度は比例しない。

(3) トラクション・コントロール制御は，ブレーキECUなどからの信号によりスロットル・バルブを開閉し，エンジン出力を制御して走行安定性を確保している。

(4) 電子制御式スロットル・バルブは，一つのスロットル・バルブで，通常のスロットル・バルブの機能とISCV（アイドル・スピード・コントロール・バルブ）の機能を併せもっている。

【解説】

答え (1)

スロットル・ポジション・センサは，参考図のようにスロットル・ボデーのスロットル・バルブと同軸上に取り付けられており，スロットル・バルブの開度を検出するものである。

問題文の「アクセル・ペダルの踏み込み角度」を検出するものは，アクセル・ポジション・センサである。

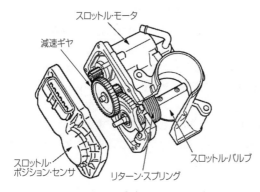

スロットル・モータ

減速ギヤ

スロットル・バルブ

スロットル・
ポジション·センサ

リターン・スプリング

スロットル・ポジション・センサ

問題

【No.5】 コンロッド・ベアリングに要求される性質に関する記述として，**不適切なもの**は次のうちどれか。

(1) 非焼き付き性とは，ベアリングとクランク・ピンとに金属接触が起きた場合に，ベアリングが焼き付きにくい性質をいう。

(2) 耐疲労性とは，ベアリングに繰り返し荷重が加えられても，その機械的性質が変化しにくい性質をいう。

(3) 耐食性とは，酸などにより腐食されにくい性質をいう。

(4) なじみ性とは，異物などをベアリングの表面に埋め込んでしまう性質をいう。

【解説】

答え（4）

コンロッド・ベアリングに要求される"なじみ性"とは，ベアリングをクランク・ピンに組み付けた場合に，最初は当たりが幾分悪くても，すぐにクランク・ピンになじむ性質をいう。

問題文の，異物などをベアリングの表面に埋め込んでしまう性質は"埋没性"という。

問題

【No.6】 電子制御式燃料噴射装置に関する記述として，**適切なもの**は次のうちどれか。

(1) 高抵抗型インジェクタは，抵抗の大きい導線をソレノイド・コイルに使用し，電流を大きくして発熱を防止している。

(2) Lジェトロニック方式の基本噴射時間は，エア・フロー・メータで検出した吸入空気量と，クランク角センサにより検出したエンジン回転速度に基づいて算出される。

(3) 始動時噴射時間は，エンジンの吸入空気温度によって決定する始動時基本噴射時間と，吸気温度補正及び電圧補正によって決定される。

(4) 吸気温度補正は，冷間時の運転性確保のため，吸入空気温度に応じて噴射量を補正する。

【解説】

答え（2）

Lジェトロニック方式の基本噴射時間は，エア・フローーメータで検出した吸入空気量と，クランク角センサにより検出したエンジン回転速度によって，次式の演算が行われ決定される。

$$基本噴射時間 = K \times \frac{吸入空気量}{エンジン回転速度}$$

ただし，K：定数

他の問題文を訂正すると以下のようになる。

(1) 高抵抗型インジェクタは，抵抗の大きい導線をソレノイド・コイルに使用し，電流を小さくして発熱を防止している。

(3) 始動時噴射時間は，エンジンの冷却水温度によって決定する始動時基本噴射時間と，吸気温度補正及び電圧補正によって決定される。

(4) 吸気温度補正は，吸入空気温度の違いによる吸入空気密度の差から空燃比のずれが生じるため，吸入空気温度に応じて噴射量を補正する。

問題

【No.7】 直巻式スタータの出力特性に関する次の文章の（イ）から（ハ）に当てはまるものとして，下の組み合わせのうち，**適切なもの**はどれか。

スタータにより，エンジンが回り始めて回転抵抗が減少すると，スタータの駆動トルクの方が（イ）ので回転速度は上昇するが，逆向きの誘導起電力が（ロ）ので，アーマチュアに流れる電流が（ハ）し，エンジンは一定の回転速度で駆動される。

	（イ）	（ロ）	（ハ）
(1)	小さい	減る	減少
(2)	小さい	増える	増加
(3)	大きい	減る	増加
(4)	大きい	増える	減少

【解説】

答え（4）

　スタータにより，エンジンが回り始めて回転抵抗が減少すると，スタータの駆動トルクの方が（**大きい**）ので回転速度は上昇するが，逆向きの誘導起電力が（**増える**）ので，アーマチュアに流れる電流が（**減少**）し，エンジンは一定の回転速度で駆動される。

　スタータの出力特性は，参考図のように起動時の回転速度及び出力がゼロのときに，最大電流が流れ，最大の駆動トルクを発生する。この駆動トルクは電流値に比例するため，回転速度が上昇してアーマチュアに流れる電流が減少すれば，駆動トルクも減少してしまう。しかし，このような特性をもつ直巻式スタータは，エンジンのように始動時に回転抵抗が最大で，回り始めると急激に減少するものの始動には適していると言える。

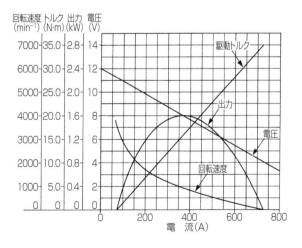

直巻式スタータの出力特性

問題

【No.8】 点火順序が1－5－3－6－2－4の4サイクル直列6シリン
ダ・エンジンに関する次の文章の（イ）と（ロ）に当てはまるものとし
て，下の組み合わせのうち，**適切なもの**はどれか。

第4シリンダが圧縮上死点にあり，この位置からクランクシャフトを
回転方向に回転させ，第2シリンダのバルブをオーバラップの上死点状
態にするために必要な回転角度は（イ）である。

その状態から更にクランクシャフトを回転方向に240°回転させたとき，
圧縮上死点にあるのは（ロ）である。

  （イ）　　　　　（ロ）
(1) 240°　　　　第1シリンダ
(2) 360°　　　　第3シリンダ
(3) 240°　　　　第6シリンダ
(4) 360°　　　　第5シリンダ

【解説】

答え（3）

点火順序が1－5－3－6－2－4の4サイクル直列6気筒シリンダ・
エンジンの第4シリンダが圧縮上死点にあるとき，オーバラップの上死点
（以後，オーバラップとする。）は第3シリンダである。この位置からクラン
クシャフトを回転方向に120°回転させると，点火順序にしたがって第6シ
リンダがオーバラップとなる。第2シリンダがオーバラップとなるのは，
クランクシャフトを更に120°回転させた位置で，最初の状態から240°（120°
＋120°）回転させた場合である。その状態から更にクランクシャフトを回
転方向に240°回転させたとき，圧縮上死点にあるのは第6シリンダである。

点火順序　1-5-3-6-2-4

```
┌─────────────┐      ┌─────────────┐      ┌─────────────┐
│4:圧縮上死点  │      │5:圧縮上死点  │      │6:圧縮上死点  │
│3:オーバラップ│      │2:オーバラップ│      │1:オーバラップ│
└─────────────┘      └─────────────┘      └─────────────┘
                            更に
        ⇨                       ⇨
     240°回転              240°回転
```

| 6:排気行程 | 5:吸入行程 | 4:排気行程 | 6:吸入行程 | 5:排気行程 | 4:吸入行程 |
| 1:圧縮行程 | 2:燃焼行程 | 3:圧縮行程 | 1:燃焼行程 | 2:圧縮行程 | 3:燃焼行程 |

<u>各シリンダの行程</u>

問題

【No.9】 スパーク・プラグに関する記述として，**適切なもの**は次のうちどれか。

(1) 着火ミスは，消炎作用が弱過ぎるとき又は，吸入混合気の流速が低過ぎる場合に起きやすい。

(2) スパーク・プラグの中心電極を細くすると，飛火性が向上するとともに着火性も向上する。

(3) 高熱価型プラグは，低熱価型プラグと比較して，火炎にさらされる部分の表面積及びガス・ポケットの容積が大きい。

(4) 空燃比が大き過ぎる（薄過ぎる）場合は，着火ミスの発生はしないが，逆に小さ過ぎる（濃過ぎる）場合は，燃焼が円滑に行われないため，着火ミスが発生する。

【解説】

答え　(2)

中心電極を細くすると，飛火性が向上するとともに着火性も向上する。これは電極が細くなることにより消炎作用が小さくなり、火炎核が成長しやすくなるためである。

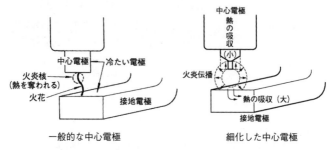

一般的な中心電極　　　　　　　　　　細化した中心電極

他の問題文を訂正すると以下のようになる。

(1) 着火ミスは，消炎作用が<u>強過ぎる</u>とき又は，吸入混合気の流速が<u>高過ぎる</u>場合に起きやすい。

(3) 高熱価型プラグは，低熱価型プラグと比較して，火炎にさらされる部分の表面積及びガス・ポケットの容積が<u>小さい</u>。

(4) 混合気が燃焼するためには，混合気の空燃比が適切であることが必要で，空燃比が大き過ぎても，また，逆に小さ過ぎても燃焼は円滑に行われず，着火ミスが発生する。

問題

【No.10】 図に示すオルタネータ回路において，発電時（調整電圧以下のとき）の作動に関する次の文章の（イ）から（ハ）に当てはまるものとして，下の組み合わせのうち，**適切なもの**はどれか。

エンジンが始動され　オルタネータの回転が上昇すると，IC内の制御回路によりP端子の電圧を検出し，Tr_1は間欠的なON・OFF動作から連続（イ）動作となり，十分な励磁電流が（ロ）に流れ，発電電圧が急速に上昇する。また，P端子電圧の上昇により，ICはTr_2を（ハ）してチャージ・ランプを消灯させ，B端子電圧がバッテリ電圧を超えると，バッテリに充電電流が流れる。

	（イ）	（ロ）	（ハ）
(1)	OFF	ロータ・コイル	OFF
(2)	ON	ステータ・コイル	ON
(3)	ON	ロータ・コイル	OFF
(4)	OFF	ステータ・コイル	OFF

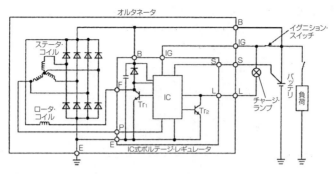

【解説】

　答え（3）

　エンジンが始動され，オルタネータの回転が上昇すると，IC内の制御回路によりP端子の電圧を検出し，Tr_1は間欠的なON・OFF動作から連続（**ON**）動作となり，十分な励磁電流が（**ロータ・コイル**）に流れ，発電電圧が急速に上昇する。また，P端子電圧の上昇により，ICはTr_2を（**OFF**）してチャージ・ランプを消灯させ，B端子電圧がバッテリ電圧を超えると，バッテリに充電電流が流れる。

問題

【No.11】　自動車の排気ガスに関する記述として，**不適切なもの**は次のうちどれか。

（1）NOxの発生は，理論空燃比付近で最小となり，それより空燃比が小さい(濃い)場合や大きい(薄い)場合は急激に増大する。

（2）CO_2濃度は，理論空燃比付近で最大となり，それより空燃比が大きい(薄い)領域では低下する。

（3）クエンチング・ゾーン(消炎層)にある燃え残りの混合気は，排気行程中にピストンにより押し出されて未燃焼ガスとして排出される。

（4）空気の供給不足などにより不完全燃焼したときのCOは，「2C（炭素）$+ O_2 = 2CO$」のように発生する。

【解説】

　答え（1）

　NOx(窒素酸化物)の発生は，理論空燃比付近で最大となり，それより

空燃比が小さく(濃く)ても大きく(薄く)ても急激に<u>低下する</u>。

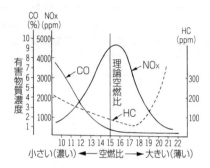

空燃比と有害物質濃度

問題

【No.12】 点火時期制御に関する記述として，**適切なもの**は次のうちどれか。

(1) 通電時間制御は，エンジン回転速度が低くなるに連れて，トランジスタがONする時期(一次電流が流れ始めるとき)を早めている。

(2) ECUは，クランク角センサ，カム角センサ，スロットル・ポジション・センサなどからの信号をもとに，そのときのエンジン回転速度や負荷を計算して点火すべき気筒及び点火時期を算出する。

(3) エンジン始動後のアイドリング時の基本進角は，インテーク・マニホールド圧力信号又は吸入空気量信号により，あらかじめ設定された点火時期に制御されている。

(4) アイドル安定化補正は，アイドル回転速度が低くなると点火時期を遅角し，高い場合は進角してアイドル回転速度の安定化を図っている。

【解説】

答え (2)

ECUは，クランク角センサ，カム角センサなどの信号から演算した各気筒のクランク角度位置と，参考図に示すその他のセンサからの信号をもとに，エンジンの運転状態に応じた最適な通電時間と点火時期になるように，各気筒のイグニション・コイルに点火信号を出力する。

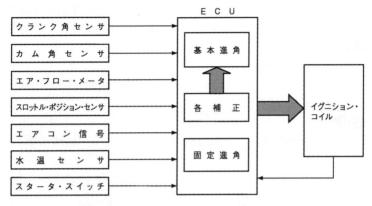

気筒別独立点火方式（ダイレクト・イグニション）

他の問題文を訂正すると以下のようになる。

(1) 通電時間制御は，エンジン回転速度が<u>高く</u>なるに連れて，トランジスタがONする時期(一次電流が流れ始めるとき)を早めている。

(3) エンジン始動後のアイドリング時の基本進角は，<u>クランク角度信号</u><u>(回転信号)</u>により，あらかじめ設定された点火時期に制御されている。問題文にある「インテーク・マニホールド圧力信号又は吸入空気量信号」は，エンジン回転速度信号と合わせて，<u>通常走行時</u>の基本進角制御に利用される。

(4) アイドル安定化補正は，アイドル回転速度が低くなると点火時期を<u>進角</u>し，高い場合は<u>遅角</u>してアイドル回転速度の安定化を図っている。

問題

【No.13】 鉛バッテリに関する記述として，**不適切なもの**は次のうちどれか。

(1) ハイブリッド・バッテリは，正極にカルシウム（Ca）鉛合金，負極にアンチモン（Sb）鉛合金を使用している。

(2) 低アンチモン・バッテリは，低コストが利点であるがメンテナンス・フリー（MF）特性はハイブリッド・バッテリに比べて劣る。

(3) 制御弁式バッテリは，電解液の蒸発がないことから補水できない構造となっておりメンテナンスは不要である。

(4) アイドリング・ストップ車両用のカルシウム・バッテリは，充電受

入れ性能の向上に加え，深い充・放電の繰り返しへの耐久性も向上させている。

【解説】

答え（1）

ハイブリッド・バッテリは，正極にアンチモン(Sb)鉛合金，負極にカルシウム(Ca)鉛合金を使用している。

問題

【No.14】 吸排気装置における過給機に関する記述として，**適切なもの**は次のうちどれか。

(1) 2葉ルーツ式のスーパ・チャージャでは，ロータ1回転につき2回の吸入・吐出が行われる。

(2) 一般に，ターボ・チャージャに用いられているフル・フローティング・ベアリングの周速は，シャフトの周速と同じである。

(3) ターボ・チャージャは，小型軽量で取り付け位置の自由度は高いが，排気エネルギの小さい低速回転域からの立ち上がりに遅れが生じ易い。

(4) 2葉ルーツ式のスーパ・チャージャには，過給圧が高くなって規定値以上になると，過給圧の一部を排気側へ逃がし，過給圧を規定値に制御するエア・バイパス・バルブが設けられている。

【解説】

答え（3）

ターボ・チャージャは，小型軽量で取り付け位置の自由度は高いが，排気エネルギ(排気ガスの量，圧力，温度)の小さい低速回転域からの立ち上がりに遅れが生じ易い。

他の問題文を訂正すると以下のようになる。

(1) 2葉ルーツ式のスーパ・チャージャでは，ロータ1回転につき4回の吸入・吐出が行われる。

(2) 一般に，ターボ・チャージャに用いられているフル・フローティング・ベアリングの周速は，シャフトの周速の約半分である。

(4) 2葉ルーツ式のスーパ・チャージャには，過給圧が高くなって規定値以上になると，過給圧の一部を吸気側へ逃がし，過給圧を規定値に制御するエア・バイパス・バルブが設けられている。

問題

【No.15】　図に示す論理回路の電気用図記号に関する記述として，**適切なもの**は次のうちどれか。

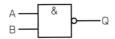

(1)　Aの入力が0，Bの入力が1のとき，出力Qは0である。

(2)　Aの入力が1，Bの入力が1のとき，出力Qは0である。

(3)　Aの入力が1，Bの入力が0のとき，出力Qは0である。

(4)　Aの入力が0，Bの入力が0のとき，出力Qは0である。

【解説】

答え　(2)

NAND回路は，AND回路にNOT回路を接続した回路である。

AND（アンド）回路とは，二つの入力のAと（AND）Bが共に“1”のときのみ出力が“1”となる回路で，NOT回路は，入力が“0”のときの出力が“1”，入力が“1”のときの出力が“0”となる回路であることから二つの入力のAと（AND）Bが共に“1”のとき，出力が“0”となる回路になる。

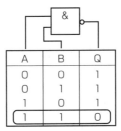

NAND回路真理値表

問題

【No.16】　前進4段のロックアップ機構付き電子制御式ATの構成部品に関する記述として，**適切なもの**は次のうちどれか。

(1)　バンド・ブレーキ機構は，リバース・クラッチ・ドラムを介してフロント・インターナル・ギヤを固定する。

(2) フォワード・クラッチは，2種類のプレート(ドライブ・プレート
とドリブン・プレート)が数枚交互に組み付けられており，ピストン
に油圧が作用すると両プレートが分離するようになっている。

(3) バンド・ブレーキ機構は，ブレーキ・バンド，ディッシュ・プレー
トなどで構成されている。

(4) スプラグ式のワンウェイ・クラッチは，インナ・レースとアウタ・
レースとの間に設けたスプラグの働きによって，一定の回転方向にだ
け動力が伝えられる。

【解説】

答え (4)

スプラグ式のワンウェイ・クラッチは，インナ・レースとアウタ・レー
スとの間に設けたスプラグの働きによって，一定の回転方向にだけ動力が
伝えられる。

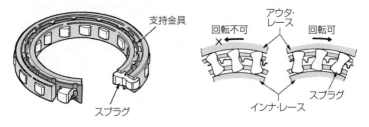

スプラグ式ワンウェイ・クラッチ

他の問題文を訂正すると以下のようになる。

(1) バンド・ブレーキ機構は，リバース・クラッチ・ドラムを介して<u>フ
ロント・サン・ギヤを固定する</u>ものである。

(2) フォワード・クラッチは，2種類のプレート(ドライブ・プレート
とドリブン・プレート)が数枚交互に組み付けられており，ピストン
に油圧が作用すると両プレートが<u>密着する</u>ようになっている。

(3) バンド・ブレーキ機構は，<u>ブレーキ・バンドやサーボ・ピストンな
ど</u>で構成されている。

問題

【No.17】　図に示すタイヤの局部摩耗の主な原因として，**不適切なもの**は次のうちどれか。

(1)　ホイール・ベアリングのがた
(2)　ブレーキ・ドラムの偏心
(3)　マイナス・キャンバの過大
(4)　ホイール・バランスの不良

【解説】

答え　(3)

問題図の局部摩耗の原因としては，
・ホイール・アライメントの狂い
・ホイール・バランスの不良
・ホイール・ベアリングのがた
・ボール・ジョイントのがた
・タイロッド・エンドのがた
・アクスルの曲がり
・ブレーキ・ドラムの偏心
・急激な駆動，制動
などが考えられる。

(3) の“マイナス・キャンバ過大”の場合は，参考図の内側摩耗が原因として考えられる。

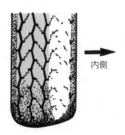

内側

内側摩耗（マイナスキャンバの過大）

問題

【No.18】 サスペンションのスプリング(ばね)に関する記述として，**不適切なもの**は次のうちどれか。

(1) 金属ばねを用いたボデーの上下方向の固有振動数は，荷重が変わっても大きく変化しない。

(2) エア・スプリングは，非常に軟らかいばね特性が，比較的容易に得られる。

(3) 金属ばねは，最大積載荷重に耐えるように設計されているため，車両が軽荷重のときはばねが硬すぎるので乗り心地が悪い。

(4) エア・スプリングは，荷重の増減に応じてばね定数が自動的に変化するため，固有振動数をほぼ一定に保つことができる。

【解説】

答え (1)

金属ばねを用いたボデーの上下方向の固有振動数は，荷重の増減によって変化する。

参考図のように，金属スプリングは，最大積載荷重に耐えるようにばね定数(ばねの硬さ)が設定されているため，荷重が変化してもばね定数は一定である。そのため，軽荷重のときは，ばねが硬すぎて固有振動数が大きく，荷重が増加するほど小さくなる。

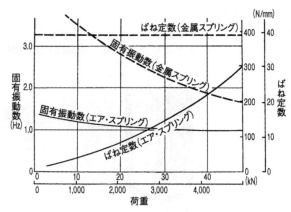

金属ばねとエア・スプリングの比較

　それに対して，エア・スプリングは，荷重の増減に合わせてばね定数を
変化させるため，固有振動数の変化が少ない。よって，エア・スプリング
と比較において，金属スプリングが「荷重が変わっても固有振動数が大き
く変化しない」とは言えない。

問題

【No.19】 電動式パワー・ステアリングに関する記述として，**不適切なもの**
は次のうちどれか。

(1) ピニオン・アシスト式では，ステアリング・ギヤのピニオン部にト
　　ルク・センサ及びモータが取り付けられ，ステアリング・ギヤのピニ
　　オンに対して補助動力を与えている。

(2) ホールIC式のトルク・センサを用いたものは，トーション・バー
　　にねじれが生じると検出リングの相対位置が変位し，検出コイルに掛
　　かる起電力が変化する。

(3) コラム・アシスト式では，モータがステアリング・コラムに取り付
　　けられ，ステアリング・シャフトに対して補助動力を与えている。

(4) スリーブ式のトルク・センサは，検出コイルとインプット・シャフ
　　トの突起部間の磁力線密度の変化により，操舵力と操舵方向を検出し
　　ている。

【解説】

　答え（2）

　ホールIC式のトルク・センサを用いたものは，参考図のように，イン
プット・シャフトに多極マグネットを，アウトプット・シャフトにヨーク
が配置され，更にヨークの外側に集磁リングおよびホールICを配置して
いる。

　ステアリング操舵によってトーション・バーがねじれると，多極マグネ
ットとヨーク歯部の相対位置が変化するため，ホールICを通過する磁束
の方向ならびに磁束密度が変化する。ホールICはこの磁束を検出するこ
とで，操舵方向ならびに操舵トルクに応じた電気信号を作っている。

　(2) 問題文中の「検出リングの相対位置が変位し，検出コイルに掛かる
起電力が変化する」は，"リング式トルク・センサ"の説明である。

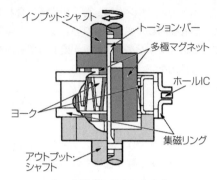

ホールIC式 トルク・センサ

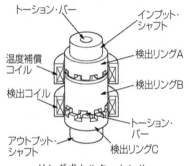

リング式 トルク・センサ

問題

【No.20】 ブレーキに関する記述として，**不適切なもの**は次のうちどれか。

(1) ブレーキは，自動車の熱エネルギを運動エネルギに変えて制動する装置である。

(2) 停止距離とは，運転者がアクセル・ペダルから足を離したときから車両が停止するまでに車両が進んだ距離をいい，空走距離と制動距離を合わせたものをいう。

(3) ブレーキ液は，月日の経過により，含まれる水分量が多くなる性質がある。

(4) 制動距離とは，ブレーキが作用してから停止するまでに車両が進む距離をいう。

【解説】

答え　(1)

　ブレーキは，自動車の運動エネルギを熱エネルギに変えて制動する装置である。

　走行中の自動車の運動エネルギは，減速および停止をする際に，摩擦ブレーキ，エキゾースト・ブレーキ，電磁式リターダなどの装置により，熱エネルギに変化されて放散される。

問題

【No.21】　ABSに関する記述として，**不適切なもの**は次のうちどれか。

(1) エンジン始動後の発進時にゆっくりと加速した場合などに，静かな場所では，エンジン・ルームからABSのポンプ・モータの作動音が聞こえる場合があるが，これはABSのイニシャル・チェックの音である。

(2) ハイドロリック・ユニット部は，ECUからの駆動信号により各ブレーキの液圧の制御とエンジンの出力制御を行っている。

(3) ECUは，自己診断機能により，電子制御機構に起因する故障を検出すると，ウォーニング・ランプを点灯させるとともにダイアグノーシス・コードを記憶する。

(4) 車輪速センサの車輪速度検出用ロータは，各ドライブ・シャフトなどに取り付けられており，車輪と同じ速度で回転している。

【解説】

答え　(2)

　ハイドロリック・ユニットは，ECUからの制御信号により各ブレーキの液圧（油圧）の制御を行っている。

　(2) の記述にあるエンジンの出力制御を併用する機構は，駆動輪がスリップしそうになると，駆動輪に掛かる駆動力を小さくしてスリップを回避するTCS（トラクション・コントロール・システム）という。

問題

【No.22】　ホイール及びタイヤに関する記述として，**不適切なもの**は次のうちどれか。

(1) タイヤの偏平率は，小さくするとタイヤの横剛性が高くなり車両の

旋回性能が向上する。

(2) アルミニウム合金製ホイールの3ピース構造は，絞り又はプレス加工したインナ・リムとアウタ・リムに，鋳造又は鍛造されたディスクをボルト・ナットで締め付け，更に溶接したものである。

(3) タイヤの走行音のうちスキール音は，タイヤのトレッド部が路面に対してスリップして局部的に振動を起こすことによって発生する。

(4) タイヤの転がり抵抗のうちタイヤの変形による抵抗は，速度及びタイヤの種類，構造，エア圧などの影響を受けるが，路面の状況の影響は受けない。

【解説】

答え（4）

タイヤの変形による抵抗とは，タイヤが回転するごとに接地部が圧縮され，再び原形に戻ることを繰り返すことにより発生する抵抗をいう。この抵抗は，タイヤの転がり抵抗の中で最も大きく，速度及びタイヤの種類，構造，エア圧などの影響のほか，路面の状況の影響も受ける。

問題

【No.23】 差動制限型ディファレンシャルに関する記述として，**適切なもの**は次のうちどれか。

(1) ヘリカル・ギヤを用いたトルク感応式では，ピニオンの歯先とディファレンシャル・ケース内周面との摩擦により差動制限力が発生する。

(2) 回転速度差感応式で左右輪の回転速度に差が生じると，低回転側から高回転側にビスカス・トルクが伝えられる。

(3) トルク感応式のディファレンシャル・ケース内には，高粘度のシリコン・オイルが充填されている。

(4) 回転速度差感応式に用いられているビスカス・カップリングは，インナ・プレートとアウタ・プレートの回転速度差が小さいほど大きなビスカス・トルクが発生する。

【解説】

答え（1）

トルク感応式とは，参考図のようにサイド・ギヤと長・短の二種類のピニオンにヘリカル・ギヤ（はすば歯車）を用いた方式のものである。

　　左右のサイド・ギヤ(左右輪)の回転速度に差が生じた場合，ピニオンとサイド・ギヤのかみ合いの反力により，ピニオン・ギヤがディファレンシャル・ケースの内周面に押し付けられ摩擦力を発生する。これにより，回転速度差のあるサイド・ギヤは互いにディファレンシャル・ケースの回転速度に近づくため，差動制限力が発生する。

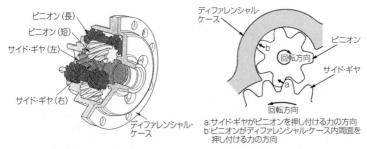

ピニオン(長)
ピニオン(短)
サイド・ギヤ(左)
サイド・ギヤ(右)
ディファレンシャル・ケース

ディファレンシャル・ケース
ピニオン
回転方向
サイド・ギヤ
回転方向
a:サイド・ギヤがピニオンを押し付ける力の方向
b:ピニオンがディファレンシャル・ケース内周面を押し付ける力の方向

トルク感応式差動制限型ディファレンシャル　　**ピニオンによる摩擦力発生**

他の問題文を訂正すると以下のようになる。

(2) 回転速度差感応式で左右輪の回転速度に差が生じると，<u>高回転側から低回転側に</u>ビスカス・トルクが伝えられる。

(3) トルク感応式のディファレンシャル・ケース内には，<u>ギヤ・オイル</u>が入っている。高粘度のシリコン・オイルが充填されているのは，回転速度差感応式のビスカス・カップリング内である。

(4) 回転速度差感応式に用いられているビスカス・カップリングは，インナ・プレートとアウタ・プレートの回転速度差が<u>大きい</u>ほど大きなビスカス・トルクが発生する。

問題

【No.24】　トルク・コンバータに関する記述として，**適切なもの**は次のうちどれか。

(1) 速度比がゼロのときの伝達効率は100％である。

(2) トルク比は，タービン・ランナが停止(速度比ゼロ)しているときが最大である。

(3) コンバータ・レンジでは，全ての範囲において速度比に比例して伝達効率が上昇する。

(4) 速度比は，タービン軸の回転速度にポンプ軸の回転速度を乗じて求めることができる。

【解説】

答え (2)

参考図に，トルク・コンバータの性能曲線を示す。コンバータ・レンジにおけるトルク比は，タービン・ランナが停止(速度比ゼロ)しているときが最大で，タービン・ランナが回転し始め，速度比が大きくなるにつれて減少していく。

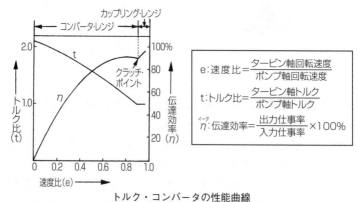

トルク・コンバータの性能曲線

図を参考に，他の問題文を訂正すると以下のようになる。

(1) 速度比がゼロのときの伝達効率は <u>0 %</u> である。

(3) コンバータ・レンジでは，全ての範囲において<u>速度比に比例して伝達効率が上昇するとは言えない</u>。速度比が大きくなるに伴い伝達効率が上昇するが，タービン・ランナから流出するATFがステータの羽根の裏側に当たるようになると伝達効率が下がってくるため，伝達効率が上昇するとは言えない。

(4) 速度比は，タービン軸の回転速度にポンプ軸の回転速度を<u>除して</u>求めることができる。

問題

【No.25】 CVT(スチール・ベルトを用いたベルト式無段変速機)に関する記述として，**不適切なもの**は次のうちどれか。

(1) CVTは，プラネタリ・ギヤ・ユニット式ATより更にごみを嫌うので，点検時等にごみがユニット内に入り込まないように十分注意する必要がある。

(2) スチール・ベルトは，圧縮作用により動力伝達を行うエレメントと，それに必要な摩擦力を維持するスチール・リングで構成されている。

(3) プライマリ・プーリに掛かる作動油圧が低いときは，プライマリ・プーリの溝幅が狭くなるため，プライマリ・プーリに掛かるスチール・ベルトの接触半径は大きくなる。

(4) 可動シーブは，油圧によりボール・スプラインの軸上をしゅう動し，プーリの溝幅を任意に可変できる仕組みになっている。

【解説】

答え（3）

プライマリ・プーリに掛かる作動油圧が低いときは，プライマリ・プーリの溝幅が<u>広くなる</u>ため，プライマリ・プーリに掛かるスチール・ベルトの接触半径は<u>小さくなる</u>。

プーリは，固定側のシャフト（固定シーブ）と可動側の可動シーブから構成される。可動シーブ背面の油圧室に油圧が高くなると，可動シーブはプライマリ・ピストンによって押し出されシャフト（固定シーブ）側に近づく。これにより，プーリ溝幅が狭くなり，エレメントの接触位置がプーリ傾斜面の外周側に移動し接触半径が大きくなる。逆に，作動油圧が低くなれば，溝幅は広くなり，接触半径は小さくなる。

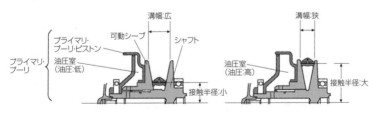

プライマル・プーリの作動

問題

【No.26】 フレーム及びボデーに関する記述として，**適切なもの**は次のうちどれか。

(1) ボデーの安全構造は，衝突時のエネルギを効率よく吸収し，このエネルギで客室を最大限に変形させることにより，衝突エネルギを軽減している。

(2) フレームの修正の過程において，電気溶接を行う場合，フレームの板厚，溶接電流の大小に関係なく，溶接棒はできるだけ太いものを選ぶ。

(3) モノコック・ボデーは，サスペンションなどからの振動や騒音が伝わりにくいので，防音や防振に優れている。

(4) トラックのフレームは，トラックの全長にわたって貫通した左右2本のサイド・メンバが配列されている。

【解説】

答え（4）

トラックのフレームは，トラックの全長にわたって貫通した左右2本のサイド・メンバが配列され，その間に，はしごのようにクロス・メンバを置き，それぞれが溶接などで結合されている。

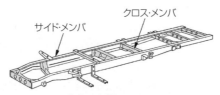

クロス・メンバ
サイド・メンバ

トラック用フレーム

他の問題文を訂正すると以下のようになる。

(1) ボデーの安全構造は，衝突時のエネルギを効率よく吸収し，ボデー骨格全体に効果的に分散させることで，<u>客室の変形を最小限に抑える</u>ようにしている。

(2) フレームの修正の過程において，フレームの板厚，溶接電流の大きさなどを十分考慮して，<u>適切な溶接棒の太さを選ぶ必要がある</u>。

(3) モノコック・ボデーは，フレームを用いたボデーと比較してサスペンションなどからの<u>振動や騒音が伝わりやすく，防音や防振のための工夫が必要</u>である。

問題

【No.27】 エアコンに関する記述として，**適切なもの**は次のうちどれか。

(1) エア・ミックス方式では，ヒータ・コアに流れるエンジン冷却水の流量をウォータ・バルブによって変化させることで，吹き出し温度の調整を行う。

(2) レシーバは，エバポレータ内における冷媒の気化状態に応じて噴射する冷媒の量を調節する。

(3) エキスパンション・バルブは，レシーバを通ってきた高温・高圧の液状冷媒を，細孔から噴射させることにより，急激に膨張させて，低温・低圧の霧状の冷媒にする。

(4) 両斜板式のコンプレッサは，シャフトが回転すると，斜板によってピストンが円運動を行う。

【解説】

答え　(3)

エキスパンション・バルブは，レシーバを通ってきた高温・高圧の液状冷媒を，細孔から噴射させることにより，急激に膨張させて，低温・低圧の霧状の冷媒にする。

この霧状の冷媒は，エバポレータ内で急激に膨張して気化し，エバポレータのフィンを通して周囲の空気から熱を奪うため，冷気が得られる。

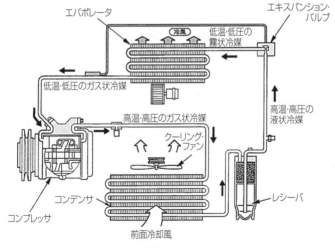

冷凍サイクル

他の問題文を訂正すると以下のようになる。

(1) リヒート方式では，ヒータ・コアに流れるエンジン冷却水の流量を
ウォータ・バルブによって変化させることで，吹き出し温度の調整を
行う。

(2) エキスパンション・バルブは，エバポレータ内における冷媒の気化
状態に応じて噴射する冷媒の量を調節する。

(4) 両斜板式コンプレッサは，シャフトが回転すると，斜板によってピ
ストンが往復運動を行う。

問題

【No.28】 CAN通信に関する記述として，**適切なもの**は次のうちどれか。

(1) CAN-H，CAN-Lともに2.5Vの状態をレセシブといい，CAN-H
が3.5V，CAN-Lが1.5Vの状態をドミナントという。

(2) 一端の終端抵抗が断線すると，通信はそのまま継続され，耐ノイズ
性には影響はないが，ダイアグノーシス・コードが出力されることが
ある。

(3) "バス・オフ"状態とは，エラーを検知した結果，リカバリが実行
され，エラーが解消されて通信を再開した状態をいう。

(4) バス・ライン上のデータを必要とする複数のECUが同時にデータ・
フレームを受信することはできない。

【解説】

答え（1）

CAN通信システムにおけるデータ・フレームをバス・ラインに送信す
るときの電圧変化を参考図に示す。

送信側ECUはバス・ラインに，CAN-H側は2.5〜3.5V，CAN-L側は
1.5〜2.5Vの電圧変化として出力し，受信側ECUはCAN-HとＣＡＮ-Ｌ
の電位差から情報を読み取るようになっている。

CAN-H，CAN-Lとも2.5Vの状態をレセシブといい，CAN-Hが3.5V，
CAN-Lが1.5Vの状態をドミナントという。

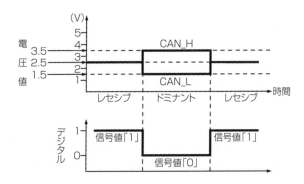

バス・ライン上の電圧変化

他の問題文を訂正すると以下のようになる。

(2) 一端の終端抵抗が断線していても，通信はそのまま継続されるが，<u>耐ノイズ性が低下する</u>。このときダイアグノーシス・コードが出力されることがある。

(3) "バス・オフ"状態とは，エラーを検知しリカバリが実行されても，<u>エラーが解消せず，通信が停止してしまう状態</u>をいう。

(4) バス・ライン上のデータを必要とする複数のＥＣＵは同時にデータ・フレームを受信することが<u>できる</u>。

問題

【No.29】 図に示すホイール・アライメントに関する次の文章の(イ)と(ロ)に当てはまるものとして，下の組み合わせのうち，**適切なもの**はどれか。

フロント・ホイールを横方向から見たAを（イ）といい，Bの（ロ）を長くすると直進復元力が大きくなる反面，ステアリング・ホイールの操舵力が重くなる。

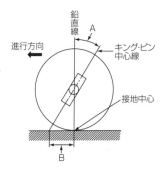

	（イ）	（ロ）
（1）	マイナス・キャスタ	プラス・キャスタ・トレール
（2）	プラス・キャスタ	マイナス・キャスタ・トレール
（3）	プラス・キャスタ	プラス・キャスタ・トレール
（4）	マイナス・キャスタ	マイナス・キャスタ・トレール

【解説】

答え（3）

フロント・ホイールを横方向から見たAを（**プラス・キャスタ**）といい，Bの（**プラス・キャスタ・トレール**）を長くすると直進復元力が大きくなる反面，ステアリング・ホイールの操舵力が重くなる。

フロント・ホイールを横から見ると，キング・ピンは参考図のように鉛直線に対して前後どちらかに傾いている。この傾斜をキャスタという。問題図中のAは，進行方向に対して後方に傾斜しているのでプラス・キャスタであることが分かる。

キング・ピン中心線の延長線が路面と交差する点をキャスタ点といい，タイヤの接地中心との距離をキャスタ・トレールというが，問題図中のBは，キャスタ点が接地面の前方に位置するため，プラス・キャスタ・トレールであることが分かる。

なお，タイヤの転舵中心となるキャスタ点がタイヤ接地中心の前方にあると，走行時に接地中心は転がり抵抗によって後方に引かれるため，タイ

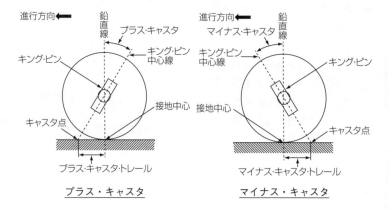

ヤが転舵した方向から直進方向に向き直ろうとする力が発生する。これが
直進復元力として作用し，ステアリング・ホイールの操舵は，この復元力
に打ち勝って行われることとなる。

問題

【No.30】　SRSエアバッグに関する記述として，**適切なもの**は次のうちどれ
か。

(1) エアバッグ・アセンブリのコネクタを取り外した場合，コネクタ内
で全ての端子が短絡され，静電気などでSRSエアバッグが誤作動しな
いようになっている。

(2) インパクト・センサは，衝撃を電気信号に変換してセンサ内の衝突
判定回路に入力し，衝突の判定を行う。

(3) インフレータは，電気点火装置(スクイブ)，着火剤，ガス発生剤，
ケーブル・リール，フィルタなどを金属の容器に収納している。

(4) エアバッグ・アセンブリは，必ず，平坦なものの上にパッド面を下
に向けて保管しておくこと。

【解説】

答え　(1)

エアバッグ・アセンブリのコネクタを取り外した場合，コネクタ内で全
ての端子が短絡され，静電気などでSRSエアバッグが誤作動しないように
なっている。

他の問題文を訂正すると以下のようになる。

(2) インパクト・センサは，衝撃を電気信号に変換して<u>ECU内</u>の衝突
判定回路に入力し，衝突の判定を行う。

(3) インフレータは，電気点火装置(スクイブ)，着火剤，<u>窒素ガス発生</u>
<u>剤</u>，フィルタなどを金属容器に収納している。

問題中のケーブル・リールは，インフレータとSRSユニットを接続
するケーブルのことで，インフレータ容器とは別に装着されている。

(4) エアバッグ・アセンブリは，必ず，平坦なものの上に<u>パッド面を上</u>
に向けて保管しておくこと。

パッド面を下に向けて保管すると，万一，エアバッグ・アセンブリ
が展開した場合に，飛び上がって危険である。

【問題】

【No.31】 合成樹脂と複合材に関する記述として，**不適切なもの**は次のうちどれか。

(1) FRM（繊維強化金属）は，ピストンやコンロッドなどに使用されている。

(2) 熱硬化性樹脂は，加熱すると硬くなり，再び軟化しない樹脂である。

(3) FRP（繊維強化樹脂）のうち，GFRP（ガラス繊維強化樹脂）は，不飽和ポリエステルをマット状のガラス繊維に含浸させて成形したものである。

(4) 熱可塑性樹脂（かそせい）の種類として，フェノール樹脂，不飽和ポリエステル，ポリウレタンなどがある。

【解説】

答え　(4)

「熱可塑性樹脂」とは，加熱すると柔らかくなり，冷えると硬くなる樹脂で，種類としては，ポリプロピレン，ポリ塩化ビニール，ABS樹脂，ポリアミド（ナイロン）などがある。

問題文の「フェノール樹脂，不飽和ポリエステル，ポリウレタンなど」は，熱硬化性樹脂といい，加熱すると硬くなり，再び軟化しない樹脂である。

【問題】

【No.32】 オクタン価に関する記述として，**適切なもの**は次のうちどれか。

(1) ガソリンの揮発性を示す数値である。

(2) ガソリンのアンチノック性を示す数値である。

(3) 直留ガソリンと分解ガソリンの混合割合をいう。

(4) ガソリンに含まれるイソオクタンの混合割合をいう。

【解説】

答え　(2)

オクタン価は，ガソリン・エンジンの燃料のアンチノック性を示す数値である。

試料燃料（ガソリンなど）のオクタン価の試験では，アンチノック性が高いイソオクタン（オクタン価100）と，アンチノック性が低いヘプタン（オク

タン価 0）を任意の割合で混合した標準燃料をつくり，アンチノック性の
比較対象とする。

　試料燃料と同じアンチノック性を示す標準燃料中のイソオクタンの混合
割合を，その試料燃料のオクタン価としている。

　なお，オクタン価100以上の試料燃料には，イソオクタンにトルエン（オ
クタン価120）を添加したものを標準燃料としている。

問題

【No.33】　次の諸元を有するトラックの最大積載時の前軸荷重について，**適
切なもの**は次のうちどれか。ただし，乗員 1 人当たりの荷重は550Nで，
その荷重は前車軸の中心に作用し，また，積載物の荷重は荷台に等分布
にかかるものとする。

ホイールベース	4,500mm	乗車定員	3 人
空車時前軸荷重	31,500N	荷台内側長さ	5,000mm
空車時後軸荷重	26,500N	リア・オーバハング （荷台内側まで）	1,000mm
最大積載荷重	30,000N		

(1)　39,150N

(2)　41,500N

(3)　42,550N

(4)　43,150N

【解説】

　答え　(4)

　諸元中の寸法を図中に表し，荷台後端から中心までの長さとリヤ・オー
バハングの差より，荷台オフセットを求めると

　　（荷台オフセット）＝2,500mm－1,000mm

　　　　　　　　　　　＝1,500mm

となる。

　ホイール・ベースと荷台オフセットの関係から，最大積載荷重30,000N
による前軸重の増加分を求め，計算すると

$$
(\text{積載時の前軸重}) = (\text{空車時前軸重}) + (\text{乗員3人の重量}) + (\text{最大積載荷重}) \times \frac{(\text{荷台オフセット})}{(\text{ホイール・ベース})}
$$

$$
= 31{,}500\,\text{N} + 1{,}650\,\text{N} + 30{,}000\,\text{N} \times \frac{1{,}500\text{mm}}{4{,}500\text{mm}}
$$

$$
= 43{,}150\,\text{N}
$$

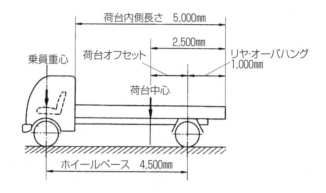

問題

【No.34】 自動車の材料に用いられる鉄鋼に関する記述として，**適切なもの**は次のうちどれか。

(1) 球状黒鉛鋳鉄は，普通鋳鉄に含まれる黒鉛を球状化させるためにマグネシウムなどの金属を少量加えて強度や耐摩耗性などを向上させたものである。

(2) 合金鋳鉄は，炭素鋼にクロム，モリブデン，ニッケルなどの金属を一種類又は数種類加えて強度や耐摩耗性などを向上させたものである。

(3) 普通鋼（炭素鋼）は，軟鋼と硬鋼に分類され，硬鋼は軟鋼より炭素を含む量が少ない。

(4) 普通鋳鉄は，熱間圧延鋼板を更に常温で圧延し薄板にしたものである。

【解説】

答え（1）

球状黒鉛鋳鉄の説明は，（1）の記述の通り。

他の問題文を訂正すると以下のようになる。

(2) 合金鋳鉄は，<u>普通鋳鉄</u>にクロム，モリブデン，ニッケルなどの金属を一種類又は数種類加えて強度や耐摩耗性などを向上させたものである。

(3) 普通鋼(炭素鋼)は，軟鋼と硬鋼に分類され，硬鋼は軟鋼より炭素を含む量が多い。

(4) <u>冷間圧延鋼板</u>は，熱間圧延鋼板を更に常温で圧延し薄板にしたものである。

　"普通鋳鉄"とは，比較的，炭素含有量の多い鉄材料の呼称で，低い温度で溶け流動性が優れているので，鋳物を造るのに適している。この鋳物を破断すると、断面が灰色であるため"ねずみ鋳鉄"とも言われる。

問題

【No.35】 図に示す電気回路において，電圧計Vが示す値として，**適切なもの**は次のうちどれか。ただし，バッテリ，配線等の抵抗はないものとする。

(1) 0.5V

(2) 4.0V

(3) 8.0V

(4) 9.8V

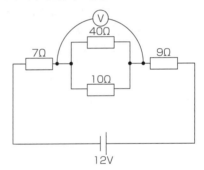

【解説】

　答え (2)

　回路中に並列接続された40Ωと10Ωの合成抵抗を求めると

$$\frac{1}{R} = \frac{1}{40} + \frac{1}{10}$$

$$\frac{1}{R} = \frac{5}{40}$$

$$R = 8Ω$$

　これにより図のような直列回路に置換えて，回路を流れる電流を求めると

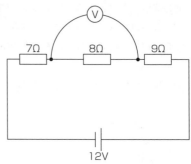

$$I = \frac{V}{R}　(I：電流A，V：電圧V，R：抵抗Ω)$$

$$= \frac{12V}{(7+8+9)Ω}$$

$$= 0.5A$$

電圧計の値を，抵抗8Ωに0.5A流れた時の電圧値として求めると，

$$V = I \cdot R$$

$$= 0.5A × 8Ω$$

$$= 4.0V$$

となる。

問題

【No.36】「道路運送車両の保安基準」及び「道路運送車両の保安基準の細目を定める告示」に照らし，四輪小型自動車の前部霧灯に関する基準の記述として，**不適切なもの**は次のうちどれか。

(1) 前部霧灯の照明部の最外縁は，自動車の最外側から600mm以内となるように取り付けられていること。

(2) 前部霧灯の点灯操作状態を運転者席の運転者に表示する装置を備えること。

(3) 前部霧灯は，同時に3個以上点灯しないように取り付けられていること。

(4) 前部霧灯は，白色又は淡黄色であり，その全てが同一であること。

【解説】

答え（1）

前部霧灯の照明部の最外縁は，自動車の最外側から<u>400mm</u>以内となるように取り付けられていること。（保安基準　第33条　細目告示第199条３（4））

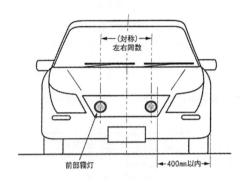

前部霧灯の取付位置

問題

【No.37】 「自動車点検基準」の「自家用乗用自動車等の日常点検基準」に規定されている点検内容として，**適切なもの**は次のうちどれか。

(1) バッテリのターミナル部の接続状態が不良でないこと。

(2) ブレーキ・ディスクに摩耗及び損傷がないこと。

(3) 冷却装置のファン・ベルトの緩み及び損傷がないこと。

(4) 原動機のかかり具合が不良でなく，かつ，異音がないこと。

【解説】

答え (4)

「自家用乗用自動車の日常点検基準」に規定される点検内容は以下のとおりである。

点検箇所	点検内容
1 ブレーキ	1 ブレーキ・ペダルの踏みしろが適当で，ブレーキのききが十分であること。 2 ブレーキの液量が適当であること。 3 駐車ブレーキ・レバーの引きしろが適当であること。
2 タイヤ	1 タイヤの空気圧が適当であること。 2 亀裂及び損傷がないこと。 3 異常な摩耗がないこと。 4 溝の深さが十分であること。
3 バッテリ	液量が適当であること。
4 原動機	1 冷却水の量が適当であること。 2 エンジン・オイルの量が適当であること。 3 原動機のかかり具合が不良でなく，且つ，異音がないこと。 4 低速及び加速の状態が適当であること。
5 灯火装置及び方向指示器	点灯又は点滅具合が不良でなく，かつ，汚れ及び損傷がないこと。
6 ウインド・ウォッシャ及びワイパー	1 ウインド・ウォッシャの液量が適当であり，かつ，噴射状態が不良でないこと。 2 ワイパーの払拭状態が不良でないこと。
7 運行において異常が認められた箇所	当該箇所に異常がないこと。

(1) (3) 「バッテリのターミナル部の接続状態」「冷却装置のファン・ベルトの緩み及び損傷」は，自家用乗用自動車の定期点検基準における1年(12ヶ月)ごとに行う点検項目である。

(2) 「ブレーキ・ディスクの摩耗及び損傷」は，自家用乗用自動車の定期点検基準における2年(24ヶ月)ごとに行う点検項目である。

問題

【No.38】「道路運送車両法」及び「道路運送車両法施行規則」に照らし，国土交通大臣の行う検査を受け，有効な自動車検査証の交付を受けているものでなければ，運行の用に供してはならない自動車に**該当しないもの**は次のうちどれか。

(1) 四輪の小型自動車

(2) 小型特殊自動車

(3) 検査対象軽自動車

(4) 普通自動車

【解説】

答え（2）

自動車(国土交通省令で定める軽自動車及び<u>小型特殊自動車を除く</u>。)は，国土交通大臣の行う検査を受け，有効な自動車検査証の交付を受けなければ，これを運行の用に供してはならない。（道路運送車両法　第58条）

検査の対象となる自動車は，

・普通自動車

・小型自動車(二輪の小型自動車も含む)

・検査対象軽自動車

であり，小型特殊自動車と国土交通省令で定める軽自動車（検査対象外軽自動車）は対象から除かれる。

問題

【No.39】「道路運送車両の保安基準」及び「道路運送車両の保安基準の細目を定める告示」に照らし，長さ4.20m，幅1.69m，乗車定員5人の四輪小型自動車の後退灯の基準に関する記述として，**不適切なもの**は次のうちどれか。

(1) 後退灯は，その照明部の上縁の高さが地上1.2m以下，下縁の高さが0.25m以上となるように取り付けられなければならない。

(2) 後退灯の数は，1個又は2個であること。

(3) 後退灯は，昼間にその後方200mの距離から点灯を確認できるものであり，かつ，その照射光線は，他の交通を妨げないものであること。

(4) 後退灯の灯光の色は，白色であること。

【解説】

答え（3）

後退灯は，昼間にその後方100mの距離から点灯を確認できるものであり，かつ，その照射光線は，他の交通を妨げないものであること。

（保安基準　第40条　細目告示第214条（1））

問題

【No.40】「道路運送車両法」及び「道路運送車両法施行規則」に照らし，四輪小型自動車の特定整備に**該当するもの**は次のうちどれか。

(1) かじ取り装置のハンドルを取り外して行う自動車の整備又は改造

(2) 走行装置の前輪独立懸架装置のストラットを取り外して行う自動車の整備又は改造

(3) 燃料装置の燃料タンクを取り外して行う自動車の整備又は改造

(4) 動力伝達装置のクラッチを取り外して行う自動車の整備又は改造

【解説】

答え（4）

「特定整備の定義」について，道路運送車両法施行規則で以下のように規定されている。

第49条 4

(2) 動力伝達装置のクラッチ（二輪の小型自動車のクラッチを除く。），トランスミッション，プロペラ・シャフト又はデファレンシャルを取り外して行う自動車の整備又は改造。

よって，動力伝達装置のクラッチを取外して行う自動車の整備又は改造は，特定整備に該当する。

06・3　試験問題解説（登録）

2級ガソリン編

06・3　試験問題（登録）

問題

【No.1】　エンジンの性能に関する記述として，**適切なもの**は次のうちどれか。

(1) 体積効率と充填効率は，平地や高山など気圧の低い場所でも差はほとんどない。

(2) ポンプ損失(ポンピング・ロス)は，ピストン，ピストン・リング，各ベアリングなどの摩擦損失と，ウォータ・ポンプ，オイル・ポンプ，オルタネータなど補機駆動の損失からなっている。

(3) 機械損失は，潤滑油の粘度やエンジン回転速度による影響は大きいが，冷却水の温度による影響は受けない。

(4) 熱損失は，燃焼室壁を通して冷却水へ失われる冷却損失，排気ガスにもち去られる排気損失，ふく射熱として周囲に放散されるふく射損失からなっている。

【解説】

答え　(4)。

熱損失とは，燃焼ガスの熱量が冷却水や冷却空気などによって失われることをいい，燃焼室壁を通して冷却水へ失われる"冷却損失"，排気ガスにもち去られる"排気損失"，ふく射熱として周囲に放散される"ふく射損失"からなっている。

他の問題文を訂正すると以下のようになる。

(1) 体積効率と充填効率は，平地ではほとんど同じであるが，<u>高山など気圧の低い場所では差を生じる。</u>

(2) ポンプ損失(ポンピング・ロス)は，燃焼ガスの排出及び混合気を吸入するための動力損失をいう。問題文中の，"摩擦損失"や"補機駆動の損失"は，エンジンの"機械損失"に分類される。

(3) 機械損失は，潤滑油の粘度やエンジンの回転速度のほか，<u>冷却水の温度の影響が大きい。</u>

【問題】

【No.2】 コンロッド・ベアリングに関する記述として，**適切なもの**は次の
うちどれか。

(1) アルミニウム合金メタルで，すずの含有率の低いものは，熱膨張率
が大きいのでオイル・クリアランスを大きくとる必要がある。

(2) コンロッド・ベアリングに要求される性質のうち耐疲労性とは，ベ
アリングに繰り返し荷重が加えられても，その機械的性質が変化しに
くい性質をいう。

(3) トリメタル(三層メタル)は，アルミニウムに10%〜20%のすずを加
えた合金である。

(4) クラッシュ・ハイトが小さ過ぎると，ベアリングにたわみが生じて
局部的に荷重が掛かるので，ベアリングの早期疲労や破損の原因とな
る。

【解説】

答え (2)。

コンロッド・ベアリングに要求される"耐疲労性"の説明は，問題文の
通り。

他の問題文を訂正すると以下のようになる。

(1) アルミニウム合金メタルで，すずの含有率の高いものは，熱膨張率
が大きいのでオイル・クリアランスを大きくとる必要がある。

(3) トリメタル(三層メタル)は，合金(ケルメット・メタル)を鋼製裏金
に焼結し，その上に鉛とすずの合金又は鉛とイリジウムの合金をめっ
きしたものである。

問題文中のアルミニウムに10%〜20%のすずを加えた合金は"アルミ
ニウム合金メタル"である。

(4) クラッシュ・ハイトとは，参考図に示す寸法であり，ベアリングの
締め代となるものである。クラッシュ・ハイトが大き過ぎると，ベア
リングにたわみが生じて局部的に荷重が掛かるため，ベアリングの早
期疲労や破損の原因となる。逆に小さ過ぎると，ベアリング・ハウジ
ングとベアリングの裏金との密着が悪くなり，熱伝導が不良となるの
で，焼き付きを起こす原因となる。

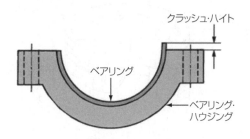

クラッシュ・ハイト

クラッシュ・ハイト

問題

【No.3】 ピストン及びピストン・リングに関する記述として，**適切なもの**は次のうちどれか。

(1) ピストン・ヘッド部には，騒音の低減を図るため，バルブの逃げを設けている。

(2) コンプレッション・リングは，シリンダ壁面とピストンとの間の気密を保つ働きと，燃焼によりピストンが受ける熱をシリンダに伝える役目をしている。

(3) ピストン・スカート部に条こん(すじ)仕上げをし，さらに樹脂コーティング又はすずめっきを施しているのは，混合気に渦流を発生させるためである。

(4) バレル・フェース型のピストン・リングは，しゅう動面がテーパ状になっており，シリンダ壁面と線接触するため，なじみやすく気密性が優れている。

【解説】

答え (2)。

コンプレッション・リングの役目は，問題文の通り。

他の問題文を訂正すると以下のようになる。

(1) ピストン・ヘッド部には，参考図のようなバルブ逃げを設けているものがあるが，これは圧縮比を高めるためピストンを極限まで上昇させた場合に，バルブとピストン頭部がぶつからない工夫である。

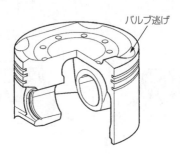

バルブ逃げ

ピストンのバルブ逃げ

(3) ピストン・スカート部に条こん(すじ)仕上げをし，更に樹脂コーティング又はすずめっきを施しているのは，<u>オイルの保持を高め，初期なじみの向上，ピストンの焼き付き防止，騒音，摩擦などの低減を図るためである。</u>

(4) <u>テーパ・フェース型</u>のピストン・リングは，しゅう動面がテーパ状になっており，シリンダ壁面と線接触するため，なじみやすく気密性が優れている。問題文中の，"バレル・フェース型"は，しゅう動面が円弧状になっており，初期なじみの際の異常摩耗が少ない。

問題

【No.4】 電子制御式燃料噴射装置のセンサに関する記述として，**適切なもの**は次のうちどれか。

(1) ジルコニア式O_2センサのジルコニア素子は，高温で内外面の酸素濃度の差が小さいと起電力を発生する性質がある。

(2) 空燃比センサの出力は，理論空燃比より大きい(薄い)と低くなり，小さい(濃い)と高くなる。

(3) バキューム・センサは，インテーク・マニホールド圧力が高くなると出力電圧が小さくなる特性がある。

(4) 熱線式エア・フロー・メータの発熱抵抗体は，吸入空気の温度に影響を受けるので，その影響を打ち消すため，発熱抵抗体のすぐそばに温度補償抵抗体が設けられている。

【解説】。

答え (4)。

　熱線式エア・フロー・メータの発熱抵抗体は，吸入空気の温度に影響を受けるので，その影響を打ち消すため，参考図のように発熱抵抗体のすぐそばに温度補償抵抗体が設け，吸入空気温度の違いによる吸入空気量測定の誤差発生を防止している。

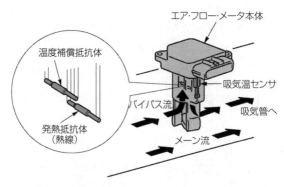

エア・フロー・メータ本体

温度補償抵抗体

吸気温センサ

バイパス流

吸気管へ

発熱抵抗体
（熱線）

メーン流

熱線式エア・フロー・メータ

他の問題文を訂正すると以下のようになる。

(1) ジルコニア式O_2センサのジルコニア素子は，高温で内外面の酸素濃度差が<u>大きい</u>と起電力を発生する性質がある。

(2) 空燃比センサの出力は，理論空燃比より大きい（薄い）と<u>高くなり</u>，小さい（濃い）と<u>低くなる</u>。

(3) バキューム・センサは，インテーク・マニホールド圧力が高くなると，出力電圧は<u>大きくなる</u>特性がある。

【問題】

【No.5】　シリンダ・ヘッドとピストンで形成されるスキッシュ・エリアに関する記述として，**適切なもの**は次のうちどれか。

(1) 斜めスキッシュ・エリアは，斜め形状により吸入通路からの吸気がスムーズになることで，強い渦流の発生が得られる。

(2) 吸入混合気に渦流を与えて，吸入行程における火炎伝播の速度を高めている。

(3) スキッシュ・エリアの厚み（クリアランス）が小さくなるほど，混合気の渦流の流速は低くなる。

(4) スキッシュ・エリアの面積が小さくなるほど混合気の渦流の流速は
　　高くなる。

【解説】

　答え（1）。

　斜めスキッシュ・エリアは，一般的なスキッシュ・エリアをさらに発展
させたもので，斜め形状により吸入通路からの吸気がスムーズになり，強
い渦流の発生が得られる。参考図参照。

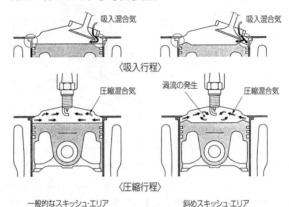

〈吸入行程〉

〈圧縮行程〉

一般的なスキッシュ・エリア　　　　　　　斜めスキッシュ・エリア

他の問題文を訂正すると以下のようになる。

(2) 吸入混合気に渦流を与えて，<u>燃焼行程</u>における火炎伝播の速度を高
　　めている。

(3) スキッシュ・エリアの厚み（クリアランス）が小さくなるほど，混合
　　気の渦流の流速は<u>高くなる</u>。

(4) スキッシュ・エリアの面積が<u>大きく</u>なるほど混合気の渦流の流速は
　　高くなる。

問題

【No.6】 電子制御装置に用いられるアクセル・ポジション・センサに関す
る記述として，**不適切なもの**は次のうちどれか。

(1) センサ信号は，燃料噴射制御，点火時期制御，スロットル・バルブ
　　開度制御などに使用している。

(2) ホール素子式が多く用いられ，アクセル・ペダルの踏み込み角度を

電気信号に変換する。

(3) 制御用と異常検出用の2重系統になっており，ECUは二つの信号の電圧差によって異常を検出している。

(4) 主に電子制御式スロットル装置に用いられ　スロットル・ボデーに取り付けられている。

【解説】

答え　(4)。

アクセル・ポジション・センサは，主に電子制御式スロットル装置に用いられ，参考図のように<u>アクセル・ペダル部</u>に取り付けられている。

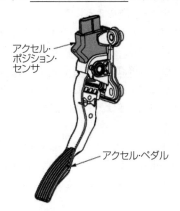

アクセル・
ポジション・
センサ

アクセル・ペダル

アクセル・ポジション・センサ

問題

【No.7】 鉛バッテリに関する記述として，**適切なもの**は次のうちどれか。

(1) バッテリから取り出し得る電気量は，放電電流が大きいほど小さくなる。

(2) バッテリの電解液温度が50℃未満におけるバッテリの容量は，電解液温度が高いほど減少し，低いほど増加する。

(3) 起電力は，一般に電解液の温度が高くなると小さくなり，その値は，電解液温度が1℃上昇すると0.0002V～0.0003V程度低くなる。

(4) バッテリの放電終止電圧は，一般に放電電流が大きくなるほど，高く定められている。

【解説】

　答え　(1)。

　バッテリから取り出し得る電気量，つまり，バッテリの容量は，放電電流が大きいほど小さくなる。

　バッテリを放電していくと，両極板とも硫酸鉛に変化するが，硫酸基の吸収は極板表面層から起こり，徐々に極板細孔内に浸透していく。取り出し得る電気量が小さくなるのは，放電電流が大きいと極板細孔内への拡散浸透する硫酸基の補給速度が遅れて化学反応が追い付かず，早く放電終止電圧に到達しまうことに起因する。

　他の問題文を訂正すると以下のようになる。

(2) バッテリの電解液温度が50℃未満におけるバッテリの容量は，<u>電解液温度が高いほど増加し，低いほど減少する</u>。

(3) 起電力は，一般に電解液温度が高くなると大きくなり，その値は，電解液温度が1℃上昇すると0.0002〜0.0003V程度<u>高くなる</u>。

(4) バッテリの放電終止電圧は，一般に放電電流が大きくなるほど，<u>低く定められている</u>。

　　なお，自動車用バッテリでよく用いられる5時間率放電電流（5時間で放電終止電圧となる放電電流）で放電した場合，一般に放電終止電圧は10.5V（1セル当たり1.75V）と定められている。

問題

【No.8】　点火順序が1－5－3－6－2－4の4サイクル直列6シリンダ・エンジンの第3シリンダが圧縮上死点にあり，この位置からクランクシャフトを回転方向に回転させ，第6シリンダのバルブをオーバーラップの上死点状態にするために必要な回転角度として，**適切なもの**は次のうちどれか。

(1) 300°

(2) 480°

(3) 600°

(4) 720°

【解説】

答え（2）。

点火順序が1－5－3－6－2－4の4サイクル直列6気筒シリンダ・エンジンの第3シリンダが圧縮上死点にあるとき，オーバラップの上死点（以後，オーバラップとする。）は第4シリンダである。この位置からクランクシャフトを回転方向に120°回転させると，点火順序にしたがって第1シリンダがオーバラップとなる。第6シリンダがオーバラップとなるのは，クランクシャフトを更に360°回転させた位置で，最初の状態から480°（120°＋360°）回転させた場合である。

点火順序　1－5－3－6－2－4

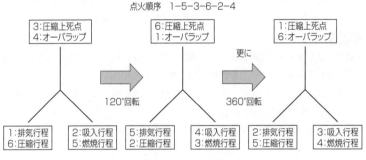

各シリンダの行程

問題

【No.9】　NOxの低減策に関する記述として，**適切なもの**は次のうちどれか。

(1) EGR（排気ガス再循環）装置や可変バルブ機構を使って，不活性な排気ガスを一定量だけ吸気側に導入し最高燃焼ガス温度を下げる。

(2) 燃焼室の形状を改良し，燃焼時間を長くすることにより最高燃焼ガス温度を下げる。

(3) エンジンの運転状況に対応する空燃比制御及び点火時期制御を的確に行うことで，最高燃焼ガス温度を上げる。

(4) インテーク・マニホールドの形状を改良して，各シリンダへの混合気配分の均質化を図る。

【解説】

答え (1)。

NOxの低減策における説明は，問題文の通り。

他の問題文を訂正すると以下のようになる。

(2) 燃焼室の形状を改良し，燃焼時間を<u>短くする</u>ことにより最高燃焼ガ
ス温度を下げる。

(3) エンジンの運転状況に対応する空燃比制御及び点火時期制御を的確
に行うことで，最高燃焼ガス温度を<u>下げる</u>。

(4) インテーク・マニホールドの形状を改良して，各シリンダへの混合
気配分の均質化を図ることは，やや薄い混合気での燃焼が安定するた
め，NOxよりもCO，HCの低減策と考える方が妥当である。

問題

【No.10】 インテーク側に用いられる油圧式の可変バルブ・タイミング機構
に関する記述として，**適切なもの**は次のうちどれか。

(1) 遅角時は，インテーク・バルブの閉じる時期を早くして高速回転時
の体積効率を高めている。

(2) 進角時は，インテーク・バルブの開く時期が早くなるので，オーバ
ラップ量が多くなり中速回転時の体積効率が高くなる。

(3) エンジン停止時には，ロック装置により最進角状態で固定される。

(4) 油圧制御によりカムの位相は一定のまま，バルブの作動角を変えて
インテーク・バルブの開閉時期を変化させている。

【解説】

答え (2)。

進角時は参考図の通り，インテーク・バルブの開く時期が早くなるので，
オーバラップ量が多くなり中速回転時の体積効率が高くなる。

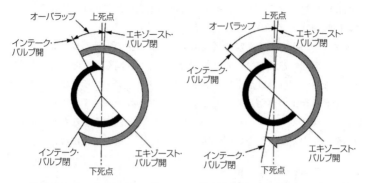

進角前のバルブ・タイミング　　　　**最大進角時のバルブ・タイミング**

他の問題文を訂正すると以下のようになる。

(1) 遅角時は，インテーク・バルブの閉じる時期を<u>遅く</u>して高速回転時の体積効率を高めている。

(3) エンジン停止時には，ロック装置により<u>最遅角</u>状態で固定される。

(4) 油圧制御により<u>バルブの作動角は一定のまま，カムの位相を変えて</u>インテーク・バルブの開閉時期を変化させている。

問題

【No.11】 直巻式スタータの出力特性に関する記述として，**不適切なもの**は次のうちどれか。

(1) スタータの回転速度が上昇すると，アーマチュア・コイルに発生する逆向きの誘導起電力が増えるので，アーマチュア・コイルに流れる電流が減少する。

(2) スタータの駆動トルクは，ピニオン・ギヤの回転速度の上昇とともに小さくなる。

(3) 始動時のアーマチュア・コイルに流れる電流の大きさは，ピニオン・ギヤの回転速度がゼロのとき最小である。

(4) 始動時のスタータの駆動トルクは，ピニオン・ギヤの回転速度がゼロのとき最大である。

【解説】

答え　(3)。

　始動時のアーマチュア・コイルに流れる電流の大きさは，ピニオン・ギヤの回転速度がゼロのとき<u>最大</u>となる。

　スタータの出力特性を参考図に示す。スタータの駆動トルクは，ピニオン・ギヤの回転速度がゼロのときに最大となり，回転速度の上昇とともに小さくなる。回転速度が上昇すると，アーマチュア・コイルに発生する逆向きの誘導起電力が増えることによって，アーマチュア・コイルに流れる電流が減少する。スタータの駆動トルクは，電流に比例するため，逆向きの誘導起電力が発生しない回転速度ゼロのときに最大電流が流れる。

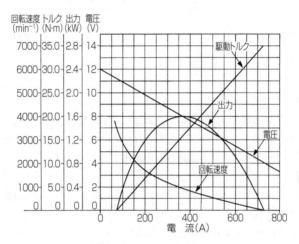

直巻式スタータの出力特性

問題

【No.12】　吸排気装置の過給機に関する記述として，**適切なもの**は次のうちどれか。

(1)　ターボ・チャージャは，過給圧が高くなって規定値以上になると，ウエスト・ゲート・バルブが閉じて，排気ガスの一部がタービン・ホイールをバイパスして排気系統へ直接流れる。

(2)　2葉ルーツ式のスーパ・チャージャでは，過給圧が規定値になると，過給圧の一部を排気側へ逃がし，過給圧を規定値に制御するエア・バイパス・バルブが設けられている。

(3) ターボ・チャージャに用いられるコンプレッサ・ホイールの回転速度は，タービン・ホイールの回転速度の2倍である。

(4) 2葉ルーツ式のスーパ・チャージャでは，ロータ1回転につき4回の吸入・吐出が行われる。

【解説】

答え　(4)。

2葉ルーツ式のスーパ・チャージャは，参考図に示す，ドライブ・ロータとドリブン・ロータのそれぞれが吸入，吐出作用を行っており，各ロータが1回転すると2回の吸入，吐出が行われるので，全体としてロータ1回転につき4回の吸入，吐出が行われる。

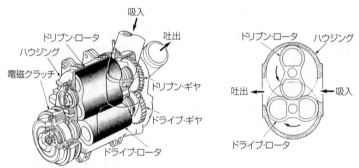

ルーツ式スーパ・チャージャ

他の問題文を訂正すると以下のようになる。

(1) ターボ・チャージャの過給圧が規定値以上になると，ウエスト・ゲート・バルブが開いて，排気ガスの一部がタービン・ホイールをバイパスして排気系統へ流れる。

(2) 2葉ルーツ式のスーパ・チャージャでは，過給圧が規定値になると，過給圧の一部を吸気側へ逃がし，過給圧を規定値に制御するエア・バイパス・バルブが設けられている

(3) ターボ・チャージャに用いられるコンプレッサ・ホイールの回転速度は，タービン・ホイールの回転速度と同じである。これは，コンプレッサ・ホイールとタービン・ホイールが同軸上に設けられているためである。

問題

【No.13】 図に示す論理回路用の電気用図記号として，下の（イ）と（ロ）の組み合わせのうち，**適切なもの**はどれか。

	（イ）	（ロ）
(1)	AND（アンド）回路	OR（オア）回路
(2)	NAND（ナンド）回路	NOR（ノア）回路
(3)	AND（アンド）回路	NOR（ノア）回路
(4)	NAND（ナンド）回路	OR（オア）回路

【解説】

答え（3）。

（イ）がAND（アンド）回路で（ロ）はNOR（ノア）回路である。

AND回路とは，二つの入力のAと（AND）Bが共に"1"のときのみ出力が"1"となる回路をいう。

NOR回路とは，OR回路にNOT回路を接続した回路である。OR回路で，二つの入力のA又は（OR）Bのいずれか一方，又は両方が"1"のとき，出力が"1"となるが，NOT回路が接続され，出力が反対の"0"となる回路である。

問題

【No.14】 スパーク・プラグに関する記述として，**不適切なもの**は次のうちどれか。

(1) 高熱価型プラグは，低熱価型プラグと比較して，火炎にさらされる部分の表面積及びガス・ポケットの容積が小さい。

(2) 混合気の空燃比が大き過ぎる（薄過ぎる）場合は，着火ミスは発生しないが，逆に小さ過ぎる（濃過ぎる）場合は，燃焼が円滑に行われないため，着火ミスが発生する。

(3) スパーク・プラグの中心電極を細くすると，飛火性が向上するとともに着火性も向上する。

(4) 着火ミスは，電極の消炎作用が強過ぎるとき，又は吸入混合気の流速が高過ぎる（速過ぎる）場合に起きやすい。

【解説】

答え（2）。

混合気が燃焼するためには，混合気の空燃比が適切であることが必要で，空燃比が大き過ぎても，また，逆に小さ過ぎても燃焼は円滑に行われず，着火ミスが発生する。

問題

【No.15】　スター結線式オルタネータに関する次の文章の（イ）から（ハ）に当てはまるものとして，下の組み合わせのうち，**適切なもの**はどれか。

中性点ダイオード付きオルタネータは，中性点電圧が出力電圧を超えたとき，及び中性点電圧がアース電位を下回ったときの電圧（交流分）を（イ）に加算し，（ロ）における（ハ）の増加を図っている。

	（イ）	（ロ）	（ハ）
(1)	交流出力	低速回転時	出力電圧
(2)	交流出力	高速回転時	出力電圧
(3)	直流出力	高速回転時	出力電流
(4)	直流出力	低速回転時	出力電流

【解説】

答え（3）。

中性点ダイオード付きオルタネータは，中性点電圧が出力電圧を超えたとき，及び中性点電圧がアース電位を下回ったときの電圧（交流分）を（**直流出力**）に加算し，（**高速回転時**）における（**出力電流**）の増加を図っている。

オルタネータの駆動時，ステータ・コイル（スター結線）の中性点電圧には，参考図のような第3高調波による交流分が現れる。この中性点電圧はオルタネータが高速で回転するとき，直流電圧を超えるようになる。これを2個のダイオード（中性点ダイオード）を使って整流し直流出力に加算することで，高速回転時における出力電流の増加を図っている。

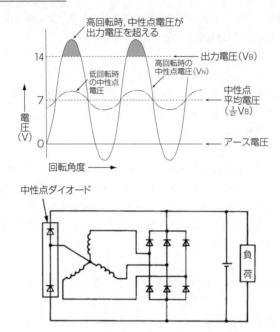

高回転時, 中性点電圧が
出力電圧を超える

14 —— 出力電圧(V_B)

高回転時の
中性点電圧(V_N)

低回転時
の中性点
電圧

7 —— 中性点
平均電圧
($\frac{1}{2}V_B$)

電圧
(V)

0 —— アース電圧

回転角度 ——→

中性点ダイオード

負荷

問題

【No.16】 ホイール・アライメントに関する記述として, **不適切なもの**は次
のうちどれか。

(1) スラスト角(後輪偏向角度)とは, 車両の中心線(幾何学中心線)とス
ラスト・ラインの角度のことをいう。

(2) ボール・ナット型ステアリング装置では, 直進走行時のステアリン
グ・ホイールのセンタ位置に狂いが生じるが, 左右の切れ角はストッ
パで調整することができるため, 左右のタイロッド長が異なっても切
れ角への影響はあまりない。

(3) ホイールのリヤ側にタイロッドがある車両が旋回するとき, バウン
ド時(スプリング圧縮時)にはトーイン側へ, リバウンド時(スプリン
グ伸長時)にはトーアウト側へとトーが変化する。

(4) トーイン及びマイナス・キャンバを設けることにより, 両スラスト
力が打ち消しあうので, イン方向のサイド・スリップ量(横滑り量)を

　　小さくすることができる。

【解説】

　答え（4）。

　トーイン及びマイナス・キャンバを設けることにより，両スラスト力が打ち消しあうので，<u>アウト方向</u>のサイド・スリップ量（横滑り量）を小さくすることができる。

　問題文の"イン方向"にサイド・スリップがある場合とは，内向きのスラスト力が働いている状態のことである。よって，参考図のようにトーイン及びマイナス・キャンバを設けると，更に内向きのスラスト力が発生するため，サイド・スリップ量がイン方向に大きくなってしまう。

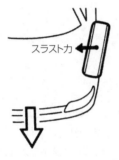
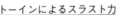

トーインによるスラスト力

スラスト力（キャンバ・スラスト）

マイナス・キャンバによるスラスト力

問題

【No.17】　図に示す油圧式パワー・ステアリングのオイル・ポンプのフロー・コントロール・バルブの作動に関する次の文章の（イ）から（ハ）に当てはまるものとして，下の組み合わせのうち，**適切なもの**はどれか。ただし，図の状態はフロー・コントロール・バルブの非作動時を示す。

　　オイル・ポンプの吐出量が多くなるとオリフィスの抵抗により，A室の油圧がB室の油圧よりも高く（大きく）なり，A室の油圧はフロー・コントロール・バルブの油路を通って油圧がバルブの（イ）に掛かるようになる。吐出量が規定値以上になるとA室の油圧がB室の油圧とスプリングの力の合計より（ロ）なるため，フロー・コントロール・バルブは（ハ）に移動し，A室の余剰フルードはリザーブ・タンクへ戻される。

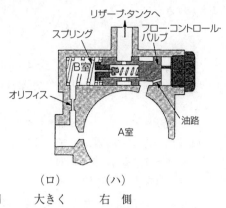

	（イ）	（ロ）	（ハ）
(1)	右　側	大きく	右　側
(2)	右　側	小さく	左　側
(3)	右　側	大きく	左　側
(4)	左　側	大きく	右　側

【解説】

答え　(3)。

オイル・ポンプの吐出量が多くなるとオリフィスの抵抗により，A室の油圧がB室の油圧よりも高く（**大きく**）なり，A室の油圧はフロー・コントロール・バルブの油路を通って油圧がバルブの（**右側**）に掛かるようになる。吐出量が規定値以上になるとA室の油圧がB室の油圧とスプリングの力の合計より（**大きく**）なるため，フロー・コントロール・バルブは（**左側**）に移動し，A室の余剰フルードはリザーブ・タンクへ戻される。

参考図の非作動時は，吐出量が規定値以下の状態で，A室，B室の油圧差が小さいため，スプリング①のばね力によりフロー・コントロール・バルブは右側に押されて動きはない。吐出量が増加すると，オリフィスの抵抗があるB室よりも，A室の油圧が勝り，参考図の作動時のように，バルブが左側に動かされる。これにより，リザーブ・タンクへの通路が開き，余剰フルードが逃される。

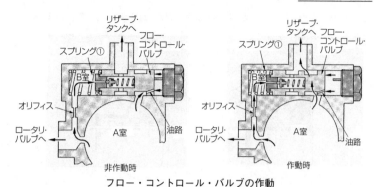

リザーブ・
タンクへ
フロー・
コントロール・
バルブ

スプリング①

B室

オリフィス

ロータリ・
バルブへ

A室

油路

非作動時

リザーブ・
タンクへ
フロー・
コントロール・
バルブ

スプリング①

B室

オリフィス

ロータリ・
バルブへ

A室

油路

作動時

フロー・コントロール・バルブの作動

【問題】

【No.18】 前進4段のロックアップ機構付き電子制御式ATのロックアップ
機構に関する記述として，**不適切なもの**は次のうちどれか。

(1) ロックアップ・ピストンがトルク・コンバータのカバーから離れる
と，カバー(エンジン)の回転がタービン・ランナ(インプット・シャ
フト)に直接伝えられる。

(2) ロックアップ・ピストンには，エンジンからのトルク変動を吸収，
緩和するダンパ・スプリングが組み込まれている。

(3) ロックアップ・ピストンは，タービン・ランナのハブにスプライン
かん合されている。

(4) ロックアップ機構とは，トルク・コンバータのポンプ・インペラと
タービン・ランナを機械的に連結し，直接動力を伝達する機構をいう。

【解説】

答え (1)。

ロックアップ・ピストンがトルク・コンバータのカバーに圧着されると，
カバー(エンジン)の回転がタービン・ランナ(インプット・シャフト)に直
接伝えられる。

このロックアップ・ピストンは，トルク・コンバータ内部に配置され，
スプラインによってタービンのハブにかん合している。参考図のように，
ロックアップ・ピストンは，カバーとの間に形成されたA室に油圧が掛か
っている状態ではカバーから引き離されているが，A室の油圧が排出され

るとB室の油圧によってカバー側に押し出され圧着する。これによりロックアップが締結される。

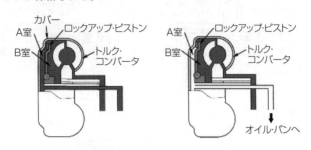

ロックアップ解除時   ロックアップ締結時

【問題】

【No.19】 回転速度差感応式の差動制限型ディファレンシャルに関する記述として，**適切なもの**は次のうちどれか。

(1) 左右輪の回転速度差が一定値を超えたときには，ビスカス・トルクが減少する。

(2) インナ・プレートとアウタ・プレートの回転速度差が小さいほど，大きなビスカス・トルクが発生する。

(3) 左右輪に回転速度差が生じたときは，ビスカス・カップリングの作用により，低回転側に大きな駆動力が発生する。

(4) ビスカス・カップリングには，ハイポイド・ギヤ・オイルが充填されている。

【解説】

答え (3)。

左右輪に回転速度差が生じたときは，ビスカス・カップリングの作用により，低回転側に大きな駆動力が発生する。

ディファレンシャル・ギヤの作用により，左右輪に回転速度差が生じたときは，ビスカス・カップリングのインナ・プレートとアウタ・プレートの回転速度にも差が生じる。このとき両プレート間に介在するシリコン・オイルの粘性により，高回転側から低回転側のプレートにビスカス・トルクが伝えられる。これにより，低回転側に駆動力が発生する。

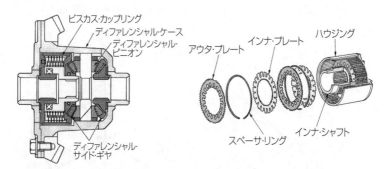

ビスカス・カップリング
ディファレンシャル・ケース
ディファレンシャル・ピニオン
アウタ・プレート
インナ・プレート
ハウジング
ディファレンシャル・サイド・ギヤ
スペーサ・リング
インナ・シャフト

回転速度差感応式ディファレンシャル　　　ビスカス・カップリング

他の問題文を訂正すると以下のようになる。

(1) 左右輪の回転速度差が一定値を超えたときには，ビスカス・トルクが<u>発生する</u>。

(2) インナ・プレートとアウタ・プレートの回転速度差が<u>大きい</u>ほど，大きなビスカス・トルクが発生する。

(4) ビスカス・カップリングには，<u>シリコン・オイル</u>が充填されている。

【問題】

【No.20】 アクスル及びサスペンションに関する記述として，**適切なもの**は次のうちどれか。

(1) ヨーイングとは，ボデーの上下の揺れのことである。

(2) 独立懸架式サスペンションは，左右のホイールを1本のアクスルでつなぎ，ホイールに掛かる荷重をアクスルで支持している。

(3) 一般に，車軸懸架式のサスペンションに比べて，独立懸架式のサスペンションの方が，ロール・センタの位置は高い。

(4) 前軸と後軸のロール・センタを結んだ直線をローリング・アキシス（ローリングの軸）という。

【解説】

答え（4）。

前軸と後軸のロール・センタを結んだ直線をローリング・アキシス（ローリングの軸）という。

参考図に，前後のロール・センタとそれを結んだローリング・アキシス

を示す。自動車のローリングは，このローリング・アキシスを中心として起こる。

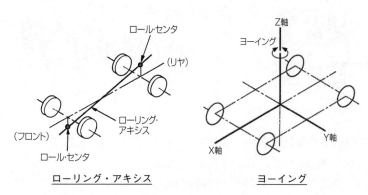

ローリング・アキシス　　　**ヨーイング**

他の問題文を訂正すると以下のようになる。

(1) ヨーイングとは，ボデーZ軸回りの回転揺動のことである（参考図）。

(2) 車軸懸架式サスペンションは，左右のホイールを１本のアクスルでつなぎ，ホイールに掛かる荷重をアクスルで支持している。

(3) 一般に，車軸懸架式のサスペンションに比べて，独立懸架式のサスペンションの方が，ロール・センタの位置は低い。

問題

【No.21】 サスペンションのスプリング（ばね）に関する記述として，**不適切なもの**は次のうちどれか。

(1) エア・スプリングのばね定数は，荷重が大きくなるとレベリング・バルブの作用により小さくなる。

(2) エア・スプリングは，金属ばねと比較して，荷重の増減に応じてばね定数が自動的に変化するため，固有振動数をほぼ一定に保つことができる。

(3) 軽荷重のときの金属ばねは，最大積載荷重のときに比べて固有振動数が大きくなる。

(4) 金属ばねは，最大積載荷重に耐えるように設計されているため，車両が軽荷重のときはばねが硬すぎるので乗り心地が悪い。

【解説】

　答え　(1)。

　エア・スプリングのばね定数は，荷重が大きくなるとレベリング・バルブの作用により<u>大きく</u>なる。

　荷重が大きくなれば，エア・スプリングが縮み車高が下がろうとするが，このとき，レベリング・バルブの作用によりエア・スプリングにエアが供給され，車高が元の高さに戻される。エアが追加で供給されたことにより，エア・スプリングは硬くなる。つまり，ばね定数は大きくなる。

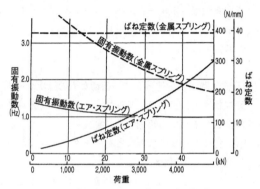

金属ばねとエア・スプリングの比較

問題

【No.22】　図に示すタイヤの段差摩耗の主な原因として，**不適切なものは**次のうちどれか。

　(1)　ホイール・ベアリングのがた
　(2)　トーインの不良
　(3)　ホイール・バランスの不良
　(4)　エア圧の過小

【解説】

　答え　(4)。

　"エア圧の過小"の場合は，参考図のようなトレッドの両肩が摩耗する場合の原因である。

→内側

両肩摩耗（空気圧の過小）

　問題図は，トレッド・パターンがブロック型のタイヤで，トレッド部が
のこぎり歯状に段差摩耗した場合を表している。

　この場合の推定原因は，ホイール・ベアリングのガタ，トーイン不良，
キャスタ不良，ホイール・バランスの不良，左右フロント・ホイールの切
れ角不良などが考えられる。

問題

【No.23】　CAN通信に関する記述として，**適切なもの**は次のうちどれか。
　(1)　バス・オフ状態とは，エラーを検知した結果，リカバリが実行され
　　　エラーが解消されて通信を再開した状態をいう。
　(2)　各ECUは，各種センサの情報などをデータ・フレームとして，バス・
　　　ライン上に送信（定期送信データ）している。
　(3)　CAN-H，CAN-Lともに2.5Vの状態をドミナントといい，CAN-
　　　Hが3.5V，CAN-Lが1.5Vの状態をレセシブという。
　(4)　CAN通信では，バス・ライン上のデータを必要とする複数のECU
　　　は同時にデータ・フレームを受信することができない。

【解説】
　答え　(2)。
　CAN通信システムは，参考図のように，複数のECUをバス・ラインで
結ぶことで，各ECU間の情報共有を可能にしている。
　各ECUは，センサの情報をデータ・フレームとして定期的にバス・ラ
イン上に送信をするが，一つのECUが複数のデータ・フレームを送信し
たり，バス・ライン上のデータを必要とする複数のECUが同時にデータ・
フレームを受信することができる。

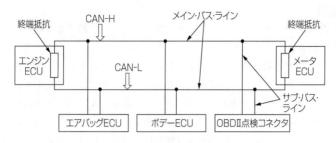

CAN通信システム

他の問題文を訂正すると以下のようになる。

(1) バス・オフ状態とは，エラーを検知しリカバリが実行されても，エラーが解消せず，通信が停止してしまう状態をいう。

(3) CAN-H，CAN-Lともに2.5Vの状態をレセシブといい，CAN-Hが3.5V，CAN-Lが1.5Vの状態をドミナントという。

(4) CAN通信では，バス・ライン上のデータを必要とする複数のECUは同時にデータ・フレームを受信することができる。

【問題】

【No.24】　CVT(スチール・ベルトを用いたベルト式無段変速機)に関する記述として，**不適切なもの**は次のうちどれか。

(1) プライマリ・プーリは，動力伝達に必要なスチール・ベルトの張力を制御し，セカンダリ・プーリは，プーリ比(変速比)を制御している。

(2) Dレンジ時は，プーリ比の最Lowから最Highまでの変速領域で変速を行う。

(3) Lレンジ時は，変速領域をプーリ比の最Low付近にのみ制限することで，強力な駆動力及びエンジン・ブレーキを確保する。

(4) スチール・ベルトは，動力伝達を行うエレメントと摩擦力を維持するスチール・リングで構成されている。

【解説】

答え (1)。

プライマリ・プーリはプーリ比(変速比)を制御し，セカンダリ・プーリは，動力伝達に必要なスチール・ベルトの張力を制御している。

【問題】

【No.25】 ホイール及びタイヤに関する記述として，**不適切なもの**は次のうちどれか。

(1) タイヤの走行音のうちスキール音は，タイヤのトレッド部が路面に対してスリップして局部的に振動を起こすことによって発生する。

(2) マグネシウム・ホイールは，アルミ・ホイールに比べて更に軽量，かつ，寸法安定性に優れているが，耐食性，設計自由度に劣る。

(3) アルミ・ホイールの2ピース構造は，絞り又はプレス加工したインナ・リムとアウタ・リムに，鋳造又は鍛造されたディスクをボルト・ナットで締め付け，更に溶接したものである。

(4) タイヤの偏平率を小さくすると，タイヤの横剛性が高くなり車両の旋回性能が向上する。

【解説】

答え (3)。

(3) の文章は，3ピース構造の内容である。

2ピース構造は，参考図に示すように，絞り又はプレス加工したリムに，鋳造又は鍛造されたディスクを溶接又はボルト・ナットで一体にしたものである。

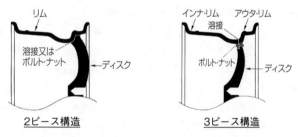

2ピース構造　　　　　3ピース構造

【問題】

【No.26】 SRSエアバッグに関する記述として，**適切なもの**は次のうちどれか。

(1) 車両の変形量が規定値を超えた場合に作動する構造となっている。

(2) エアバッグ・アセンブリの交換時は，必ず新品を使用し，他の車で使用したものは絶対に使用しない。

(3) エアバッグ・アセンブリの点検をするときは，誤作動を防止するため，抵抗測定は短時間で行う。

(4) インフレータは，電気点火装置(スクイブ)，着火剤，ガス発生剤，ケーブル・リール，フィルタなどを金属の容器に収納している。

【解説】

答え（2）。

エアバッグ・アセンブリの交換時は，必ず新品を使用し，他の車で使用したものは絶対に使用しない。

他の問題文を訂正すると以下のようになる。

(1) <u>前面衝突時の衝撃が規定値を超えた場合に</u>作動する構造となっている。衝突時の衝撃は，車両前部に取付けられたインパクト・センサとECU内のGセンサで検出している。

(3) エアバッグ・アセンブリの点検をするときは，誤作動する恐れがあるので，<u>抵抗測定は絶対に行わないこと</u>。

(4) インフレータは，電気点火装置(スクイブ)，着火剤，窒素ガス発生剤，フィルタなどを金属容器に収納している。問題中のケーブル・リールは，このインフレータとSRSユニットを接続するケーブルのことで，運転席側のエアバッグに用いられ，内部に渦巻状のケーブルを納めることで，ステアリングを回した際もケーブルが引っ張られないようにする構造となっている。これは，インフレータ容器とは別に装着されている。

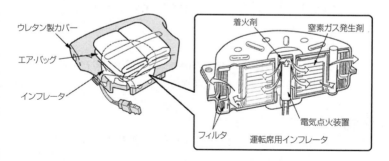

運転席用エア・バッグ・アセンブリ

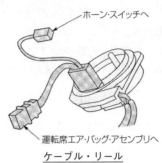

ホーン・スイッチへ

運転席エア・バッグ・アセンブリへ

ケーブル・リール

【問題】

【No.27】 外部診断器(スキャン・ツール)に関する記述として，**不適切なものは**次のうちどれか。

(1) 外部診断器でダイアグノーシス・コードを確認すると，アルファベット，数字及び系統名などが表示されるため，異常箇所の絞り込みが容易になっている。

(2) フリーズ・フレーム・データを確認することで，ダイアグノーシス・コードを記憶した原因の究明が容易になる。

(3) データ・モニタとは，ECUにおけるセンサからの入力値やアクチュエータへの出力値などを複数表示することができ，それらを比較・確認することで迅速な点検・整備ができる。

(4) 作業サポートは，本来の作動条件でなくてもアクチュエータを強制的に駆動することができ，機能点検などが容易に行える。

【解説】

答え (4)。

"作業サポート"とは，整備作業の補助やECU学習値の初期化などを行う機能のことである。「本来の作動条件でなくてもアクチュエータを強制的に駆動する」機能は，"アクティブ・テスト"という。

【問題】

【No.28】 電子制御式ABSに関する記述として，**適切なものは**次のうちどれか。

(1) ECUは，センサの信号系統，アクチュエータの作動信号系統及び

ECU自体に異常が発生した場合には，ABSウォーニング・ランプを点灯させる。

(2) ハイドロリック・ユニットは，ECUからの駆動信号により各ブレーキの液圧の制御とエンジンの出力制御を行っている。

(3) ECUは，各車輪速センサ，スイッチなどからの信号により，路面の状況などに応じた適切な制御を判断し，マスタ・シリンダに作動信号を出力する。

(4) ABSの電子制御機構に断線，短絡，電源の異常などの故障が発生した場合でも，ABSの電子制御機構は継続して作動する。

【解説】

答え (1)。

ECUは，センサの信号系統，アクチュエータの作動信号及びECU自体に異常が発生した場合には，ABSウォーニング・ランプを点灯させ，運転者に異常を知らせる。また，異常内容によっては，バルブ・リレーをOFFにして，ハイドロリック・ユニットへの電源供給を遮断することで，ABS制御を停止させる。

他の問題文を訂正すると以下のようになる。

(2) ハイドロリック・ユニットは，ECUからの制御信号により<u>各ブレーキの液圧（油圧）の制御を行っている。</u>

エンジンの出力制御を併用する機構は，TCS（トラクション・コントロール・システム）という。

(3) ECUは，各車輪速センサ，スイッチなどからの信号により，路面の状況などに応じた適切な制御を判断し，<u>ハイドロリック・ユニット</u>に作動信号を出力する。

(4) ABSの電子制御機構に断線，短絡，電源の異常などの故障が発生した場合は，ABSの電子制御機構は<u>作動せず，通常のブレーキ装置の制動作用と同じになる。</u>

問題

【No.29】 オート・エアコンに用いられるセンサに関する記述として，**不適切なもの**は次のうちどれか。

(1) 日射センサは，日射量によって出力電流が変化するフォト・ダイオ

ードを用いて，日射量をECUに入力している。

(2) 内気温センサは，室内の空気をセンサ内部に取り入れその温度の変化を検出し，急激な温度変化に過敏に反応しないように，サーミスタの外部を樹脂で覆っている。

(3) エバポレータ後センサは，エバポレータを通過後の空気の温度をサーミスタによって検出しECUに入力しており，主にエバポレータの霜付きなどの防止に利用されている。

(4) 外気温センサは，室外に取り付けられており，サーミスタによって外気温度を検出してECUに入力している。

【解説】

答え (2)。

内気温センサは，室内の空気をセンサ内部に取り入れ，その温度の変化をサーミスタによって検出しECUに入力している。問題文中の「サーミスタの外部を樹脂で覆っている」とあるが，これは，<u>外気温センサ</u>の特徴で，エンジンの熱や他車の排気ガスの影響による急激な温度変化に過敏に反応しないようにしている。

[問題]

【No.30】 図に示すタイヤと路面間の摩擦係数とタイヤのスリップ率の関係を表した特性曲線図において，「路面の摩擦係数が高いコーナリング特性曲線」として，AからDのうち，**適切なもの**は次のうちどれか。

(1) A

(2) B

(3) C

(4) D

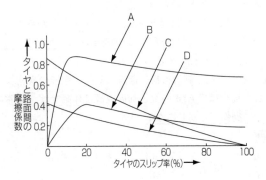

【解説】

答え　(3)。

「タイヤと路面間の摩擦係数とタイヤのスリップ率の関係を表した特性曲線」を参考図に示す。

問題の「路面の摩擦係数が高いコーナリング特性曲線」は，図中のCである。

コーナリング特性曲線は，スリップ率が増大するに伴い，摩擦係数が減少する特徴がある。それに対して，ブレーキ特性曲線は，おおよそスリップ率20％前後で摩擦係数が最大となり，以後スリップ率が増すに伴い減少する特徴がある。

このことから，コーナリング特性曲線はCとDに絞れるが，問題は，「路面の摩擦係数が高い」を選択するようになっていることから，図中のCが該当する。

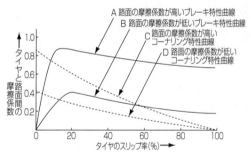

タイヤと路面間の摩擦係数とタイヤのスリップ率の関係

問題

【No.31】　ガソリンに関する記述として，**不適切なもの**は次のうちどれか。

(1) 分解ガソリンは，灯油及び軽油などを，触媒を用いて化学変化を起こさせて熱分解した後，再蒸留してオクタン価(90〜95)を高めている。

(2) 直留ガソリンは，原油から直接蒸留して得られるガソリンで，オクタン価(65〜70)が低く，このままでは，自動車用の燃料としては不適当である。

(3) オクタン価は，ガソリン・エンジンの燃料のアンチノック性を示す数値である。

(4) 改質ガソリンは，高オクタン価のガソリンを低オクタン価のガソリンに転換したものである。

【解説】

答え（4）。

改質ガソリンは，<u>低オクタン価</u>のガソリンを<u>高オクタン価</u>のガソリンに転換したものである。

すなわち，改質ガソリンは，直留ガソリンのような低オクタン価ガソリンに触媒を用いて化学変化を起こさせて改質させたもので，オクタン価(95〜105)が高められている。

問題

【No.32】 ばね定数の単位として，**適切なもの**は次のうちどれか。

(1) $m \cdot s^{-1}$

(2) Hz

(3) N/mm

(4) $N \cdot m$

【解説】

答え（3）。

ばね定数とは，ばねを単位長さ(mm)だけ圧縮または伸長するのに要する力(N)を示し，単位はN/mmを用いる。この値が大きいほど"ばね"は硬くなる。

問題

【No.33】 図に示す電気回路において，次の文章の（　）に当てはまるものとして，**適切なもの**はどれか。ただし，バッテリ，配線等の抵抗はないものとする。

ランプを12Vの電源に接続したときの電気抵抗が6Ωである場合，この状態で30分間使用したときの電力量は（　）である。

(1) 12Wh

(2) 36Wh

(3) 48Wh

(4) 108Wh

ランプ

バッテリ(12V)

【解説】

答え（1）。

6Ωの電球に12Vの電源を接続したときの回路に流れる電流Iは，オームの法則より

$$I = \frac{V}{R} \quad (\text{I：電流A，} \quad \text{V：電圧V，} \quad \text{R：抵抗Ω})$$

$$= \frac{12V}{6Ω}$$

$$= 2(A)$$

この時の電力P(W)は，電圧と電流の積に相当し，次式で表される。

$$P = V \cdot I$$

$$= 12V \times 2A$$

$$= 24W$$

電力量はワット時(Wh)で表され，電力と時間の積に相当し，次式で表される。

$$Wp = P \cdot t \quad (\text{Wp：電力量Wh，} \quad \text{P：電力W，} \quad \text{t：時間h})$$

よって30分使用した場合の電力量は

$$Wp = 24W \times 0.5h$$

$$= 12Wh$$

となる。

問題

【No.34】 鋼の熱処理に関する記述として，**適切なもの**は次のうちどれか。

(1) 窒化とは，鋼を浸炭剤の中で焼き入れ焼き戻し操作を行う加熱処理をいう。

(2) 高周波焼き入れとは，高周波電流で鋼の表面層から内部まで全体を加熱処理する焼き入れ操作をいう。

(3) 焼き戻しとは，焼き入れした鋼をある温度まで加熱した後，徐々に冷却する操作をいう。

(4) 浸炭とは，鋼の表面層の炭素量を増加させて軟化させる操作をいう。

【解説】

答え（3）。

"焼き戻し"とは，焼き入れによるもろさを緩和し，粘り強さを増すため，焼き入れした鋼をある温度まで加熱した後，徐々に冷却する操作をいう。

他の問題文を訂正すると以下のようになる。

(1) 窒化とは，鋼の表面層に窒素を染み込ませ硬化させる操作をいう。

(2) 高周波焼き入れとは，高周波電流で鋼の表面層を加熱処理する焼き入れ操作をいう。

(4) 浸炭とは，鋼を浸炭剤の中で焼き入れ　焼き戻し操作を行う加熱処理をいう。

【問題】

【No.35】 下表に示すアルミニウムの線が0℃から50℃になったときの伸びた長さとして，**適切なもの**は次のうちどれか。

(1) 23.0mm

(2) 11.5mm

(3) 1.15mm

(4) 0.23mm

> アルミニウムの線の長さ：10m（0℃のとき）
> 線膨張係数：0.000023［1／℃］

【解説】

答え（2）。

熱膨張による物体の長さの増加は，温度の上昇に比例する。

物体の温度0［℃］のときの長さをL_0［m］，温度 t［℃］のときの長さをL［m］，線膨脹係数をa［1／℃］とすれば，その関係は次式で表される。

＜t℃の時の長さL＞

L［m］＝L_0［m］$(1 + a$［1／℃］$× t$［℃］$)$

問題では，伸びた長さを求めるため，式を変形して

＜伸びた長さ：LとL_0の差＞

L［m］－L_0［m］＝L_0［m］$(a$［1／℃］$× t$［℃］$)$

これに，問題の数値，0℃のときのアルミニウムの線の長さ10mは，10,000mm，線膨脹係数0.000023，温度50℃を代入すると

L［m］－L_0［m］＝$10,000$［mm］$(0.000023$［1／℃］$×50$［℃］$)$

　　　　　　　＝$11.5mm$

となる。

【問題】

【No.36】「道路運送車両の保安基準」及び「道路運送車両の保安基準の細目を定める告示」に照らし，四輪小型自動車の安定性に関する次の文章の（　）に当てはまるものとして，**適切なもの**はどれか。

　　空車状態及び積車状態におけるかじ取り車輪の接地部にかかる荷重の総和が，それぞれ車両重量及び車両総重量の（　）以上であること。

(1) 20%

(2) 25%

(3) 30%

(4) 35%

【解説】

答え（1）。

空車状態及び積車状態におけるかじ取り車輪の接地部にかかる荷重の総和が，それぞれ車両重量及び車両総重量の（**20%**）以上であること。（道路運送車両法　第164条）

【問題】

【No.37】「道路運送車両の保安基準」及び「道路運送車両の保安基準の細目を定める告示」に照らし，後部反射器の基準に関する記述として，**不適切なもの**は次のうちどれか。

(1) 後部反射器(被牽引自動車に備えるものを除く。)の反射部は，三角形以外の形状であること。

(2) 後部反射器は，夜間にその後方100mの距離から走行用前照灯で照射した場合にその反射光を照射位置から確認できるものであること。

(3) 後部反射器による反射光の色は，赤色であること。

(4) 後部反射器は，反射器が損傷し，又は反射面が著しく汚損しているものでないこと。

【解説】

答え（2）。

後部反射器は，夜間にその後方150mの距離から走行用前照灯で照射した場合にその反射光を照射位置から確認できるものであること。（道路運送車両法　第210条）

問題

【No.38】「道路運送車両法」に照らし，自動車検査証の記載事項の変更に関する次の文章の（イ）と（ロ）に当てはまるものとして，下の組み合わせのうち，**適切なもの**はどれか。

　自動車の（イ）は，自動車検査証記録事項について変更があったときは，その事由があった日から15日以内に，当該変更について，国土交通大臣が行う（ロ）を受けなければならない。

	（イ）	（ロ）
(1)	所有者	自動車検査証の変更記録
(2)	所有者	臨時検査
(3)	使用者	自動車検査証の変更記録
(4)	使用者	臨時検査

【解説】

　答え（3）。

　自動車の（**使用者**）は，自動車検査証記録事項について変更があったときは，その事由があった日から15日以内に，当該変更について，国土交通大臣が行う（**自動車検査証の変更記録**）を受けなければならない。（道路運送車両法　第67条）

問題

【No.39】「自動車点検基準」の「自家用乗用自動車等の日常点検基準」に規定されている点検内容として，**適切なもの**は次のうちどれか。

(1) ショック・アブソーバの油漏れ及び損傷がないこと。

(2) バッテリのターミナル部の接続状態が不良でないこと。

(3) 冷却装置のファン・ベルトの緩み及び損傷がないこと。

(4) ブレーキ・ペダルの踏みしろが適当で，ブレーキのききが十分であること。

【解説】

　答え（4）。

　「自家用乗用自動車の日常点検基準」に規定される点検内容は以下のとおりである。

点検箇所	点検内容
1　ブレーキ	1　ブレーキ・ペダルの踏みしろが適当で，ブレーキのききが十分であること。 2　ブレーキの液量が適当であること。 3　駐車ブレーキ・レバーの引きしろが適当であること。
2　タイヤ	1　タイヤの空気圧が適当であること。 2　亀裂及び損傷がないこと。 3　異常な摩耗がないこと。 4　溝の深さが十分であること。
3　バッテリ	液量が適当であること。
4　原動機	1　冷却水の量が適当であること。 2　エンジン・オイルの量が適当であること。 3　原動機のかかり具合が不良でなく，且つ，異音がないこと。 4　低速及び加速の状態が適当であること。
5　灯火装置及び方向指示器	点灯又は点滅具合が不良でなく，かつ，汚れ及び損傷がないこと。
6　ウインド・ウォッシャ及びワイパー	1　ウインド・ウォッシャの液量が適当であり，かつ，噴射状態が不良でないこと。 2　ワイパーの払拭状態が不良でないこと。
7　運行において異常が認められた箇所	当該箇所に異常がないこと。

（2）（3）「バッテリのターミナル部の接続状態」「冷却装置のファン・ベルトの緩み及び損傷」は，自家用乗用自動車の定期点検基準における1年（12ヶ月）ごとに行う点検項目である。

（1）「ショック・アブソーバの油漏れ及び損傷」は，自家用乗用自動車の定期点検基準における2年（24ヶ月）ごとに行う点検項目である。

問題

【No.40】「道路運送車両の保安基準」及び「道路運送車両の保安基準の細目を定める告示」に照らし，尾灯の点灯が確認できる距離の基準として，**適切なもの**は次のうちどれか。

（1）夜間にその後方300mの距離

（2）昼間にその後方300mの距離

（3）夜間にその後方150mの距離

(4) 昼間にその後方150mの距離

【解説】

答え (1)。

尾灯は，夜間にその後方300mの距離から点灯を確認できるものであり，かつ，その照射光線は，他の交通を妨げないものであること。（保安基準第37条　細目告示第206条 (1)）

【No.1】 エンジンの性能に関する記述として，**適切なもの**は次のうちどれか。

(1) 実際にエンジンのクランクシャフトから得られる動力を図示仕事率という。

(2) 熱効率のうち理論熱効率とは，理論サイクルにおいて仕事に変えることのできる熱量と，供給する熱量との割合をいう。

(3) 熱損失は，ピストン，ピストン・リング，各ベアリングなどの摩擦損失と，ウォータ・ポンプ，オイル・ポンプ，オルタネータなどの補機駆動の損失からなっている。

(4) 平均有効圧力は，行程容積を1サイクルの仕事で除したもので，排気量や作動方式の異なるエンジンの性能を比較する場合などに用いられる。

【No.2】 シリンダ・ヘッドとピストンで形成されるスキッシュ・エリアに関する記述として，**不適切なもの**は次のうちどれか。

(1) スキッシュ・エリアの厚み(クリアランス)が小さくなるほど混合気の渦流の流速は高く(速く)なる。

(2) スキッシュ・エリアによる渦流は，燃焼行程における火炎伝播の速度を低く(遅く)し，混合気の燃焼時間を長くすることで最高燃焼ガス温度の上昇を促進させる役目を担っている。

(3) スキッシュ・エリアの面積が大きくなるほど混合気の渦流の流速は高く(速く)なる。

(4) 斜めスキッシュ・エリアは，斜め形状による吸入通路からの吸気がスムーズになり，強い渦流の発生が得られる。

【No.3】 ピストン・リングに起こる異常現象に関する次の文章の (イ)～(ロ) に当てはまるものとして，下の組み合わせのうち，**適切なもの**はどれか。

カーボンやスラッジ(燃焼生成物)が固まってリングが動かなくなることを (イ) 現象といい，シリンダ壁の油膜が切れてリングとシリンダ壁が直接接触し，リングやシリンダの表面に引っかき傷ができることを

練習問題集

2 級ガソリン編

（四択問題40題）

（ロ）現象という。

   （イ）   （ロ）

(1) フラッタ スカッフ

(2) スティック フラッタ

(3) スカッフ スティック

(4) スティック スカッフ

【No.4】 図に示すガソリン・エンジンにおける燃焼と圧力変化に関する記述として，**不適切なもの**は次のうちどれか。

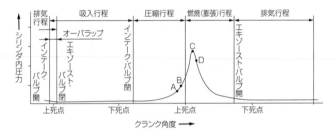

(1) A点で点火すると，点火部を中心とする小範囲の混合気が燃焼を起こし，その燃焼熱によってB点から急速に火炎伝播して急激な燃焼が行われる。

(2) A－B間は点火された部分の混合気が燃焼，拡大して燃焼を継続し得るだけの火炎核を形成する期間である。

(3) B点から本格的に燃焼が広がり，C点でシリンダ内が最高圧力になると同時に燃焼が終了する。

(4) 吸入行程で吸入された混合気は，圧縮行程で生じる圧縮熱によって温度が約400℃まで上昇し，点火されやすい状態となる。

【No.5】 自動車のマフラから排出される排気ガスに関する記述として，**不適切なもの**は次のうちどれか。

(1) 空気の供給不足などにより不完全燃焼したときのCO（一酸化炭素）は，「$2C$（炭素）$+ O_2$（酸素）$= 2CO$」のように発生する。

(2) NOx（窒素酸化物）の発生は，理論空燃比付近で最小となり，それ

より空燃比が小さい(濃い)場合や大きい(薄い)場合は急激に増大する。

(3) クエンチング・ゾーン(消炎層)にある燃え残りの混合気は，排気行程中にピストンにより押し出されて未燃焼ガスとして排出される。

(4) CO_2(二酸化炭素)濃度は，理論空燃比付近で最大となり，それより空燃比が大きい(薄い)領域では低下する。

【No.6】 吸排気装置における過給機及びインタ・クーラに関する記述として，**適切なもの**は次のうちどれか。

(1) ターボ・チャージャに用いられているフル・フローティング・ベアリングは，シャフトの周速と同じ速度で回転する。

(2) ターボ・チャージャは，過給圧が高くなって規定値以上になると，ウエスト・ゲート・バルブが閉じて，排気ガスの一部がタービン・ホイールをバイパスして排気系統へ流れる。

(3) ターボ・チャージャは，排気ガスでタービン・ホイールが回されることにより同軸上のコンプレッサ・ホイールが回転し，圧縮した吸入空気をシリンダへ送る。

(4) インタ・クーラは，圧縮された空気を冷却して温度を下げ，空気密度を低くすることで過給機本来の充てん効率の向上維持を補完する装置である。

【No.7】 点火順序が 1 － 5 － 3 － 6 － 2 － 4 の 4 サイクル直列 6 シリンダ・エンジンに関する次の文章の (イ)～(ロ) に当てはまるものとして，**適切なもの**はどれか。

第 6 シリンダが圧縮上死点のとき，燃焼行程途中にあるのは (イ) で，この位置からクランクシャフトを回転方向に 480° 回転させたとき，バルブがオーバラップの上死点状態にあるのは (ロ) である。

	(イ)	(ロ)
(1)	第 3 シリンダ	第 2 シリンダ
(2)	第 3 シリンダ	第 5 シリンダ
(3)	第 5 シリンダ	第 1 シリンダ
(4)	第 5 シリンダ	第 6 シリンダ

【No.8】 電子制御装置の空燃比フィードバック補正が停止する条件として，**不適切なもの**は次のうちどれか。

(1) エンジン完全暖機後のアイドル時

(2) 高負荷運転時

(3) フューエル・カット時

(4) エンジン暖機中(エンジン冷却水温が低いとき)

【No.9】 電子制御式点火装置の点火時期の補正制御に関する記述として，**不適切なもの**は次のうちどれか。

(1) ノック補正は，ノック・センサがノッキングを検出すると点火時期を進角し，ノッキングがなくなると遅角する。

(2) 加速時補正は，加速時に一時的に点火時期を遅角することにより，運転性の向上を図っている。

(3) アイドル安定化補正は，アイドル回転速度が低くなると点火時期を進角し，高くなると遅角してアイドル回転速度の安定化を図っている。

(4) 暖機進角補正は，エンジン冷却水温が低いときは運転状態に応じて点火時期を進角し，運転性を向上させている。

【No.10】 電気装置に関する記述として，**適切なもの**は次のうちどれか。

(1) CR発振器は，コイルとコンデンサの共振回路を利用し，発振周期を決めている。

(2) 可変抵抗は，一方向にしか電流を流さない特性をもっているため，交流を直流に変換する整流回路などに用いられている。

(3) NAND回路とは，二つの入力のAとBが共に"1"のときのみ出力が"1"となる回路をいう。

(4) NOR回路は，OR回路にNOT回路を接続した回路である。

【No.11】 図に示すオルタネータ回路において，B端子が外れたときの次の文章の (イ)～(ロ) に当てはまるものとして，下の組み合わせのうち，**適切なもの**はどれか。

オルタネータ回転中にB端子が解放状態(外れ)になり，バッテリ電圧

（S端子の電圧）が調整電圧以下になると，Tr₁が（イ）する。そして
S端子の電圧よりB端子の電圧が規定の電圧以上（ロ），IC内の制御回
路が異常を検出し，チャージ・ランプを点灯させると共に，B端子の電
圧を調整電圧より高めになるように制御する。

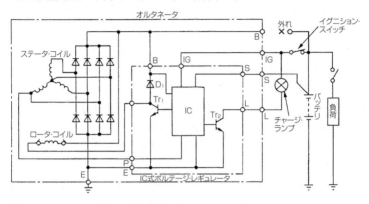

	（イ）	（ロ）
(1)	ON	低くなると
(2)	ON	高くなると
(3)	OFF	低くなると
(4)	OFF	高くなると

【No.12】 スタータ本体の点検に関する記述として，**適切なもの**は次のうち
どれか。

(1) アーマチュアの点検では，メガーを用いてコンミュテータとアーマ
チュア・コア間，コンミュテータとアーマチュア・シャフト間の絶縁
抵抗が規定値にあることを確認する。

(2) フィールド・コイルの点検では，サーキット・テスタの抵抗測定レ
ンジを用いてブラシとヨーク間が導通していることを確認する。

(3) オーバランニング・クラッチの点検では，ピニオン・ギヤを駆動方
向に回転させたときにロックし，逆方向に回転させたときにスムーズ
に回転することを確認する。

(4) フィールド・コイルの点検では，メガーを用いてコネクティング・リードのターミナルとブラシ間が絶縁していることを確認する。

【No.13】 スパーク・プラグに関する記述として，**不適切なもの**は次のうちどれか。

(1) スパーク・プラグの中心電極を細くすると，飛火性が向上すると共に着火性も向上する。

(2) 混合気の空燃比が大き過ぎる場合は，着火ミスは発生しないが，逆に小さ過ぎる場合は，燃焼が円滑に行われないため，着火ミスが発生する。

(3) 着火ミスは，電極の消炎作用が強過ぎるとき，あるいは吸入混合気の流速が高過ぎる（速過ぎる）場合に起きやすい。

(4) 高熱価型プラグは，低熱価型プラグと比較して，火炎にさらされる表面積及びガス・ポケットの容積が小さい。

【No.14】 電子制御式燃料噴射装置のセンサに関する記述として，**不適切なもの**は次のうちどれか。

(1) ホール素子式のスロットル・ポジション・センサは，スロットル・バルブ開度の検出にホール効果を用いて行っている。

(2) ジルコニア式O_2センサのジルコニア素子は，高温で内外面の酸素濃度の差が大きいと起電力を発生する性質がある。

(3) 空燃比センサの出力は，理論空燃比より大きい（薄い）と低くなり，小さい（濃い）と高くなる。

(4) バキューム・センサは，インテーク・マニホールド圧力が高くなると出力電圧は大きくなる特性がある。

【No.15】 バッテリに関する記述として，**不適切なもの**は次のうちどれか。

(1) カルシウム・バッテリは，低コストが利点であるがメンテナンス・フリー特性はハイブリッド・バッテリに比べて悪い。

(2) 電気自動車やハイブリッド・カーに用いられているニッケル水素バッテリは，電極板にニッケルの多孔質金属材料や水素吸蔵合金などが

　用いられている。

(3) アイドリング・ストップ車両用のカルシウム・バッテリは, 深い充・放電の繰り返しへの耐久性を向上させている。

(4) ハイブリッド・バッテリは, 正極にアンチモン(Sb)鉛合金, 負極にカルシウム(Ca)鉛合金を使用している。

【No.16】 図に示す前進4段の電子制御式A／Tにおいて, Rレンジの動力伝達作動に関する次の文章の ( ) に当てはまるものとして, 下の組み合わせのうち**適切なもの**はどれか。

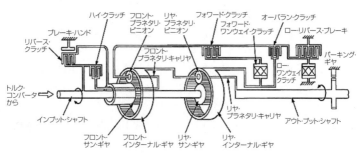

　トルク・コンバータからの動力は, インプット・シャフト, (イ), フロント・サン・ギヤへと伝わるが, フロント・プラネタリ・キャリヤが (ロ) により固定されているため, フロント・サン・ギヤは, フロント・プラネタリ・ピニオンを介してフロント・インターナル・ギヤ及びリヤ・プラネタリ・キャリヤを逆回転させる。したがって, アウトプット・シャフトが逆回転する。

	(イ)	(ロ)
(1)	ハイ・クラッチ	ブレーキ・バンド
(2)	リバース・クラッチ	ブレーキ・バンド
(3)	リバース・クラッチ	ロー・リバース・ブレーキ
(4)	ハイ・クラッチ	ロー・リバース・ブレーキ

【No.17】 図に示すロックアップ機構に関する次の文章の (イ)〜(ハ) に当てはまるものとして, 下の組み合わせのうち, **適切なもの**はどれか。

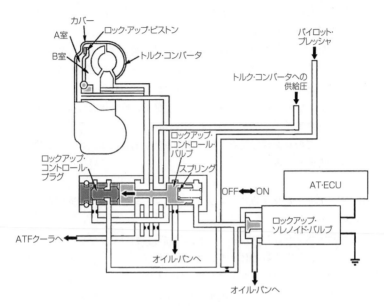

　ロックアップ・ソレノイドがONになると，ロックアップ・コントロール・バルブの右側に作用していたパイロット・プレッシャがオイル・パンへ流れ，ロックアップ・コントロール・バルブが（イ）に移動する。

　トルク・コンバータ内の（ロ）は，ATFがオイル・パンへ排出され油圧が掛からなくなり，（ハ）のトルク・コンバータの供給圧によりロックアップ・ピストンがカバーに押し付けられ，ロックアップが締結する。

	（イ）	（ロ）	（ハ）
（1）	右側	B室	A室
（2）	左側	B室	A室
（3）	右側	A室	B室
（4）	左側	A室	B室

【No.18】　前進４段のロックアップ機構付き電子制御式ATのストール・テストに関する記述として，**不適切なもの**は次のうちどれか。

(1) すべてのレンジで規定回転速度より高い場合には，オイル・ポンプの摩耗が考えられる。

(2) 特定レンジのみが規定回転速度より低い場合は，プラネタリ・ギヤ・ユニットの中の，該当するクラッチ，ブレーキ及びブレーキ・バンドなどの滑り，同系統のオイル漏れなどが考えられる。

(3) 各レンジの回転速度は等しいが，全体的に低い場合には，ステータのワンウェイ・クラッチの作動不良(滑り)が考えられる。

(4) すべてのレンジで規定回転速度より低い場合には，エンジン出力不足が考えられる。

【No.19】 アクスル及びサスペンションに関する記述として，**適切なもの**は次のうちどれか。

(1) サスペンションは，フロント部の固有振動数をリヤ部よりも高くなるように設定するとピッチングは早く消滅する。

(2) 独立懸架式フロント・アクスルは，左右のホイールを1本のアクスルでつなぎ，フロント・ホイールに掛かる荷重をアクスルで支持している。

(3) フロントが独立懸架式，リヤが車軸懸架式のアクスルで，前後のロール・センタを結んだ直線をローリング・アキシス(ローリングの軸)という。

(4) バウンジングは，振動の周期が短いと不快感を強く与え，また，あまり長いと船酔いの現象を起こすので，一般に，固有振動数は，13～25ヘルツ程度になるようにバネ定数が設定されている。

【No.20】 図に示す油圧式パワー・ステアリングのオイル・ポンプのフロー・コントロール・バルブの作動に関する次の文章の (イ)～(ハ) に当てはまるものとして，下の組み合わせのうち，**適切なもの**はどれか。ただし，図の状態はフロー・コントロール・バルブの非作動時を示す。

オイル・ポンプの吐出量が規定値以上になると，A室の油圧が大きくなり，フロー・コントロール・バルブの油路を通って油圧がバルブの (イ) に掛かる。そしてA室の油圧がB室の油圧とスプリング①のばね力の合

計の圧力より（ロ）なったとき，フロー・コントロール・バルブは（ハ）に移動し，パワー・シリンダへの送油量は減少する。

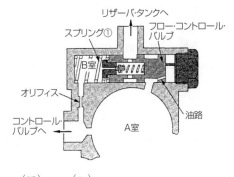

	（イ）	（ロ）	（ハ）
(1)	右側	大きく	右側
(2)	右側	大きく	左側
(3)	右側	小さく	左側
(4)	左側	大きく	右側

【No.21】 電動式パワー・ステアリングのリング式トルク・センサに関する記述として，**不適切なもの**は次のうちどれか。

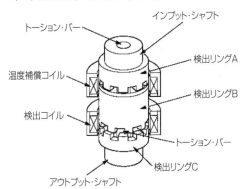

(1) 検出リングAとBはインプット・シャフトに固定されており，検出リングCはアウトプット・シャフトに固定されている。

(2) ステアリングを操作してトーション・バーがねじれると、検出リングBとCの突起部間における対向面積が変化し、検出用コイルと温度補償コイルのインダクタンスが変化する。

(3) ECUは温度の変動によって生じる検出用コイルのインダクタンスの変化を温度補償コイルで補償している。

(4) ECUは、検出コイルに掛かる起電力の変化を検出しており、ステアリング中立位置の電圧を基準に、高いか低いかにより操舵方向を判断している。

【No.22】 図に示すタイヤの異常摩耗の主な原因として、**適切なもの**は次のうちどれか。

(1) ホイール・バランスの不良
(2) 空気圧の不足
(3) トーアウト過大
(4) トーインの過大

内側

【No.23】 前輪のホイール・アライメント調整に関する記述として、**適切なもの**は次のうちどれか。

(1) キャスタ角を大きくすると、キャスタ・トレールは大きくなる。

(2) プラス・キャンバが過大の場合、タイヤのトレッドの内側が外側に比べて、より多く摩耗する原因となる。

(3) キャスタ角を小さくすると、旋回時にホイールを直進状態に戻そうとする力は大きくなるが、反面、ホイールを旋回方向に向ける時のハンドルの操舵に大きな力を必要とする。

(4) ホイールを横から見た際に、進行方向に対しキング・ピンの頂部が前側に傾斜しているものをプラス・キャスタという。

【No.24】 ブレーキに関する記述として、**不適切なもの**は次のうちどれか。

(1) ブレーキにフェード現象が発生すると、引きずりを起こしやすくなる。

(2) ブレーキのベーパ・ロックとは,熱のためブレーキ液に気泡が生じ,
ブレーキの効きが悪くなることをいう。

(3) ブレーキのフェード現象とは,熱のためライニング表面の摩擦係数
が小さくなり,ブレーキの効きが悪くなることをいう。

(4) ブレーキ液の沸点の低過ぎは,ベーパ・ロックを起こす原因になる。

【No.25】 図に示すABSの油圧回路図について,次の文章の(イ)～(ニ)
にあてはまるものとして,下の組み合わせのうち**適切なもの**は次のうち
どれか。

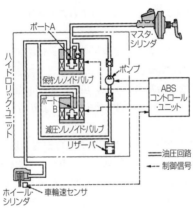

　ABSの(イ)作動時は,保持ソレノイドが(ロ)するためポートA
は閉じ,減圧ソレノイドが(ハ)するためポートBは開く。

　このため,ホイール・シリンダのブレーキ液は,ポート(ニ)を経由
してリザーバに送られる。また,同時にコントロール・ユニットは,ポ
ンプに対して作動信号を出力(ON)するため,リザーバにたまったブレ
ーキ液は,マスタ・シリンダ側に戻される。

	(イ)	(ロ)	(ハ)	(ニ)
(1)	保持	ON	OFF	B
(2)	保持	OFF	ON	A
(3)	減圧	ON	ON	B
(4)	減圧	OFF	OFF	A

【No.26】 ボデー及びフレームに関する記述として，**適切なもの**は次のうちどれか

(1) トラックのフレームは，トラックの全長にわたって貫通した左右2本のクロス・メンバが平行に配列されている。

(2) モノコック・ボデーは，サスペンションなどからの振動や騒音が伝わりにくいので，防音や防振に優れている。

(3) モノコック・ボデーは，1箇所に力が集中すると比較的簡単にひびが入ったり，割れてしまう弱点がある。

(4) モノコック・ボデーは，ボデー自体がフレームの役目を担う構造のため，質量(重量)が小さく(軽く)することが難しい。

【No.27】 オート・エアコンのクールダウン制御に関する記述として，**適切なもの**は次のうちどれか。

(1) 冬期始動時など冷却水温が低い場合，冷却水温が規定値に達するまでブロワを停止させ，FOOT吹き出し口より冷風が吹き出すのを防止する制御である。

(2) 夏期乗車時など，エバポレータの温度が高い場合，FACE吹き出し口より温風が吹き出すのを防止するため，一定時間ブロワを停止させ，エバポレータが冷えてからブロワを回転させる制御である。

(3) ブロワ・モータ起動後，数秒間はLoで制御し，起動電流からトランジスタを保護する制御である。

(4) 設定温度，内気温度，外気温度及び日射量などの条件によってECUが吹き出し温度に見合った風量を決定し，トランジスタによってブロワ・モータ回転速度を無段階に切り替える制御である。

【No.28】 エア・コンディショナのサブクール・コンデンサ・システムに関する記述として，**適切なもの**は次のうちどれか。

(1) 従来のレシーバ・サイクルに比べ，使用冷媒量は増えるが，重量が減り搭載性が向上する。

(2) コンデンサの中を凝縮部と過冷却部に分け，その間に気液分離器を配置している。

(3) 一度ガスと液体に分離した液冷媒を再び混ぜ合わせることで冷媒自体のもつエネルギを増大させ，冷媒能力の向上を図っている。

(4) 冷媒充填時は，サイト・グラス中の気泡が消えた時点で適量と判断する。

【No.29】 CAN通信システムに関する記述として，**適切なもの**は次のうちどれか。

(1) CAN_Hが3.5V，CAN_Lが1.5Vの状態のときは，レセシブとよばれる。

(2) CANバス・ラインを修正する場合，CAN_Hライン又はCAN_Lラインのみを修正する。

(3) CAN_Hが3.5V，CAN_Lが1.5Vの状態のときは，論理値は0である。

(4) 一端の終端抵抗が破損すると，通信はそのまま継続され，耐ノイズ性にも影響はないが，ダイアグノーシス・コードが出力されることがある。

【No.30】 自動車の安全装置に関する記述として，**不適切なもの**は次のうちどれか。

(1) インパクト・センサは，車両前面付近の衝撃を，内蔵された半導体式Gセンサによって静電容量変化から検出し，電気信号としてECU内の判断／セーフィング・センサに入力している。

(2) プリテンショナ・シート・ベルトは，SRSエア・バッグと連動して作動し，前面衝突時にシート・ベルトのたるみを瞬時に取り，シート・ベルトの効果を一層高める装置である。

(3) SRSユニット内には，バッテリ電圧の低下や衝突時の電源故障に備える電源供給回路が設けられている。

(4) エア・バッグは，展開した後も，窒素ガス発生剤を燃焼させ続け，図の状態を持続させることで緩和効果を高めている。

【No.31】 ねじに関する記述として，**適切なもの**は次のうちどれか。

(1) メートルねじのねじ山の角度は45°である。

(2) メートル並目ねじは，径が同じならピッチも同じである。

(3)「M16」と表されるおねじの「16」は，ねじ部分の長さをmmで表している。

(4)「M16×1.5」と表されるおねじの「1.5」は，ねじの外径をcmで表している。

【No.32】 自動車検査用機器を用いて測定したときの説明として，**不適切なもの**は次のうちどれか。

(1) ヘッドライト・テスタで光軸の振れを測定するときは，エンジンを運転状態にする。

(2) ローラ駆動型ブレーキ・テスタで，制動力が最大値を示すのはホイールがロックする直前である。

(3) サイド・スリップ・テスタの測定値がイン側規定値を超えたので，トーインが原因と判断した。

(4) ブレーキを調整してもブレーキ・テスタの指示計の指針が，ある値以上に上がらない場合には，ライニングやパッドにオイルが付着して滑りを起こしていることが考えられる。

【No.33】 鋳鉄に関する記述として，**適切なもの**は次のうちどれか。

(1) 鋳鉄は，鋼に比べて炭素含有量が少ない。

(2) 特殊鋳鉄は一般に，スプリングの材料として用いられる。

(3) 鋳鉄は，鋼に比べて衝撃に対しては強いが耐摩耗性は劣る。

(4) 鋳鉄は鋼に比べて耐摩耗性に優れており，シリンダ・ブロックなどに使用される。

【No.34】 図に示すプラネタリ・ギヤ・ユニットにおいて，プラネタリ・キャリヤを固定し，サンギヤを800回転させたときにインターナル・ギヤが400回転した場合のインターナル・ギヤの歯数として，**適切なもの**は次のうちどれか。ただし，（ ）内の数値はギヤの歯数を示す。

(1) 57

(2) 76

(3) 95

(4) 114

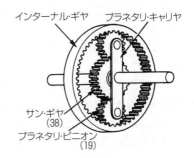

インターナル・ギヤ　プラネタリ・キャリヤ

サン・ギヤ
(38)

プラネタリ・ピニオン
(19)

【No.35】 図に示す電気回路と各抵抗値において，次の文章の（ ）に当てはまるものとして，**適切なもの**は次のうちどれか。ただし，バッテリ，スイッチ及び配線の抵抗はないものとし，電圧計Ｖの内部抵抗は20kΩとする。

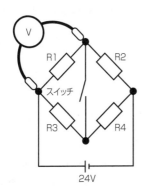

| R2：30kΩ |
| R3：10kΩ |
| R4：10kΩ |

V

R1

R2

スイッチ

R3

R4

24V

■スイッチの接点が開いているとき，電圧計Vが6Vを示している。次に，スイッチの接点が閉じたとき，電圧計Vが示す値は（　）である。

(1)　6 V

(2)　8 V

(3)　9.6 V

(4)　16 V

【No.36】「道路運送車両の保安基準」及び「道路運送車両の保安基準の細目を定める告示」に照らし，後部反射器に関する基準の記述として，**不適切なもの**は次のうちどれか。

(1)　後部反射器は，反射器が損傷し，又は反射面が著しく汚損しているものでないこと。

(2)　後部反射器による反射光の色は，赤色又は白色であること。

(3)　後部反射器は，夜間にその後方150mの距離から走行用前照灯で照射した場合にその反射光を照射位置から確認できるものであること。

(4)　後部反射器は，自動車の前方に表示しないように取り付けられていること。

【No.37】「道路運送車両法」に照らし，自動車の種別として，**適切なもの**は次のうちどれか。

(1)　大型自動車，小型自動車，大型特殊自動車及び小型特殊自動車

(2)　大型自動車，普通自動車，小型自動車，軽自動車，大型特殊自動車及び小型特殊自動車

(3)　普通自動車，小型自動車，軽自動車，大型特殊自動車及び小型特殊自動車

(4)　大型自動車，小型自動車，軽自動車，大型特殊自動車及び小型特殊自動車

【No.38】「道路運送車両法」及び「道路運送車両法施行規則」に照らし，自動車分解整備事業の認証を受けた事業場ごとに必要な分解整備及び分解整備記録簿の記載に関する事項を統括管理する者として，**適切なもの**

は次のうちどれか。

(1) 自動車検査員

(2) 整備管理者

(3) 整備主任者

(4) 整備監督者

【No.39】 「道路運送車両の保安基準」及び「道路運送車両の保安基準の細目を定める告示」に照らし，小型四輪自動車の安定性に関する次の文章の（　）に当てはまるものとして，**適切なもの**は次のうちどれか。

　空車状態及び積車状態におけるかじ取り車輪の接地部にかかる荷重の総和が，それぞれ車両重量及び車両総重量の（　）以上であること。

(1) 5 %

(2) 10%

(3) 15%

(4) 20%

【No.40】 「道路運送車両の保安基準」及び「道路運送車両の保安基準の細目を定める告示」に照らし，長さ4.20m，幅1.50m，乗車定員5人の小型四輪自動車の後退灯の基準に関する記述として，**適切なもの**は次のうちどれか。

(1) 後退灯の灯光の色は，白色又は赤色であること。

(2) 後退灯の数は，2個又は3個であること。

(3) 後退灯は，その照明部の上縁の高さが地上1.2m以下，下縁の高さが0.25m以上となるように取り付けられなければならない。

(4) 後退灯は，昼間にその後方200mの距離から点灯を確認できるものであり，かつ，その照射光線は，他の交通を妨げないものであること。

解 答

No.1	No.2	No.3	No.4	No.5	No.6	No.7	No.8	No.9	No.10
2	2	4	3	2	3	1	1	1	4

No.11	No.12	No.13	No.14	No.15	No.16	No.17	No.18	No.19	No.20
2	1	2	3	1	3	3	2	3	2

No.21	No.22	No.23	No.24	No.25	No.26	No.27	No.28	No.29	No.30
2	4	1	1	3	3	2	2	3	4

No.31	No.32	No.33	No.34	No.35	No.36	No.37	No.38	No.39	No.40
2	3	4	2	3	2	3	3	4	3

 M E M O

M E M O

MEMO

MEMO

MEMO ||||||||||||||||||||||||||||||||||||||||||||||||||||||||||||||||||||||||||||||||||||||||||||||||||||||||||||||||||||||||||||

MEMO

MEMO ||||||||||||||||||||||||||||||||||||||||||||||||||||||||||||||||||||||||||||||||||||||||||||||||||||||||||||||

自動車整備士最新試験問題解説　2級ガソリン自動車

2011年7月31日　第1版第1刷発行	著　者	自動車整備士試験問題解説編集委員会
2024年3月31日　第19版第1刷発行	発行者	木和田　泰正
	印　刷	中央精版印刷株式会社
	発行所	株式会社　精文館
		〒102-0072　東京都千代田区飯田橋1-5-9
禁無断転載 不許複製	電　話	03（3261）3293
	ＦＡＸ	03（3261）2016
	振　替	00100-6-33888

Printed in Japan　©2024 seibunkan　ISBN978-4-88102-058-6 C2053